工程材料及热处理

（第 2 版）

主　编　胡凤翔　于艳丽
副主编　吴德昌　舒　翔
参　编　戴勇新　罗建军　张国军

北京理工大学出版社
BEIJING INSTITUTE OF TECHNOLOGY PRESS

内 容 简 介

本书内容包括：金属力学性能、金属学基本知识、钢的热处理、金属材料、工程材料的选用。各章后面附有思考题与作业题。

本书比较全面系统地介绍了金属力学性能、金属与合金的基本结构与性能、金属的凝固、相图和固态相变、塑性变形、钢在加热及冷却过程中的相变原理以及钢的热处理工艺、碳钢、合金钢、铸铁、有色金属、工程材料的选用等知识。

本书可作为冶金、机械、石油化工、矿山、电力等专业的专业教材，也可作为高职高专院校的教材，还可作为从事金属材料及相关专业的工程技术人员重要的参考用书。

版权专有　侵权必究

图书在版编目（CIP）数据

工程材料及热处理/胡凤翔，于艳丽主编．—2版．—北京：北京理工大学出版社，2012.8（2021.7重印）
ISBN 978 - 7 - 5640 - 6638 - 3

Ⅰ．①工… Ⅱ．①胡…②于… Ⅲ．①工程材料②热处理　Ⅳ．①TB3②TG15

中国版本图书馆 CIP 数据核字（2012）第 192702 号

出版发行 /	北京理工大学出版社
社　　址 /	北京市海淀区中关村南大街5号
邮　　编 /	100081
电　　话 /	（010）68914775（办公室）　68944990（批销中心）　68911084（读者服务部）
网　　址 /	http：// www.bitpress.com.cn
经　　销 /	全国各地新华书店
印　　刷 /	北京虎彩文化传播有限公司
开　　本 /	787毫米×1092毫米　1/16
印　　张 /	15.75
字　　数 /	358千字
版　　次 /	2012年8月第2版　2021年7月第14次印刷
定　　价 /	48.00元

责任校对／陈玉梅
责任印制／王美丽

图书出现印装质量问题，本社负责调换

出版说明 >>>>>>

北京理工大学出版社为了顺应国家对机电专业技术人才的培养要求,满足企业对毕业生的技能需求,以服务教学、立足岗位、面向就业为方向,经过多年的大力发展,开发了30多个系列500多个品种的高等职业教育机电类产品,覆盖了机械设计与制造、材料成型与控制技术、数控技术、模具设计与制造、机电一体化技术、焊接技术及自动化等30多个制造类专业。

为了进一步服务全国机电类高等职业教育的发展,北京理工大学出版社特邀请一批国内知名行业专业、国家示范性高等职业院校骨干教师、企业专家和相关作者,根据高等职业教育教材改革的发展趋势,从业已出版的机电类教材中,精心挑选一批质量高、销量好、院校覆盖面广的作品,集中研讨、分别针对每本书提出修改意见,修订出版了该高等职业教育"十二五"特色精品规划系列教材。

本系列教材立足于完整的专业课程体系,结构严整,同时又不失灵活性,配有大量的插图、表格和案例资料。作者结合已出版教材在各个院校的实际使用情况,本着"实用、适用、先进"的修订原则和"通俗、精炼、可操作"的编写风格,力求提高学生的实际操作能力,使学生更好地适应社会需求。

本系列教材在开发过程中,为了更适宜于教学,特开发配套立体资源包,包括如下内容:

➢ 教材使用说明;

➢ 电子教案,并附有课程说明、教学大纲、教学重难点及课时安排等;

➢ 教学课件,包括:PPT课件及教学实训演示视频等;

➢ 教学拓展资源,包括:教学素材、教学案例及网络资源等;

- 教学题库及答案，包括：同步测试题及答案、阶段测试题及答案等；
- 教材交流支持平台。

北京理工大学出版社

前言 >>>>>>

  本书是根据《高职高专教育基础课程教学基本要求》，围绕培养高职高专应用型人才的目标而编写的。

  高等职业教育正处于全面提升质量与内涵建设的重要阶段，本着突出高等职业教育的特色为原则。编写过程中，汲取了各高职院校近年来机械工程材料（金属工艺学）课程改革的成功经验，并汲取其他同类教材的优点。教材内容侧重于应用理论、应用技术和材料的选用；强调理论联系实际，强调对学生的实践训练；贯彻以应用为目的，以掌握概念、强化应用为教学重点，以必需、够用为度的原则。

  本书适应于高等职业技术教育机械类和近机类有关专业，也可供相应专业的工程技术人员参考。

  本书由江西机电职业技术学院胡凤翔教授、江西机电职业技术学院于艳丽副教授、江西机电职业技术学院吴德昌副教授、江西机电职业技术学院舒翔副教授、江西机电职业技术学院戴勇新副教授、江西机电职业技术学院罗建军副教授、江西机电职业技术学院张国军共同编写。胡凤翔、于艳丽任主编，吴德昌、舒翔任副主编，戴勇新、罗建军、张国军参编。

  本书名词、术语、牌号、均采用了最新国家标准，使用了法定计量单位。为了方便读者学习，各章均配有思考题与练习题。

  由于编者水平有限，编写时间短促，书中不妥之处恳请批评指正。

编者

目 录

绪论 ………………………………………………………………………………………… 1

模块一　工程材料基础

项目一　工程材料的力学性能 …………… 5
  1.1　静载荷下材料的力学性能 …… 5
  1.2　动载荷下材料的力学性能 …… 13
  1.3　项目小结 ………………………… 16
  思考题与练习题 ……………………… 16

项目二　金属材料基础知识 …………… 18
  2.1　金属与合金的晶体结构 ……… 18
  2.2　金属与合金的结晶 …………… 25
  2.3　金属的塑性变形与再结晶 …… 30
  2.4　项目小结 ………………………… 36
  思考题与练习题 ……………………… 37
  拓展知识：工程材料的其他性能 … 38

模块二　金属学热处理

项目三　二元合金相图 ………………… 45
  3.1　二元合金相图的建立 ………… 45
  3.2　铁碳合金相图 ………………… 48
  3.3　项目小结 ………………………… 60
  思考题与练习题 ……………………… 60

项目四　钢的热处理 …………………… 62
  4.1　钢热处理时的组织转变 ……… 63

  4.2　钢的普通热处理 ……………… 73
  4.3　钢的表面热处理 ……………… 85
  4.4　热处理热技术要求标注、工序
　　　位置安排与工艺分析 ………… 90
  4.5　项目小结 ………………………… 94
  思考题与练习题 ……………………… 95
  拓展知识：热处理新技术与
　　　新工艺 …………………………… 96

模块三　金属材料及非金属材料

项目五　工业用钢 ……………………… 103
  5.1　碳钢 …………………………… 103
  5.2　合金钢 ………………………… 111
  5.3　项目小结 ……………………… 154
  思考题与练习题 …………………… 156

项目六　铸铁 …………………………… 158
  6.1　铸铁的石墨化 ………………… 159
  6.2　灰铸铁 ………………………… 161
  6.3　球墨铸铁 ……………………… 165
  6.4　其他铸铁 ……………………… 169

6.5 项目小结 ………………… 173
思考题与练习题 …………………… 174

项目七 有色金属及粉末冶金材料 …… 175
7.1 铝及铝合金 ………………… 176
7.2 铜及铜合金 ………………… 181
7.3 轴承合金 …………………… 185
7.4 粉末冶金材料 ……………… 187
7.5 项目小结 …………………… 191
思考题与练习题 …………………… 192

项目八 非金属材料 …………………… 193
8.1 高分子材料 ………………… 193
8.2 陶瓷材料 …………………… 200
8.3 复合材料 …………………… 203
8.4 项目小结 …………………… 205
思考题与练习题 …………………… 205
拓展知识：新型材料及功能
材料 …………………… 205

模块四 工程材料的选用

项目九 机械零件的选择 ……………… 215
9.1 机械零件的失效与分析 …… 215
9.2 工程材料选择的基本原则 … 219
9.3 项目小结 …………………… 221
思考题与练习题 …………………… 221

**项目十 典型零件及工具的
选材分析** ……………………… 222
10.1 典型零件及工具的选材 …… 222
10.2 工程材料的应用举例 ……… 231
10.3 项目小结 …………………… 234
思考题与练习题 …………………… 235
拓展知识：零件毛坯成型方法
简介 …………………… 236

参考文献 ………………………………… 241

绪　论

工程材料是机械产品制造所必须的物质基础，是工业的"粮食"。工程材料的使用与人类进步密切相关，标志着人类文明的发展水平。所以，历史学家将人类的历史按使用材料的种类划分成了石器时代、陶器、铜器时代和铁器时代等。早在公元前 2000 年左右的青铜器时代，人类就开始了对工程材料的冶炼和加工制造。公元前 2000 多年的夏代，我国就掌握了青铜冶炼术，到距今 3000 多年前的殷商、西周时期，技术达到当时世界高峰，用青铜制造的生产工具、生活用具、兵器和马饰，得到普遍应用。河南安阳武官村发掘出来的重达 875 kg 的祭器司母戊大方鼎，不仅体积庞大，而且花纹精巧，造型美观。湖北江陵楚墓中发现的埋藏 2000 多年的越王勾践的宝剑仍金光闪闪，说明人们已掌握了锻造和热处理技术。春秋战国时期，我国开始大量使用铁器，白口铸铁、灰铸铁、可锻铸铁相继出现。公元 1368 年，明代科学家宋应星编著了闻名世界的《天工开物》，详细记载了冶铁、铸造、锻铁、淬火等各种金属加工制造方法，是最早涉及工程材料及成形技术的著作之一。在陶瓷及天然高分子材料（如丝绸）方面，我国也曾远销欧亚诸国，踏出了举世闻名的丝绸之路，为世界文明史添上了光辉的一页。19 世纪以来，工程材料获得了高速发展，到 20 世纪中期，金属材料的使用达到鼎盛时期，由钢铁材料所制造的产品约占机械产品的 95%。今后的发展趋势是传统材料不断扩大品种规模，不断提高质量并降低成本，新材料特别是人工合成材料等将得到快速发展，从而形成金属、高分子、陶瓷及复合材料三分天下的新时代。另外，功能材料、纳米材料等高科技材料将加速研究，逐渐成熟并获得应用。工程材料业已成为所有科技进步的核心。

材料的种类很多，其中用于机械制造的各种材料，称为机械工程材料。生产中用来制作机械工程结构、零件和工具的机械工程固体材料，分为金属材料、非金属材料、复合材料等。

目前金属材料仍是最主要的材料。它包括铁和以铁为基的合金（俗称黑色金属），如钢、铸铁和铁合金等；非铁金属材料（俗称有色金属），如铜及铜合金、铝及铝合金等。金属材料的性能与其化学成分、显微组织及加工工艺之间有着密切的关系，了解它们之间的关系，掌握它们之间的一些变化规律，是有效使用材料所必需的。本书在概括地阐述合金的一般规律基础上，以最常用的金属材料——钢为实例，较详细地介绍了钢的性能与化学成分、显微组织和热处理工艺之间的关系。

当今，机械工业正向着高速、自动、精密方向快速发展，机械工程材料的使用量越来越大，在产品的设计与制造过程中，所遇到的有关机械工程材料和热处理方面的问题日益增多。实践证明,生产中往往由于选材不当或热处理不妥,机械零件的使用性能不能达到规定的技术要求,从而导致零件在使用中因发生过量变形、过早磨损或断裂等而早期失效。所以,在生产中合理选用材料和热处理方法,正确制定工艺路线,对充分发挥材料本身的性能潜力,保证材料具有良好的加工性能、获得理想的使用性能、提高产品质量、节约材料、降低成本等都起着重大作用。

本课程的主要内容由金属的力学性能、金属学基础知识、钢的热处理、常用金属材料、非金属材料、复合材料,以及工程材料的选用等部分组成。

《工程材料及热处理》是机械类专业必修的技术基础课。其教学目的和任务是使学生获得常用机械工程材料的基础知识,为学习其他有关课程和将来从事生产技术工作奠定必要的基础。

学完本课程后应达到下列基本要求:

1. 熟悉常用机械工程材料的成分、组织结构、加工工艺与性能之间的关系及变化规律。
2. 掌握常用机械工程材料的性能与应用,具有选用常用机械工程材料和改变材料性能方法的初步能力。
3. 了解与课程有关的新材料、新技术、新工艺及其发展概况。

本课程的实践性和实用性都很强,为保证教学质量,本课程应安排在金工实习后学习。教材中热处理方法的选择及确定热处理工序位置、工程材料的选用等内容,尚需在有关后续课、课程设计和毕业设计等中反复练习、巩固与提高,才能达到基本掌握与应用的要求。

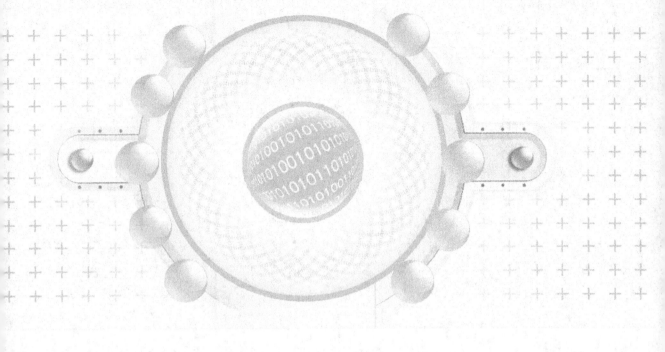

模块一　工程材料基础

工程材料主要是指机械、船舶、建筑、化工、交通运输、航空航天等各项工程中经常使用的各类材料。其中，金属材料因其优良的使用性能和加工工艺性能，成为机械行业中使用最广泛的材料。

项目一　工程材料的力学性能

知识目标

（1）掌握金属力学性能的基本概念及其指标。
（2）认识拉伸曲线图，掌握强度、塑性的衡量指标及其意义。
（3）掌握常用硬度的测试方法及适用范围。
（4）了解韧性、疲劳试验的工作原理，掌握冲击韧度、疲劳强度的衡量指标及其意义。

能力目标

（1）能根据拉伸曲线图比较不同金属材料的强度、塑性。
（2）能根据材料及其热处理状态，正确选用硬度测试方法。
（3）能根据力学性能指标合理选用金属材料。

引言

2001 年 11 月 12 日，纽约一架美国航空客机从肯尼迪机场起飞不到几分钟，因飞机方向舵与机身脱离而解体，机上 265 名人员全部罹难；2004 年 10 月 4 日 12 时 30 分左右，河北省青龙满族自治县境内的祖山风景区画廊谷观光索道突然发生迂回轮主轴断裂事故，致使索道无法正常运行，造成部分游客滞留在索道吊厢内，无法返回到索道站；公路上正常行驶的汽车刹车系统突然失灵；铁制大桥突然坍塌……这些事故发生的原因究竟是什么？为什么会在没有任何征兆的情况下突然发生？

其实这些事故和零件破坏现象都可以用材料的相关力学性能知识来加以解释。

1.1　静载荷下材料的力学性能

金属材料具有许多良好的性能，因此被广泛地应用于制造各种构件、机械零件、日常生活用具。生产实践中，往往由于选材不当而造成设备、零件达不到使用要求或过早失效，因此了解和熟悉材料的性能成为合理选材、充分发挥工程材料内在性能潜力的主要依据。

金属材料的性能包括工艺性能和使用性能。工艺性能是指在制造机器零件过程中，金属材料适应各种冷、热加工工艺要求的能力，包括铸造性能、锻造性能、焊接性能、切削加工性能和热处理工艺性能等；使用性能是指为保证机械零件能正常工作，金属材料应具备的性能，包括力学性能和物理性能（如热学性能、电学性能、磁学性能等）、化学性能（如耐蚀性、抗氧化性等）。

机械零件在加工及使用过程中都要受到载荷的作用。根据载荷作用性质的不同，可分为静载荷、冲击载荷、疲劳载荷等。其中静载荷为大小不变或变动很慢的载荷，如车床主轴箱对床身的压力；冲击载荷为加载速度很快而作用时间很短的突发性载荷，如空气锤锤头下落时锤杆所承受的载荷；疲劳载荷为大小和方向随时间作周期性变化的载荷，如弹簧在使用过程中所承受的载荷。

金属材料在各种载荷作用下所表现出的性能，称为力学性能，包括强度、硬度、塑性、冲击韧度、疲劳强度等。材料的力学性能是零件设计、材料选择及工艺评定的重要依据。

1.1.1 强度与塑性

1. 拉伸试验

金属材料的强度、塑性是依据国家标准 GB/T 228—2002 通过静拉伸试验测定的，它是把一定尺寸和形状的试样装夹在拉伸试验机（图 1-1 所示）上，然后对试样逐渐施加拉伸载荷，直至把试样拉断为止。

图 1-1 拉伸试验机

（1）拉伸试样

国标对试样的形状、尺寸及加工要求均有规定。标准试样的截面有圆形和矩形两种，圆形试样用的较多，圆形试样有短试样（$l_0 = 5d_0$）和长试样（$l_0 = 10d_0$）。拉伸前后的试样如图 1-2 所示（图中 d_0 为试样直径，l_0 为原始标距）。

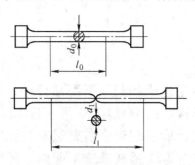

图 1-2 拉伸试样

（2）力-伸长曲线

在拉伸试验过程中，试验机可自动记录载荷与伸长量之间的关系，并得出以载荷为纵坐标、伸长量为横坐标的图形，即力-伸长曲线。如图 1-3 所示为退火后的低碳钢力—伸长曲线。

由图可看出，低碳钢在拉伸过程中，其载荷与伸长量关系可分为以下几个阶段：

① 弹性变形阶段（Oe 段）。此阶段试样的伸长量与载荷成正比例增加，试样随载荷的增大而均匀伸长，此时若卸除载荷，试样能完全恢复到原来的形状和尺寸，属于弹性变形阶段。

② 微量塑性变形阶段（es 段）。当载荷超过 F_e 后，试样将继续伸长。但此时若卸除载荷，试样将有少量变形而不能完全恢复到原来的尺寸。这种不能恢复的变形称为塑性变形或永久变形。由于此阶段塑性变形量较少，故称为微量塑性变形阶段。

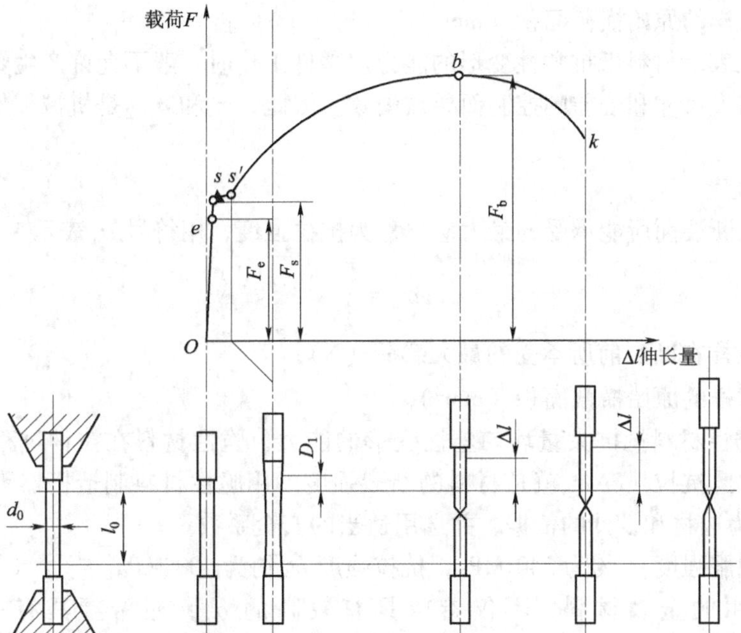

图1-3 低碳钢力—伸长曲线

③ 屈服阶段（ss'段）。当载荷增大到F_s时，曲线上出现水平（或锯齿形）线段，即表示载荷不增加，试样却继续伸长，此现象称为"屈服"。

④ 均匀塑性变形阶段（$s'b$段）。当载荷超过F_s时，载荷的增加量不大，而试样的伸长量却很大，表明当载荷超过F_s后试样已开始产生大量的塑性变形。并且当载荷增加到F_b时，试样的局部截面缩小，产生颈缩现象。

⑤ 局部塑性变形及断裂阶段（bk段）。当试样发生颈缩现象后，以后的变形就局限在缩颈部分，故载荷会逐渐减小，当达到曲线上的k点时，试样被拉断。

2. 强度

（1）屈服点与屈服强度

金属材料开始产生屈服现象时的最低应力值称屈服点，用符号σ_s表示。

$$\sigma_s = \frac{F_S}{A_0}$$

式中 F_S——试样发生屈服现象时的载荷（N）；
A_0——试样的原始横截面积（mm^2）。

有些金属材料在拉伸时没有明显的屈服现象，无法测定其屈服点σ_s，按GB/T 228—2002规定，可用屈服强度$\sigma_{0.2}$来表示该材料开始产生塑性变形时的最低应力值。如图1-4所示。

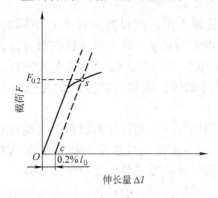

图1-4 屈服强度的测定

$$\sigma_{0.2} = \frac{F_{0.2}}{A_0}$$

式中 $F_{0.2}$——塑性变形量为试样长度的 0.2% 时的载荷（N）；

A_0——试样的原始横截面积（mm²）。

σ_s 和 $\sigma_{0.2}$ 是表示材料抵抗塑性变形的能力。零件工作时一般不允许产生塑性变形，否则会因塑性变形丧失尺寸和公差的控制而导致失效。因此，σ_s 和 $\sigma_{0.2}$ 是机械零件设计和选材的依据。

（2）抗拉强度

金属材料在断裂前所能承受的最大应力称为抗拉强度，用符号 σ_b 表示。

$$\sigma_b = \frac{F_b}{A_0}$$

式中 F_b——试样在断裂前所承受的最大载荷（N）；

A_0——试样的原始横截面积（mm²）。

σ_b 是表示塑性材料抵抗大量均匀塑性变形的能力，脆性材料在拉伸过程中，一般不产生颈缩现象，因此抗拉强度 σ_b 就是材料的断裂强度。用脆性材料制造机器零件或工程构件时，常以 σ_b 作为选材和设计的依据，并选用适当的安全系数。

低碳钢的屈服强度 σ_s 约为 240 MPa，抗拉强度 σ_b 约为 400 MPa。

工程上所用的金属材料，不仅希望具有较高的 σ_s，还希望具有一定的屈强比（σ_s/σ_b）。屈强比越小，结构零件的可靠性越高，万一超载也能由于塑性变形而使金属的强度提高，不至于立即断裂。但如果屈强比太小，则材料强度的有效利用率就会很低。

3. 塑性

金属材料在载荷作用下，断裂前产生不可逆永久变形的能力称为塑性。塑性的大小用伸长率 δ 和断面收缩率 φ 表示。

$$\delta = \frac{L_1 - L_0}{L_0} \times 100\%$$

$$\varphi = \frac{A_0 - A_1}{A_0} \times 100\%$$

式中 L_0——试样原始标距（mm）；

L_1——试样拉断后标距（mm）；

A_0——试样的原始横截面积（mm²）；

A_1——试样拉断后颈缩处最小横截面积（mm²）。

应该指出，伸长率的大小与试样尺寸有关。试样长短不同，测得的伸长率是不同的。长、短试样的伸长率分别用 δ_{10} 和 δ_5 表示，习惯上，δ_{10} 也常写成 δ。对于同一材料而言，短试样所测得的伸长率（δ_5）在比长试样测得的伸长率（δ_{10}）大一些，两者不能直接进行比较。比较不同材料的伸长率时，应采用尺寸规格一样的试样。通常，试验时优先选取短试样。

金属材料的塑性好坏对零件的加工和使用都具有重要的意义。塑性好的材料不仅能顺利进行锻压、轧制等成形工艺，而且在使用时万一超载，也会由于塑性变形而能避免突然断裂，从而提高材料使用的安全可靠性。所以，大多数机器零件除要求具有足够的强度外，还必须具有一定的塑性。一般说来，伸长率达 5% 或断面收缩率达 10% 的材料，即可满足绝大多数零件的要求。

1.1.2 硬度

硬度是指金属材料抵抗局部变形,特别是塑性变形、压痕或划痕的能力。它是衡量金属软硬程度的判据。通常,材料的硬度越高,其耐磨性越好,故常将硬度值作为衡量材料耐磨性的重要指标之一。由于测定硬度的试验设备比较简单,操作方便、迅速,又属无损检验,故在生产上和科研中应用都十分广泛。

测定硬度的方法比较多,其中常用的测定法是压入法,它是用一定的静载荷,把规定的压头压入金属材料表层,然后根据压痕的面积或深度确定其硬度值。根据压头和压力不同,常用的硬度指标有布氏硬度 HBW、洛氏硬度(HRA、HRB、HRC)和维氏硬度 HV。

1. 布氏硬度

(1) 试验原理

试验原理如图 1-5 所示,布氏硬度计如图 1-6 所示。用直径为 D 的硬质合金球,在规定试验力下压入试样表面,保持规定的时间后卸除试验力,在试样表面留下球形压痕。用球面压痕单位面积上所承受的平均压力表示布氏硬度值。布氏硬度用符号 HBW 表示。

$$\text{HBW} = \frac{F}{A} = 0.102 \frac{2F}{\pi D(D - \sqrt{D^2 - d^2})}$$

式中　F——试验力(N);
　　　A——压痕表面积(mm^2);
　　　d——压痕平均直径(mm);
　　　D——硬质合金球直径(mm)。

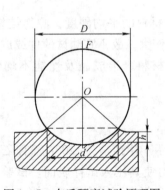

图 1-5 布氏硬度试验原理图

图 1-6 布氏硬度计

布氏硬度试验时,应根据被测金属材料的种类和试件厚度,选用不同直径的压头、试验力及试验力保持时间。按 GB/T 231.1—2002 规定,压头有四种(10 mm、5 mm、2.5 mm 和 1 mm);F/D^2 的比值有六种(30、15、10、5、2.5 和 1),可根据金属材料种类和布氏硬度范围选定,见表 1-1。试验力保持时间钢铁材料为 10~15 s,有色金属为 30 s,布氏硬度值小于 35 时为 60 s。

由布氏硬度计算公式可以算出，当所加强试验力 F 和压头直径 D 选定后，硬度值只与压痕直径 D 有关。D 值越大，硬度值越小；D 值越小，硬度值越大。实验时布氏硬度不需计算，只需根据测出的压痕直径 D 查表即可得到硬度值。

表 1 – 1 布氏硬度试验规范

材　料	布氏硬度	F/D^2	备　注
钢及铸铁	<140 ≥140	10 30	F 单位：N D 单位：mm
铜及其合金	<35 35～130 >130	5 10 30	
轻金属及其合金	<35 35～80 >80	2.5 10 10	
铅、锡		1	

（2）表示方法

布氏硬度的单位为 Mpa，但习惯上只标明硬度值，而不标注单位，其表示方法为：在符号 HBW 前写出硬度值，符号后面依次有相应数字注明压头直径、试验力和保持时间（10～15 s 不标注）。

如：600 HBW/30/20 表示用直径 1 mm 的硬质合金球做压头，在 30 kgf[①]（294 N）试验力作用下，保持 20 s 所测得的布氏硬度值为 600。

（3）试验优缺点及应用范围

布氏硬度试验压痕面积较大，能反映出较大范围内材料的平均硬度，测得结果较准确、稳定，但操作不够简便。又因压痕大，对金属表面的损伤大，故不宜测试薄件或成品件。目前主要用来测定有色金属及退火、正火、调质钢的原材料、半成品及性能不均匀的材料（如铸铁）。

2. 洛氏硬度

（1）试验原理

试验原理如图 1 – 7 所示，洛氏硬度计如图 1 – 8 所示。用顶角为 120°的金刚石圆锥体或直径为 ϕ1.588 mm 的淬火钢球做压头，以规定的试验力使其压入试样表面。试验时，先加初试验力，然后加主试验力。在保留初试验力的情况下，根据试样表面压痕深度，确定被测金属材料的洛氏硬度值。

图 1 – 7 中 0 – 0 为压头与试件表面未接触时的位置。1 – 1 为在初试验力作用下压头所处的位置，压入深度为 h_1，目的是为了消除由于试样表面不光洁对试验结果的精确性造成的不良影响。图中 2 – 2 是在总试验力（初试验力 + 主试验力）作用下压头所处的位置，压

---

① 1 kgf = 9.806 65 N

入深度为 h_2。图中 3-3 是卸除主试验力后压头所处的位置，由于金属弹性变形得到恢复，此时压头实际压入深度为 h_3。因此由主试验力所引起的塑性变形而使压头压入深度为 $h = h_3 - h_1$。洛氏硬度值便由 h 的大小来确定，压入深度 h 越大，硬度越低；反之，硬度越高。一般说来，按照人们习惯上的概念，数值越大，硬度越高。因此采用一个常数 K 减去 h 来表示硬度的高低。并用每 0.002 mm 的压痕深度为一个硬度单位。由此获得的硬度值称为洛氏硬度值，用符号 HR 表示。

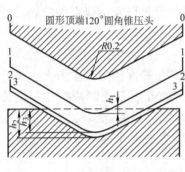

图 1-7 洛氏硬度试验原理图

图 1-8 洛氏硬度计

$$HR = \frac{K - h}{0.002}$$

式中　K 为常数（用金刚石作压头时，K 取 100；用钢球作压头时，K 取 130）。

（2）常用洛氏硬度标尺及适用范围

为了能用一种硬度计测量较大范围的硬度，洛氏硬度采用了常用的三种硬度标尺，分别以 HRA、HRB、HRC 表示，其中 HRC 应用最广，一般经淬火处理的钢或工具都采用 HRC 测量。洛氏硬度的试验条件和应用范围见表 1-2。

表 1-2　常用洛氏硬度的试验条件和应用范围

标尺	硬度符号	所用压头	总试验力 F/N	适用范围[①] HR	应 用 范 围
A	HRA	金刚石圆锥	588.4	20~88	碳化物、硬质合金、淬火工具钢、浅层表面硬化钢
B	HRB	ϕ1.588 mm 钢球	980.7	20~100	软钢、铜合金、铝合金、可锻铸铁
C	HRC	金刚石圆锥	1 471	20~70	淬火钢、调质钢、深层表面硬化钢

注：① HRA、HRC 所用刻度盘满刻度为 100，HRB 为 130。

（3）表示方法

洛氏硬度值没有量纲，它置于符号 HR 的前面，HR 后面为使用的标尺。如，60 HRC 表示用 C 标尺测定的洛氏硬度值为 60。实际测量时，硬度值一般由硬度计的刻度盘上直接读出。

(4) 试验优缺点

洛氏硬度试验测量硬度范围大，操作简便、迅速，效率高，可直接从硬度计上读出硬度值。由于压痕小，不会损伤试件表面，故可直接测量成品或较薄工件。但因压痕小，对内部组织和硬度不均匀的材料，所测结果不够准确。因此，需在试件不同部位测定数次（一般为3处以上），取其平均值作为该材料的硬度值。

3. 维氏硬度

布氏硬度试验不适用于测定硬度较高的材料，洛氏硬度虽然可用于测定软材料和硬材料，但其硬度值不能进行比较。为了测量从软到硬的各种材料以及金属零件的表面硬度，并有连续一致的硬度标尺，特制定维氏硬度试验法。

(1) 试验原理

维氏硬度原理与布氏硬度原理相似，也是根据压痕单位表面积的试验力大小来计算硬度值。区别在于维氏硬度的压头采用的是锥面夹角为136°的金刚石正四棱锥体。试验时，在规定试验力 F 作用下，压头压入试件表面，保持一定时间后，卸除试验力，测量压痕两对角线长度，如图1-9所示。单位压痕表面积所承受试验力的大小即为维氏硬度值，用符号HV表示，单位MPa。图1-10为维氏硬度计。

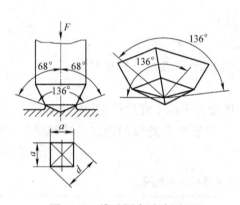

图1-9 维氏硬度试验原理

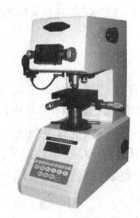

图1-10 维氏硬度计

(2) 表示方法

维氏硬度习惯上也只标硬度值而不标出单位。通常是在HV符号前面写出硬度值，HV后面依次用数字注明试验力和保持时间（10~15 s不标注）。例如：640HV30/20，表示在30 kgf（294.2 N）试验力作用下，保持20 s测得的维氏硬度值为640。

(3) 优缺点及应用范围

维氏硬度试验法所用试验力小，压痕深度浅，轮廓清晰，数字准确可靠，故广泛用于测量金属镀层，薄片材料和化学热处理后的表面硬度。又因其试验力可在很大范围内选择（49.03~980.7 N），所以可测量从很软到很硬的材料。但维氏硬度试验不如洛氏硬度试验简便、迅速，不适于成批生产的常规试验。

1.2 动载荷下材料的力学性能

1.2.1 冲击韧度

前面讨论的都是在静载荷条件下测得的力学性能指标，实际上许多机械零件在工作中，往往要受到冲击载荷的作用，如冲模、锻模、锤杆、活塞销等。制造这些零件的材料，其性能不能单纯用静载荷作用下的指标来衡量，而必须考虑材料抵抗冲击载荷的能力。

金属抵抗冲击载荷而不破坏的能力称为冲击韧度。目前常用一次摆锤冲击弯曲试验来测定金属材料的韧度。

1. 冲击韧度试验方法及原理

一次冲击弯曲试验通常是在摆锤式冲击试验机（图1-11）上进行的，其试验原理如图1-12所示。

试验时将带有缺口的标准试样（按GB/T 229—1994规定，冲击试样有夏比V型缺口试样和夏比U型缺口试样两种。两种试样的尺寸及加工要求如图1-13所示。）背向摆锤方向放在试验机两支座上，将质量为 m 的摆锤抬到规定高度 H，使摆锤具有的势能为 mHg。摆锤落下冲断试样后升至 h 高度，这时摆锤具有的势能为 mhg。根据功能原理可知：摆锤冲断试样所消耗的功 $A_K = mg(H-h)$，A_K 称为冲击吸收功。

用试样缺口处的横截面积 A 去除 A_K 所得的商即为该材料的冲击韧度值，用符号 α_k 表示，单位为 J/cm^2，即 $\alpha_K = \dfrac{A_K}{A}$

图1-11 冲击试验机

冲击吸收功的值可从试验机的刻度盘上直接读出。A_K 值的大小，代表了材料的冲击韧度的高低。一般把 A_K 值低的材料称为脆性材料；A_K 值高的材料称为韧性材料。A_K 越大，材料的韧性越好，受冲击时越不易断裂。

一般来讲，强度、塑性均好的材料，其韧性值也高。但材料的 A_K 的大小受很多因素影响，不仅与试样形状、表面粗糙度、内部组织有关，还与试验时的温度密切相关。因此，冲击韧

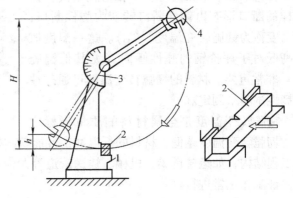

图1-12 冲击试验原理图
1—支座；2—试样；3—指针；4—摆锤

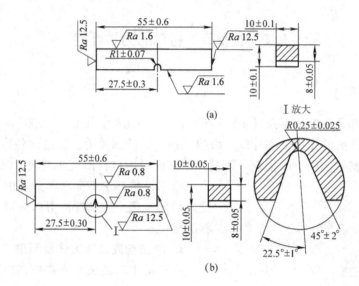

(a)

(b)

图 1-13 冲击试样

度值一般只作为选材时的参考，而不能作为计算依据。

工程实际中，在冲击载荷作用下工作的机械零件，很少因受大能量一次冲击而破坏，大多数机件是经过千百万次的小能量多次重复冲击，最后导致断裂，如冲模的冲头、凿岩机的活塞等。试验证明，材料在多次冲击下的破坏过程是裂纹产生和扩展的过程，它是多次冲击损伤积累发展的结果。因此材料的多次冲击抗力取决于材料的强度和塑性的综合性指标，冲击能量高时，材料的多次冲击抗力主要取决于塑性；冲击能量低时，主要取决于强度。

2. 冲击试验的实际意义

A_K 的大小与试验温度有关，有些材料在室温 20 ℃ 左右试验时并不显示脆性，但在较低温度下，则可能发生脆性断裂。所谓脆性断裂是指骤然发生传播很快的断裂，断裂前（裂纹产生）及伴随着断裂过程（裂纹扩展）都缺乏明显的塑性形变。

温度对 A_K 的影响如图 1-14 所示。由图可以看出，A_K 的值随着试验温度的下降而减小。材料在低于某温度时，A_K 值急剧下降，使试样的断口形态由韧性断口转变为脆性断口，此温度称为韧脆转变温度（T_K）。这一温度值的高低对于评价钢的脆性倾向（尤其低温脆性）非常重要。材料的韧脆转变温度可通过冲击韧性试验来测定。

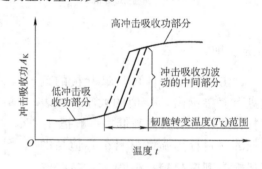

图 1-14 韧脆转变温度示意图

韧脆转变温度是金属材料的质量指标之一，韧脆转变温度越低，材料的低温冲击性能就越好，对于在寒冷地区和低温下工作的机械和工程结构，如运输桥梁、机械、输送管道等尤为重要，因此必须具有更低韧脆转变温度才能保证工作正常进行。

1.2.2 疲劳

1. 疲劳的概念

许多机械零件是在交变应力下工作的，如机床主轴、连杆、齿轮、弹簧、各种滚动轴承等。所谓交变应力是指零件所受应力的大小和方向随时间作周期性变化。例如，受力发生弯曲的轴，在转动时材料要反复受到拉应力和压应力，属于对称交变应力循环。零件在交变应力作用下，当交变应力值远低于材料的屈服强度时，经长时间运行后也会发生断裂，这种断裂称为疲劳断裂。疲劳断裂往往突然发生，无论是塑性材料还是脆性材料，断裂时都不产生明显的塑性变形，具有很大的危险性，常常造成事故。据统计，机械零件断裂中有80%是由于疲劳引起的。疲劳断裂的过程，往往起始于零件表面，有时也可能在零件的内部某一薄弱部位产生裂纹。随着应力的交变，裂纹不断向截面深处扩展，以至在某一时刻，使未裂的截面面积承受不了所受的应力时，便产生突然断裂。

2. 疲劳曲线与疲劳强度

为了防止疲劳断裂，零件设计不能只以 σ_b、$\sigma_{0.2}$ 作为依据，必须制订出疲劳抗力指标。材料疲劳抗力指标是由疲劳实验测得的。通过疲劳实验，把被测材料承受交变应力 σ 与材料断裂前的应力循环次数 N 的关系曲线称为疲劳曲线（图1-15）。由图中可以看出，随着应力循环次数 N 的增大，材料所能承受的最大交变应力不断减小。当应力降低到某一数值时，疲劳曲线与横坐标平行，表明材料可经受无数次应力循环而不发生疲劳断裂。材料能够承受无数次应力循环的最大应力称为疲劳强度。材料疲劳强度用 σ_r 表示，r 表示交变应力循环系数，对称应力循环时的疲劳强度用 σ_{-1} 表示。由于无数次应力循环难以实现，规定钢铁材料经受 10^7 循环，有色金属经受 10^8 循环时的应力值确定为 σ_{-1}。图1-16为纯弯曲疲劳试验机。

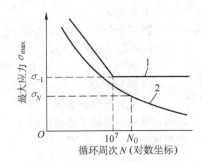

图1-15 疲劳曲线
1—钢铁材料；2—有色金属

图1-16 纯弯曲疲劳试验机

3. 疲劳断裂的原因与提高材料疲劳强度的途径

（1）产生疲劳断裂的原因

一般认为，产生疲劳断裂的原因是材料的内部缺陷，如夹杂物，气孔等所致。在交变应力作用下，缺陷处首先形成微小裂纹，裂纹逐步扩展，导致零件的受力截面减小，以致突然产生断裂。此外，零件表面的机械加工刀痕和构件截面突然变化部位，均会产生应力集中。交变应力下，应力集中处易于产生显微裂纹，也是产生疲劳断裂的主要原因。

（2）提高材料疲劳强度的途径

由疲劳断裂过程可知，凡使零件表面和内部不容易生成裂纹，或裂纹生成后不容易扩展的任何因素，都可不同程度的提高疲劳强度，主要表现为以下几个方面：

① 设计方面。尽量使零件避免有尖角、缺口和截面突变，以避免应力集中及其所引起的疲劳裂纹；

② 材料方面。通常应使晶粒细化，减少材料内部存在的夹杂物和由于热加工不当而引起的缺陷，如气孔、疏松和表面氧化等。晶粒细化使晶界增多，从而对疲劳裂纹的扩展起更大的阻碍作用。材料内部缺陷，有的本身就是裂纹，有的在循环应力作用下会发展成裂纹。没有缺陷，裂纹就难以形成。

③ 机械加工方面。要降低零件表面粗糙度，因表面刀痕、碰伤和划痕等都是疲劳裂纹的策源地。

④ 零件表面强度方面。可采用化学热处理、表面淬火、喷丸处理和表面涂层等，使零件表面造成压应力，以抵消或降低表面拉应力引起疲劳裂纹的可能性。

1.3 项目小结

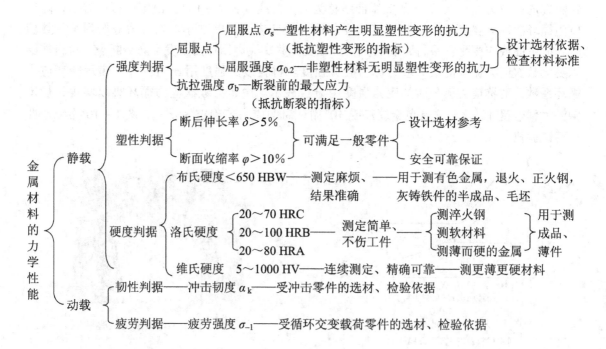

思考题与练习题

1. 什么是金属材料的力学性能，力学性能主要包括哪些指标？
2. 有一低碳钢试样，原始直径为 $\phi 10$ mm，在试验力为 21 000 N 时屈服，试样断裂前的最大试验力为 30 000 N，拉断后长度为 133 mm，断裂处最小直径为 $\phi 6$ mm，试计算 σ_s、σ_b、δ、φ。

3. 现有标准圆形长、短试样各一根，原始直径 $d_0 = 10$ mm，经拉伸试验测得其伸长率 δ_{10} 和 δ_5 均为 25%，求两试样拉断时的标距长度？这两试样中哪一个塑性较好？为什么？

4. 图 1-17 所示为三种不同材料的拉伸曲线（试样尺寸相同），试比较为三种材料的抗拉强度、屈服强度及塑性的大小，并指出屈服强度的确定方法。

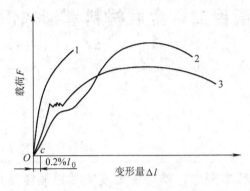

图 1-17 三种不同材料的拉伸曲线

5. 下列硬度要求或写法是否正确？为什么？
(1) HBW = 350 ~ 400 MPa
(2) 12 ~ 15 HRC
(3) 70 ~ 75 HRC
(4) 800 ~ 850 HV

6. 下列情况应采用什么方法测定硬度？写出硬度值符号。
(1) 机床床身铸铁毛坯
(2) 自行车车架
(3) 钳工用锤子的锤头
(4) 硬质合金刀片
(5) 机床尾座上的淬火顶尖
(6) 钢件表面很薄的硬化层

7. A_K 的含义是什么？它的单位是什么？有了塑性指标为何还要测定 A_K？

8. 材料有了 A_K 指标，为何还要测试小能量多次冲击指标？它们的应用各有什么不同？

9. 金属疲劳断裂是怎样产生的？如何提高零件的疲劳强度？

项目二 金属材料基础知识

知识目标

（1）了解晶体结构基本概念，熟悉纯金属的常见晶体结构、晶体缺陷。
（2）掌握晶体缺陷对金属力学性能的影响。
（3）掌握合金晶体结构的基本类型，理解强化机理。
（4）理解金属结晶的条件及结晶过程。
（5）掌握金属的塑性加工机理及塑性变形对材料的组织和性能的影响。

能力目标

（1）能分析晶粒大小对金属力学性能的影响。
（2）能分析合金相结构与性能之间的关系。
（3）能够掌握物质从液态转变为固态所遵循的基本规律。
（4）能运用强化机理提高金属和合金的性能。

引言

中学时，我们就已经了解了晶体的相关知识，知道晶体中原子是有规律排列的，但显微分析发现，晶体内部总会有一些局域性的原子错排现象。后又研究发现，石墨晶体在平行于石墨层方向上与的垂直于石墨层方向上导电率是不相同的，云母片沿某一平面的方向容易撕成薄片……晶体中原子排列规则与否对其性能会带来哪些影响？为什么晶体中不同方向性能会有差别？

2.1 金属与合金的晶体结构

2.1.1 纯金属的晶体结构

金属材料与非金属材料相比，不仅具有良好的力学性能和某些物理、化学性能，而且工艺性能在多方面也较优良。即使都是金属材料，不同成分和不同状态下性能也会有很大差异，如钢的强度比铝合金高，但其导电性和导热性不如铝。甚至化学成分相同的材料，采用不同的热处理或加工工艺，也会使性能产生明显的差异。造成上述性能差异的原因，主要是材料内部结构不同，因此掌握金属和合金的内部结构，对于合理选材具有重要意义。

1. 晶体与非晶体

固态物质按其原子的排列特征可分为晶体与非晶体。凡原子按一定规律排列的固态物质，称为晶体。如金刚石、石墨及固态金属与合金。而少数固态物质，如松香、沥青、玻璃、塑料等是非晶体。对两者比较可以看出，晶体具有如下特点：

① 原子在三维空间呈规则、周期性重复排列，如图2-1（a）所示；
② 具有一定的熔点，如纯铁的熔点为1 538 ℃，铝的熔点为660 ℃；
③ 晶体的性能随着原子的排列方位而改变，即单晶体具有各向异性。

金属晶体除具有上述晶体所共有的特征外，还具有金属光泽、良好的导电性、导热性和延展性，尤其是金属晶体还具有正的电阻温度系数，这是金属晶体与非金属晶体的根本区别。

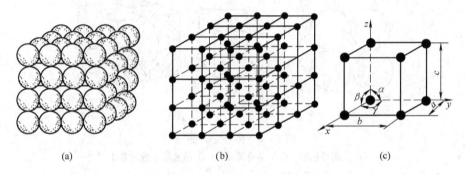

图2-1 晶体结构示意图
（a）晶体中最简单的原子排列；（b）晶格；（c）晶胞

2. 晶体结构的基本知识

（1）晶格

为了形象描述晶体内部原子排列的规律，可将原子抽象为几何点，并用一些假想线条将几何点在三维方向连接起来，这样构成的空间格子称为晶格，如图2-1（b）所示。晶格中的每一个点称为结点。

（2）晶胞

由于晶体中原子排列具有周期性变化的特点，因此，可以从晶格中选取一个能够完整反映晶格特征的最小几何单元，从中找出晶体特征及原子排列规律。这个组成晶格的最基本几何单元称为晶胞，如图2-1（c）所示。实际上整个晶格就是由许多大小、形状和位向相同的晶胞在空间重复堆积而成的。

（3）晶格常数

不同元素结构不同，晶胞的大小和形状也有差异。结晶学中规定，晶胞的大小以其各棱边尺寸a、b、c表示，称为晶格常数，单位为Å（1 Å = 10^{-10} m）。晶胞各棱边之间的夹角分别以α、β、γ表示，如图2-1（c）所示。当晶格常数$a=b=c$，棱边夹角$\alpha=\beta=\gamma=90°$时，这种晶胞称为简单立方晶胞。

(4) 致密度

金属晶胞中原子本身所占有的体积百分数，用来表示原子在晶格中排列的紧密程度。其大小可用晶胞中总的原子体积占晶胞体积的百分比来表示。

3. 金属中常见的晶格类型

各种晶体由于其晶格类型和晶格常数不同，故呈现出不同的物理、化学及力学性能。除少数金属具有复杂晶格外，大多数金属的晶体结构都比较简单，其中常见的有以下三种。

(1) 体心立方晶格

体心立方晶格的晶胞是一个立方体，原子分布在立方体的 8 个结点及中心处，如图 2-2 所示，其致密度为 0.68，这表明体心立方晶格中 68% 的体积被原子所占用，其余 32% 为晶胞内的间隙体积。

具有体心立方晶格类型的金属有 Cr、Mo、W、V、α-Fe 等。它们大多具有较高的强度和韧性。

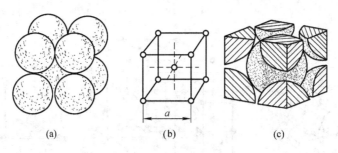

图 2-2 体心立方晶格

(a) 刚性模型；(b) 晶格类型；(c) 晶胞原子数示意图

(2) 面心立方晶格

面心立方晶格的晶胞也是一个立方体，原子分布在立方体的 8 个结点及各面的中心处，如图 2-3 所示，其致密度为 0.74，这表明面心立方晶格中 74% 的体积被原子所占用，其余 26% 为晶胞内的间隙体积。

具有面心立方晶格类型的金属有 Al、Cu、Ni、γ-Fe 等，它们大多具有较高的塑性。

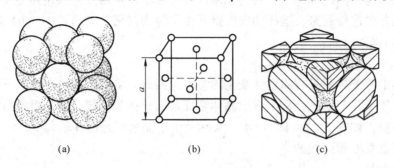

图 2-3 面心立方晶格

(a) 刚性模型；(b) 晶格类型；(c) 晶胞原子数示意图

(3) 密排六方晶格

密排六方晶格的晶胞是一个正六棱柱体，晶胞的三个棱边长 $a = b \neq c$，晶胞棱边夹角

$\alpha=\beta=90°$、$\gamma=120°$，其晶格常数用正六边形底面的边长 a 和晶胞的高度 c 表示。在密排六方晶胞的十二个结点上和上、下底面的中心处各排列有一个原子，此外柱体中心处还包含着三个原子，如图 2-4 所示，其致密度为 0.74。

属于这种类型的金属有 Mg、Zn、Be、α-Ti 等，它们大多具有较大的脆性，塑性较差。

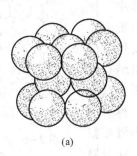
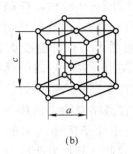
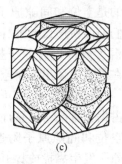

图 2-4　密排六方晶格
(a) 刚性模型；(b) 晶格类型；(c) 晶胞原子数示意图

晶格类型不同，原子排列的致密度也不同。致密度越大，原子排列就越紧密。所以，当铁在冷却时，由晶格致密度较大（0.74）的面心立方晶格的 γ-Fe 转变成晶格致密度较小（0.68）的体心立方晶格 α-Fe，就会发生体积变化而引起应力和变形。

2.1.2　金属的实际晶体结构

前面所讨论的晶体结构都是指理想单晶体的构造情况，而实际金属几乎都是多晶体，实际金属晶体构造与理想晶体还有较大的差异。

1. 单晶体与多晶体

晶体内部晶格位向完全一致的晶体称为单晶体，单晶体具有各向异性的特征。在工业生产中，只有通过特殊制作才能获得单晶体，如半导体元件、磁性材料、高温合金材料等。

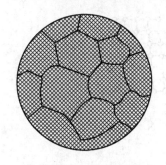

图 2-5　金属的多晶体结构示意图

实际使用的工业金属材料，即使体积很小，其内部仍包含了许多颗粒状的小晶体。每个小晶体的内部，晶格方位都是基本一致的，而各个小晶体之间彼此的方位又都不相同的，如图 2-5 所示。每个小晶体的外形多为不规则的颗粒，通常称为晶粒。晶粒与晶粒之间的界面称为晶界。这种实际上由许多晶粒组成的晶体称为多晶体。一般金属材料都是多晶体。

晶粒尺寸是很小的，如钢铁材料的晶粒一般在 10^{-3} ~ 10^{-1} mm 左右，故只有在金相显微镜下才能观察到。这种在显微镜下观察到的形态、大小和分布等情况，称为显微组织或金相组织。

单晶体在不同方向上的物理、化学和力学性能各不相同，显示各向异性。而实际金属的性能在各个方向上却基本一致，显示各向同性。这是因为，实际金属是由许多方位不同的晶粒组成的多晶体，一个晶粒的各向异性在许多方位不同的晶体之间可以多相抵消或补充。

2. 晶体中的缺陷

晶体中原子完全为规则排列时，称为理想晶体。实际上，金属由于许多因素（如结晶条件、原子热运动及加工条件等）的影响，使某些区域的原子排列受到干扰和破坏，内部总是存在着大量缺陷。根据晶体缺陷的几何特征，可将其分为以下三类：

（1）点缺陷

点缺陷是指在长、宽、高三个方向上尺寸都很小的一种缺陷，最常见的是空位和间隙原子如图2-6所示。在晶体中，原子并非像我们前面所假设的那样静止不动，而是在平衡位置上作热振动，当温度升高时，原子振幅增大，有可能脱离其平衡位置，这样，在晶格中便出现了空的结点，这种空着的晶格结点称为晶格空位。与此同时，又有可能在个别晶格空隙处出现多余原子。这种不占据正常晶格位置而处在晶格空隙中的原子，称为间隙原子。在空位和间隙原子附近由于原子间作用力的平衡被破坏，使周围原子发生靠拢或撑开，因此，晶格发生畸变，使金属的强度升高，塑性下降。

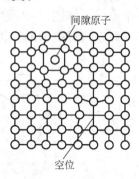

图2-6 空位和间隙原子示意图

（2）线缺陷

线缺陷是指在晶体中呈线状分布，即一个方向上尺寸很大，而另两个方向上很小的缺陷。常见的线缺陷是各种类型的位错。所谓位错，就是在晶体中某处有一列或若干列原子发生了某种有规律的错排现象。金属晶体内存有大量的各种类型位错，其中"刃型位错"是一种比较简单的位错（图2-7），在 ABCD 晶面上垂直插入一个原子面 EFGH，像刀刃一样切到 EF 线上，使 ABCD 晶面上、下两部分晶体的原子排列数目不等，即原子产生了错排现象，故称"刃型位错"。多余原子面的底边 EF 线称为位错线。在位错线附近晶格发生畸变，形成一个应力集中区。在位错线上方附近原子受到压应力，而其下方附近原子受到拉应力，且离位错线越近，应力越大，晶格畸变越大，离位错线越远，应力越小，晶格畸变越小。

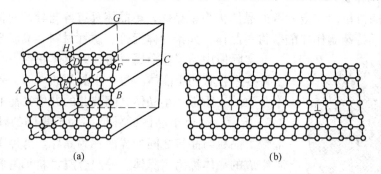

图2-7 刃型位错示意图

晶体中位错的多少可用单位体积中所包括的位错线的总长度表示，称为位错密度，即

$$\rho = \sum L / V$$

式中 ρ——位错密度（cm^{-2}）

$\sum L$——位错线总长度（cm）

V——体积（cm^3）

晶体中位错密度的变化以及位错在晶体内的运动，对金属的强度、塑性及组织转变等都

有着极为重要的影响。例如金属材料处于退火状态时，位错密度较低，强度较差；经冷塑性变形后，材料的位错密度增加，强度也随之提高。因此，提高位错密度也是金属强化的重要途径之一。此外，位错在晶体中易于移动，因此，金属材料的塑性变形都是通过位错运动来实现的。

（3）面缺陷

面缺陷是指呈面状分布，即在两个方向上的尺寸很大，而在第三个方向上尺寸很小的缺陷。这类缺陷主要有晶界和亚晶界。

① 晶界。工业上使用的金属材料一般都是多晶体。多晶体中两个相邻晶粒之间的位向不同，所以晶界处实际上是原子排列逐渐从一种位向过渡到另一种位向的过渡层，该过渡层的原子排列是不规则的。相邻晶粒的位向差一般为 30°～40°，晶界宽度为 5～10 个原子间距，如图 2-8 所示。

晶界处原子的不规则排列，使晶格处于歪扭畸变状态，因而在常温下会对金属塑性变形起阻碍作用。从宏观上来看，晶界处表

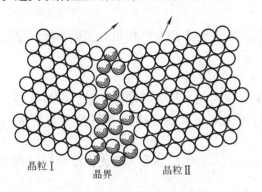

图 2-8 晶界的过渡结构示意图

现出有较高的强度和硬度，晶粒越细小，晶界就越多，它对塑性变形的阻碍作用就越大，金属的强度、硬度也就越高。

② 亚晶界。在每个晶粒内，其晶格位向并不像理想晶体那样完全一致，而是存在许多尺寸很小，位向差也很小（一般 2°～3°）的小晶块，这些小晶块称为"亚晶粒"，两相邻亚晶粒的界面称为"亚晶界"。亚晶界实际上是由一系列刃型位错所组成的小角度晶界，如图 2-9 所示。由于亚晶界处原子排列也是不规则的，使晶格产生了畸变，因此，亚晶界的作用与晶界相似，对金属的强度也有着重要影响。亚晶界越多，金属的强度就越高。

2.1.3 合金的晶体结构

一般来说，纯金属大都具有优良的塑性、导电、导热等性能，但它们制取困难，价格较贵，种类有限，特别是力学性能

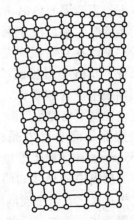

图 2-9 亚晶界结构示意图

和耐磨性都比较低，难以满足多品种高性能的要求。因此，工程上大量使用的金属材料都是根据性能需要而配制的各种不同成分的合金，如碳钢、合金钢、铸铁、铝合金及铜合金等。

1. 合金的基本概念

合金是指由两种或两种以上的金属元素（或金属与非金属元素）组成的，具有金属特性的新物质。

组成合金最基本的、独立的物质称为组元（简称元）。通常组元是指组成合金的元素，例如普通黄铜的组元是铜和锌，铁碳合金的组元是铁和碳。一般来说，稳定的化合物也可以作为组成合金的组元。按组元数目，合金分为二元合金、三元合金和多元合金等。

可以由给定组元按不同比例配制出一系列不同成分的合金,这一系列合金就构成了合金系。例如各种牌号的碳钢就是由不同铁、碳含量的合金所构成的铁碳合金系。

在纯金属或合金中,具有相同的化学成分、晶体结构和相同物理性能的组分称为"相"。例如纯铜在熔点温度以上或以下,分别为液相或固相,而在熔点温度时则为液、固两相共存。合金在固态下,可以形成均匀的单相组织,也可以形成由两相或两相以上组成的多相组织,这种组织称为两相或复相组织。"组织"是泛指用金相观察方法看到的由形态、尺寸和分布方式不同的一种或多种相构成的总体。

2. 合金的相结构

根据构成合金的各组元之间相互作用的不同,固态合金的相结构可分为固溶体和金属化合物两大类。

(1) 固溶体

合金在固态下,组元间仍能互相溶解而形成的均匀相,称为固溶体。形成固溶体后,晶格类型保持不变的组元称溶剂,晶格消失的组元称溶质。固溶体的晶格类型与溶剂组元相同。

根据溶质原子在溶剂晶格中所占据位置的不同,可将固溶体分为置换固溶体和间隙固溶体两种。

① 置换固溶体。若溶质原子代替一部分溶剂原子而占据溶剂晶格中的某些结点位置,称为置换固溶体,如图2-10(a)所示。

形成置换固溶体时,溶质原子在溶剂晶格中的溶解度主要取决于两者晶格类型、原子直径的差别以及它们在周期表中的相互位置。一般来说,晶格类型相同、原子直径差别越小,在周期表中位置越靠近,则溶解度越大,甚至在任何比例下均能互溶形成无限固溶体。例如,铜和镍都是面心立方晶格,铜的原子直径为0.255 mm,镍的原子直径为0.249 mm,是处于同一周期表中的相邻的两个元素,可形成无限

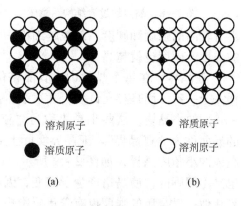

图2-10 固溶体的两种类型
(a) 置换固溶体;(b) 间隙固溶体

固溶体;反之,若不能满足上述条件,则溶质在溶剂中的溶解度是有限的,这种固溶体称为有限固溶体。例如,铜和锡、铅和锌等都形成有限固溶体。

② 间隙固溶体。溶质原子在溶剂晶格中并不占据晶格结点的位置,而是在结点间的空隙中,这种形式的固溶体称为间隙固溶体,如图2-10(b)所示。

形成间隙固溶体的条件是:溶质原子半径很小而溶剂晶格间隙较大。一般来说,当溶质与溶剂原子半径的比值小于或等于0.59($r_{溶质}/r_{溶剂} \leq 0.59$)时,才能形成间隙固溶体。一般过渡族元素(溶剂)与尺寸较小的碳、氮、硼、氧等元素,易形成间隙固溶体。

③ 固溶体的性能。由于溶质原子的溶入,使固溶体的晶格畸变,如图2-11所示,变形抗力增大,使金属的强度、硬度升高的现象称为固溶强化。它也是强化金属材料的重要途径之一。例如,低合金高强度结构钢就是利用锰、硅等元素强化铁素体,而使钢材力学性能得到较大提高。

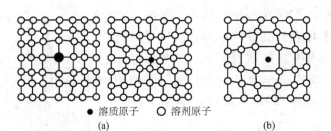

图 2-11 形成固溶体时晶格畸变
(a) 置换固溶体；(b) 间隙固溶体

当溶质的质量分数适当时，固溶体不仅有着较纯金属高的强度和硬度，而且有着好的塑性和韧性。例如，镍固溶于铜中所组成的 Cu-Ni 合金（白铜），当硬度从 38 HBW 提高到 60~80 HBW 时，其伸长率 δ 仍可保持 50% 左右。这就说明固溶体的强度和塑性、韧性具有较好的配合。因此实际使用的金属材料，大多数是单相固溶体合金或以固溶体为基体的多相合金。

（2）金属化合物

在合金相中，各组元的原子按一定的比例相互作用生成晶格类型和性能完全不同于任一组元，并且有一定金属性质的新相，称为金属化合物。例如，钢中渗碳体 Fe_3C 是铁原子和碳原子所组成的金属化合物，其晶体结构为复杂斜方晶格（如图 2-12 所示）。

金属化合物的熔点较高、硬而脆。当合金中出现金属化合物时，通常能提高合金的强度、硬度和耐磨性，但会降低塑性、韧性，因此，生产中很少使用单相金属化合物的合金。但当金属化合物呈细小颗粒均匀分布在固溶体基体上时，将使合金强度、硬度和耐磨性明显提高，这一现象称弥散强化。因此，金属化合物主要用来作为碳钢、低合金钢、合金钢、硬质合金及有色金属的重要组成相及强化相。

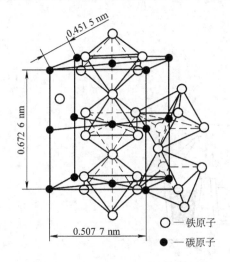

图 2-12 Fe_3C 的晶体结构

2.2 金属与合金的结晶

大多数金属材料都是在液态下冶炼，然后铸造成固态金属。由液态金属转变为固态金属的过程，就是金属的结晶。在工业生产中，金属的结晶决定了铸锭、铸件及焊接件的组织和性能。因此，如何控制结晶就成为提高金属材料性能的手段之一。研究金属结晶的目的，就是要掌握金属结晶的规律，用以指导生产，提高产品质量。

2.2.1 纯金属的结晶

1. 纯金属的冷却曲线与过冷现象

金属的结晶过程可以通过热分析来研究，其装置如图 2-13 所示。将纯金属加热到熔化状态，然后将其缓慢冷却，在冷却过程中，每隔一定时间记录下金属的温度直到结晶完毕为止。这样可得到一系列时间与温度相对应的数据，把这些数据标在"时间-温度"坐标图中，并画出一条温度与时间的相关曲线，这条曲线称为冷却曲线，如图2-14所示。

由冷却曲线可见，液体金属随着冷却时间的增长，温度不断下降。但当冷却到某一温度时，随着冷却时间的增长其温度并不下降，而是在曲线上出现一个平台，这个平台所对应的温度就是纯金属结晶的温度。出现平台的原因，是由于金属结晶时放出的结晶潜热补偿了其向外界散失的热量。

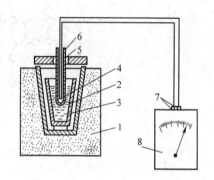

图2-13 热分析法装置示意图
1—电炉；2—坩埚；3—熔融金属；4—热电偶热端；5—热电偶；6—保护驾；7—热电偶冷端；8—检流计

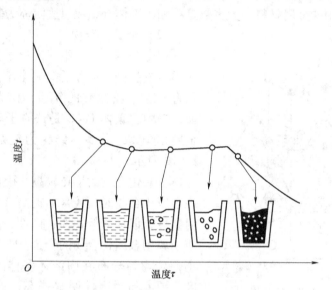

图2-14 纯金属冷却曲线的绘制

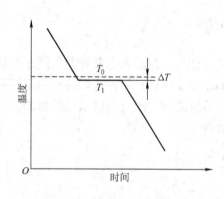

图2-15 纯金属的冷却曲线

如图2-15所示，金属在无限缓慢冷却条件下（即平衡条件下）所测得的结晶 T_0，称为理论结晶温度。但在实际生产中，金属结晶的速度是相当快的。在这种情况下，金属的实际结晶温度 T_1 总是要低于理论结晶温度 T_0，这种现象称为过冷现象。而理论结晶温度 T_0 与实际结晶温度 T_1 的差 ΔT，称为过冷度，即 $\Delta T = T_0 - T_1$。

过冷度并不是一个恒定值，其大小与冷却速度、金属的性质和纯度等因素有关。冷却速度越大，则金属的实际结晶温度就越低，过冷度就越大。并且金属的纯度越高，结晶时的过冷度也越大。

实际上，金属只有在过冷情况下才能进行结晶，因此过冷是金属结晶的必要条件。

2. 纯金属的结晶过程

纯金属的结晶过程是在冷却曲线上的水平线段内发生的，其实质是金属原子由不规则排列过渡到规则排列而形成晶体的过程。实验证明，液态金属中存在着许多类似于晶体中原子有规则排列的小集团。在理论结晶温度以上，这些小集团是不稳定的，时聚时散，此起彼伏。当低于理论结晶温度时，这些小集团的一部分就稳定下来形成微小晶体而成为结晶核心。这种最先形成的、作为结晶核心的微小晶体称为晶核。并且随着时间的推移，已形成的晶核不断长大，同时，液态金属中又会不断地形成新的晶核并不断长大，直到液体金属全部消失，晶体彼此接触为止。可见，结晶过程就是不断地形核和晶核不断长大的过程，如图2-16 所示。

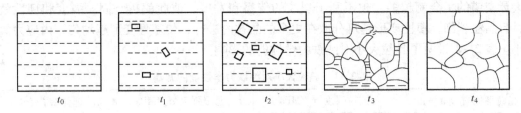

图2-16 金属的结晶过程示意图

上述晶核的形成称为自发形核，此外，某些外来的难熔的质点也可充当晶核，称为非自发形核。非自发形核在金属的结晶过程中起着非常重要的作用。

结晶时由每一个晶核长成的晶体就是一个晶粒。固体金属就是由多个晶粒组成的多晶体，晶粒与晶粒之间的接触面称为晶界。由于晶界处比晶粒内部凝固的晚，故金属中的低熔点杂质往往聚集在晶界上，从而使晶界处的性能不同于晶粒内部。

纯金属结晶时，晶核长大方式主要有两种：一种是平面长大方式，另一种是枝晶长大方式。晶体长大方式，取决于冷却条件，同时也受晶体结构、杂质含量的影响。当过冷度较小时，晶核主要以平面长大方式进行，晶核各表面的长大速度遵守表面能最小的法则，即晶核长成的规则形状应使总的表面能趋于最小。晶核沿不同方向的长大速度是不同的，以沿原子最密排面垂直方向的长大速度最慢，表面能增加缓慢。所以，平面长大的结果，使晶核获得表面为原子最密排面的规则形状。

当过冷度较大时，晶核主要以枝晶的方式长大，如图2-17 所示。晶核长大初期，其外形为规则的形状，但随着晶核的成长，晶体棱角形成，棱角在继续长大过程中，棱角处的散热条件优于其他部位，于是棱角处优先生长，沿一定部位生长出空间骨架，这种骨架好似树

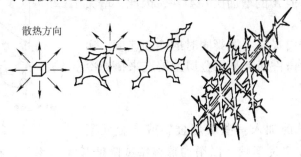

图2-17 晶体枝晶成长示意图

干,称为一次晶轴,在一次晶轴增长的同时,在其侧面又会生长出分枝,称为二次晶轴,随后又生长出三次晶轴等,如此不断生长和分枝下去,直到液体全部凝固,最后形成树枝状晶体。

实际上,晶核长大的过程受冷却速度、散热条件及杂质的影响。如果控制了上述影响因素,就可控制晶粒长大方式,最终可达到控制晶体的组织和性能的目的。

3. 晶粒大小对金属力学性能的影响

金属晶粒大小可用单位体积内的晶粒数目来表示,数目越多,晶粒越细小。为了测量方便,常以单位截面上晶粒数目或晶粒的平均直径来表示。实验证明,常温下的细晶粒金属比粗晶粒金属具有较高的强度、塑性和韧性。这是因为,晶粒越细,晶界越曲折,晶粒与晶粒间犬牙交错的机会就越多,越不利于裂纹的传播和发展,彼此就越坚固,强度和韧性就越好;且晶粒越细,塑性变形越可分散在更多的晶粒内进行,使塑性变形越均匀,内应力集中越小。表2-1说明了晶粒大小对纯铁力学性能的影响。

表2-1 晶粒大小对纯铁力学性能的影响

晶粒平均直径 d/mm	抗拉强度 σ_b/MPa	屈服强度 σ_s/MPa	延伸率 δ/(%)
9.7	165	40	28.8
7.0	180	38	30.6
2.5	211	44	39.5
0.2	263	57	48.8

由此可见,金属的晶粒大小对金属的力学性能有着重要的影响。细化晶粒是使金属强韧化的有效途径。

从结晶过程可知,金属的结晶是不断形成晶核和晶核不断长大的过程,所以金属结晶后的晶粒大小取决于结晶时的形核率 N(单位时间、单位体积内所形成的晶核数目)和晶核的长大速率 G(单位时间内晶核长大的线速度)。凡能促进形核率 N、抑制长大速率 G 的因素,都能细化晶粒。工业生产中常采用以下方法细化晶粒:

(1)增加过冷度

金属结晶时,随过冷度的增大,形核率 N、长大速率 G 均增大,但增大的速度有所不同,如图2-18所示。图中实线部分表明,形核率 N 和长大速率 G 均随过冷度的增大而增大,但 N 的增加比 G 要快,因此,增大过冷度可使晶粒细化。

增大过冷度就是要提高金属凝固时的冷却速度。实际生产中,中、小型铸件通常采用金属型铸造来提高冷却速度细化晶粒的。

(2)变质处理

在液态金属结晶前加入一些难熔金属或合金元素(称变质剂),增加非自发形核,以增加形核率或降低长大速率,这种方法称为变质处理。例如,往钢水中加入钛、钒、铝等;往铝液中加入钛、硼,都可使晶粒细化,力学性能提

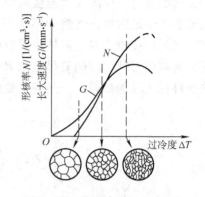

图2-18 形核率、长大速度与过冷度的关系

高。有些物质虽不能提供结晶核心，但能阻止晶粒长大，也可以使晶粒细化。通常可往液态金属中加入少量表面活性元素，让其附着在晶核的结晶前沿，进而阻碍晶核的长大，如钢液中加入的硼就属于此类变质剂。

（3）附加振动

在金属液结晶过程中，对其采用机械振动、超声波振动、电磁振动等措施，可使生长中的枝晶破碎、折断，这样不仅使已形成的晶粒因破碎而强化，而且破碎的细小枝晶又可起到新晶核的作用，增加形核率，达到细化晶粒的目的。

4. 同素异构转变

大多数金属在结晶完成后其晶格类型不再变化，但有些金属如铁、锰、锡、钛等在结晶后继续冷却时，其晶格类型还会发生一定的变化。

金属在固态下随温度的变化，由一种晶格类型转变为另一种晶格类型，称为同素异构转变。由同素异构转变所得到的不同晶格类型的晶体称为同素异构体。

铁是典型的具有同素异构转变特性的金属。图2-19是纯铁的冷却曲线，它表示了纯铁的结晶和同素异构转变的过程。液态纯铁在1538℃时结晶成为具有体心立方晶格的δ-Fe，继续冷却到1394℃时发生同素异构转变，体心立方晶格的δ-Fe转变为面心立方晶格的γ-Fe，再继续冷却到912℃时又发生同素异构转变，面心立方晶格的γ-Fe转变为体心立方晶格的α-Fe。再继续冷却，晶格的类型不再变化。

金属的同素异构转变是通过原子的重新排列来完成的，实质上是一个重结晶过程，也遵循液态金属结晶的一般规律。同素异构转变是金属的一个重要性能，凡是具有同素异构转变的金属及其合金，都可以用热处理的方法来改变其性能。

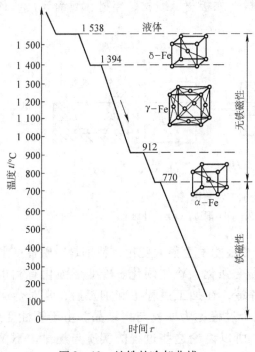

图2-19 纯铁的冷却曲线

2.2.2 合金的结晶

合金的结晶同纯金属一样，也遵循形核与长大的规律。但由于合金成分中包含有两个以上的组元，其结晶过程除受温度影响外，还受到化学成分及组元间相互不同作用等因素的影响，故结晶过程比纯金属复杂。其结晶特点是：

1. 结晶温度的非恒温性

合金的结晶一般是在一个温度范围内进行，即是一个变温结晶过程。其结晶是从液相线开始，并于固相线终止。

2. 结晶过程的动态性

合金的结晶受成分、温度的综合影响。随着温度的降低，液相成分按液相线变化，固相成分按固相线变化。

3. 结晶产物的多样性

合金组织中相的数量和相对组成量会随温度的降低而改变。单相组织一般由均匀的固溶体构成，而复相组织可能是共晶体、共析体，也可能是由固溶体和金属化合物构成的混合物。

2.3　金属的塑性变形与再结晶

塑性变形是压力加工（如锻造、轧制、挤压、拉拔、冲压工艺）的基础。由于大多数金属或合金均具有塑性变形的能力，所以金属或合金在冶炼浇注后绝大多数都需经压力加工、经冷塑性变形或热塑性变形加工，成为型材（如板材、线材、棒材、型钢等）或预期外形的工件才能实际使用，如图2-20所示。

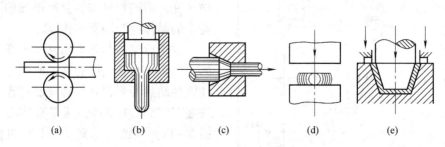

图2-20　压力加工示意图
(a) 轧制；(b) 挤压；(c) 冷拔；(d) 锻造；(e) 冷冲压

同时，压力加工还会使金属或合金的组织和性能发生很大变化，特别是冷塑性变形会使其产生冷变形强化现象（加工硬化）也叫形变强化、冷作硬化。冷变形强化有利也有弊，为了消除冷变形强化给金属材料带来的弊端，在加工过程中和加工后，常对金属材料加热，使其组织与性能发生相应的变化，这个过程称为回复与再结晶。由于塑性变形、回复与再结晶是相互影响、相互紧密联系的，所以讨论这些过程的实质与规律，不仅对改进金属材料的加工工艺和提高产品质量，而且对充分发挥金属材料力学性能的潜力都有重大意义。

2.3.1　金属塑性变形简介

金属在外力作用下将产生变形，其变形过程包括弹性变形和塑性变形两个阶段。弹性变形是在外力去除后能够恢复原状的变形，所以不能用于成形加工；只有塑性变形这种永久性的变形，才能用于成形加工。塑性变形对金属的组织及性能都会产生很大的影响，因此，了解金属的塑性变形对于掌握压力加工的基本原理具有重要的意义。

实验证明，晶体只有在受到切应力时才会产生塑性变形。单晶体在切应力的作用下，晶体的某一部分沿着某一晶面（滑移面）相对于另一部分滑动，这种现象称为滑移，如图2-21所示。

近代理论及实践证明：晶体滑移时，并不是整个滑移面上的全部原子一起移动的，而是

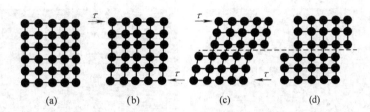

图 2-21 晶体在切应力作用下的变形
(a) 未变形；(b) 弹性变形；(c) 弹、塑性变形；(d) 塑性变形

借助于位错的移动来实现的，如图 2-22 所示。在切应力的作用下，通过一条位错线从滑移面一侧到另一侧的移动便造成一个原子间距的滑移，而这只是位错线附近少数原子的移动，且移动距离远小于一个原子间距，所以通过位错移动所需克服的滑移阻力就很小，滑移也就易于实现。

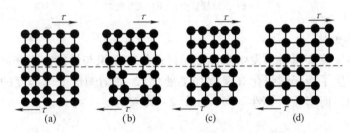

图 2-22 晶体通过位错移动而造成滑移的示意图

工业用金属都是多晶体。多晶体中各个晶粒排列位向不一致，又有晶界存在，使得各个晶粒的塑性变形受到互相影响。因此多晶体的塑性变形具有下列特点：

（1）由于晶界的作用而往往表现出竹节状变形，如图 2-23 所示。
（2）由于多晶体各个晶粒的位向不同，当一个位向有利的晶粒滑移时，必然受到邻近的位向不同的晶粒的阻碍。因此，一般来说，多晶体的变形抗力比单晶体高。

综合所述：多晶体的塑性变形的抗力不仅与晶体结构有关，而且与晶粒大小有关。在一定体积的晶体内晶粒数目越多，晶粒越细，晶界越多，并且不同位向的晶粒也越多，因而塑性变形抗力也就越大。因此，细晶粒的多晶体不仅塑性、韧性较好，而且强度也较高。生产中，都是尽一切努力细化晶粒。

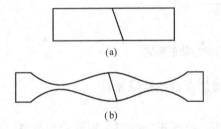

图 2-23 两个晶粒试样在拉伸时的变形
(a) 变形前；(b) 变形后

2.3.2 冷塑性变形对金属组织和性能的影响

1. 对金属组织的影响

金属材料经冷塑变形后，晶粒形状沿变形方向被压扁或拉长。当变形量很大时，晶粒被拉成细条状，形成纤维组织，使金属材料的力学性能具有明显的方向性，如图 2-24 所示。

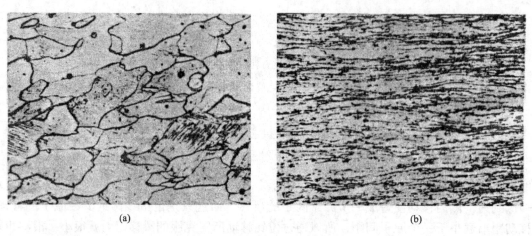

图2-24 冷塑性变形后的组织
(a) 变形度较小；(b) 变形度大

2. 产生冷变形强化

冷塑性变形不仅使金属材料发生变形，而且还使其组织与性能产生一系列的变化，其性能的主要变化是产生了冷变形强化（又称加工硬化），即随塑性变形程度的增加，金属材料的强度、硬度增加，而塑性、韧性下降，如图2-25所示。

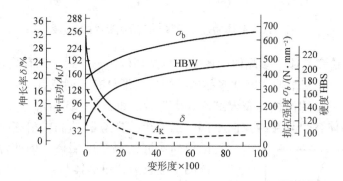

图2-25 冷塑性变形对低碳钢力学性能的影响

除了对力学性能有影响外，塑性变形还使得电阻增加而耐蚀性降低。

3. 产生冷变形强化的原因

前面已经指出，塑性变形是通过位错运动而实现的。位错运动受阻，塑性变形就难以进行。经过冷塑性变形，使晶体中原来存在的晶界和亚晶界产生严重的晶格畸变，加之位错沿滑移面运动，各位错相互作用加剧产生了塞积、缠结现象，而使位错密度逐渐增加。金属的变形量越大，位错密度就越大，变形抗力也就越大。所以造成冷变形强化的根本原因就在于冷塑性变形增加了金属材料内部的位错密度。

此外，冷塑性变形加工后位错密度增加，晶格畸变增加，使自由电子运动受到一定程度干扰，电阻就有所增加；同样，由于位错密度高，晶体处于高能量状态，金属易与周围介质发生化学反应，耐蚀性便有所下降。与此同时，由于变形不均匀，还会使金属材料中存在着内应力。

4. 冷变形强化在生产中的利弊

（1）冷变形强化的有利影响

① 它是强化金属的一种重要加工方法，可以提高金属的强度、硬度和耐磨性，特别是对那些不能用热处理强化的金属材料，如纯金属、多数铜合金、奥氏体不锈钢与高锰钢等。冷拉高强度钢丝和冷卷弹簧等主要就是利用冷加工变形来提高它们的强度和弹性极限，又如用高锰钢制成的坦克和拖拉机的履带板、破碎机颚板以及铁路的道岔等也都是利用冷变形强化来提高它们的硬度和耐磨性的。

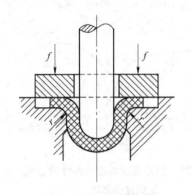

图 2-26 冲压示意图

此外，由于冷变形强化，冷塑性变形还能使产品具有尺寸精度高、表面质量好等优点。

② 冷变形强化是使工件能够均匀成形的重要因素。如图 2-26 所示，金属材料在冷冲压过程中，由于圆角 r 处变形最大，当金属在圆角 r 处变形到一定程度以后，首先产生冷变形强化，随后的变形即转移到其他部分，这样，既可以避免已发生塑性变形的部位继续变形以至破裂，又可以得到壁厚均匀的冲压件。

③ 冷变形强化可在一定程度上提高构件在使用过程中的安全性。因为构件在使用过程中，往往不可避免地会在孔、键槽、螺纹及截面过渡处出现应力集中和过载荷。在这种情况下，由于冷变形强化，过载部位会产生微量塑性变形而强化，使变形自行终止，从而在一定程度上提高了构件的安全性。

（2）冷变形强化的不利影响

在冷塑变形时，由于产生冷变形强化，材料塑性逐渐降低，使继续变形困难。另外，由于冷塑性变形产生的内应力不仅会降低金属材料的耐蚀性（在应力状态下金属材料的加速腐蚀称为应力腐蚀），导致工件变形与开裂；也会降低工件的抗载荷能力（当残余内应力与工作应力方向一致时，会明显地降低抗载荷能力）。

为了消除残余内应力和产生冷变形强化，就需要进行退火处理（去应力退火）。退火后，金属材料塑性恢复，便可继续进行冷塑性变形加工。

2.3.3 冷塑性变形后的金属加热时组织与性能的变化

经过冷塑性变形的金属材料，其组织结构发生了变化，即晶格畸变严重，位错密度增加，晶粒碎化，并且因金属材料各部分变形不均匀，引起其内部的残余内应力，这都使金属材料处于不稳定状态，使它具有恢复到原来稳定状态的自发趋势。但在常温下，由于原子活动的能力很弱，这种恢复过程很难进行。如果对冷塑性变形的金属材料进行加热，则因原子活动能力增加，就会迅速发生一系列组织与性能的变化。随着加热温度的升高，这种变化过程可分为回复，再结晶及晶粒长大三个阶段，如图 2-27 所示。

1. 回复

当加热温度不高时，原子扩散能力较低，显微组织变化不大，强度、硬度稍有下降，塑性略有升高，电阻和内应力显著降低，应力腐蚀现象基本消除，这种现象称为回复。

工业上利用回复现象进行低温退火（又称去应力退火），既可保留强化了的力学性能，又可使内应力基本上得到消除。

通过回复，虽然金属中的点缺陷大为减少，晶格畸变有所降低，但整个变形金属的晶粒破碎拉长状态仍未改变，组织仍处于不稳定状态。

2. 再结晶

当加热到较高温度时，由于原子扩散能力增加，使得畸变晶粒通过形核及晶核长大而形成新的无畸变的等轴晶粒的过程称为再结晶。

再结晶首先在晶粒碎化最严重的地方产生新晶粒核心，然后晶核吞并旧晶粒而长大，直到旧晶粒完全被新晶粒代替为止。

再结晶后的晶粒内部晶格畸变消失，位错密度下降，因而金属的强度、硬度显著下降，而塑性则显著上升，如图2-27所示。结果使变形金属的组织与性能基本上恢复到冷塑性变形前的状态。

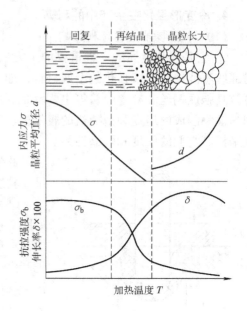

图2-27 加热温度对冷塑性变形金属组织性能影响

金属的再结晶过程是在一定的温度范围内进行的。能进行再结晶的最低温度（开始温度）称为再结晶温度（$T_{再}$）。

实验证明，再结晶温度与金属的预先变形程度有关，金属的预先变形程度越大，再结晶温度越低，如图2-28所示，因为预先变形程度越大，金属晶粒的破碎程度便越大，产生的位错等晶体缺陷便越多，组织的不稳定性便越高，因而会在较低温度开始再结晶。

大量实验证明：对于工业纯金属（大于99.9%），其再结晶温度与熔点温度的关系大致是：

$$T_{再} \approx 0.4 T_{熔}$$

式中：$T_{再}$ 及 $T_{熔}$ 均以热力学温度表示的再结晶温度与熔点温度。

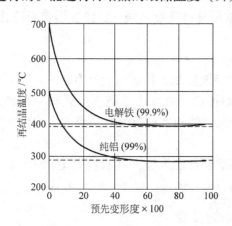

图2-28 金属的再结晶温度与预先变形程度的关系

在实际生产中，把冷变形金属加热到再结晶温度以上使其发生再结晶的热处理过程称为再结晶退火，作为加工过程中的中间退火，它可以恢复金属的塑性以便继续加工。为了保证质量和兼顾生产率，再结晶退火的温度一般比该金属的再结晶温度高100℃~200℃。常用金属材料的再结晶退火和去应力退火的温度见表2-2。

表2-2 常用金属材料的再结晶退火和去应力退火的温度

金属材料		去应力退火温度 t/℃	再结晶退火温度 t/℃
钢	碳素钢及合金结构钢	500~650	680~720
	碳素弹簧钢	280~300	—

续表

金属材料		去应力退火温度 t/℃	再结晶退火温度 t/℃
铝及铝合金	工业纯铝	≈100	350~420
	普通硬铝合金	≈100	350~370
铜及铜合金（黄铜）		270~300	600~700

3. 晶粒长大

再结晶后的金属，一般都得到小而均匀的等轴晶粒。如温度继续升高或延长保温时间，再结晶后的晶粒又以相互吞并的方式长大，如图2-29所示，这种使晶粒长大而导致力学性能变坏的情况应当注意避免。

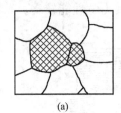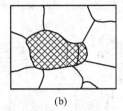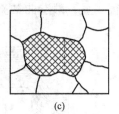

图2-29 晶粒长大示意图

2.3.4 金属的热变形加工

从金属学的观点来看，热加工与冷加工的区别是以金属的再结晶温度来划分的。凡是金属的塑性变形是在再结晶温度以上进行的，称为热加工；反之，在再结晶温度以下进行的塑性变形则称为冷加工。热加工时，再结晶过程与变形过程同时进行，因为塑性变形造成的冷变形强化可以由再结晶产生的软化抵消，所以塑性变形一般不会带来强化效果。而金属在冷加工时，不发生再结晶过程，因此将产生冷变形强化。

热加工时，原子结合力减小，金属滑移阻力小，塑性变形又不会产生强化效果，所需能量较小，因此通常的压力加工大多采用热加工。

热加工对金属的组织与性能也有较大的影响，主要有以下几方面：

1. 消除铸态组织缺陷

通过热加工，可使钢锭中的气孔、缩孔焊合，铸态的疏松和偏析得到消除，提高了金属组织的致密度。此外，铸态粗大的晶粒经过塑性变形和再结晶过程，成为较细小而且均匀的晶粒。因此，金属的力学性能得到提高，见表2-3。

表2-3 碳钢（$\omega_C = 0.30\%$）铸造与锻造力学性能比较

状态	σ_b/MPa	σ_s/MPa	δ/%	φ/%	A_K/J
铸态	500	280	15	27	28
锻态	530	310	20	45	56

2. 形成锻造流线（热变形纤维组织）

在热加工过程中，由于铸态组织中的各种夹杂物，在高温下是有一定的塑性，它仍会沿着变形方向伸长而形成锻造流线，又称为热变形纤维组织。由于锻造流线的出现，使金属材料的性能，在不同方向上有明显的差异，通常沿流线方向，其抗拉强度及韧性高，而抗剪强度低。在垂直于流线方向上，抗剪强度高，而抗拉强度较低，见表2-4。

表2-4 碳钢（$\omega_C = 0.45\%$）力学性能与流线方向的关系

性能 取样方向	$\sigma_b/(N \cdot mm^{-2})$	$\sigma_{0.2}/(N \cdot mm^{-2})$	$\delta/\%$	$\varphi/\%$	A_k/J
纵向	715	470	17.5	62.8	49.6
横向	675	440	10.0	31.0	24

为此，采取正确的热加工工艺，可以使流线合理分布，以保证金属材料的力学性能。如图2-30所示，很明显，锻造曲轴流线分布合理，因而其力学性能较高。

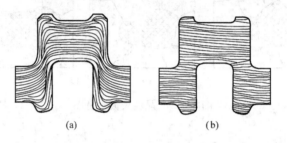

图2-30 曲轴流线示意图
(a) 锻造；(b) 切削加工

2.4 项目小结

1. 晶体结构

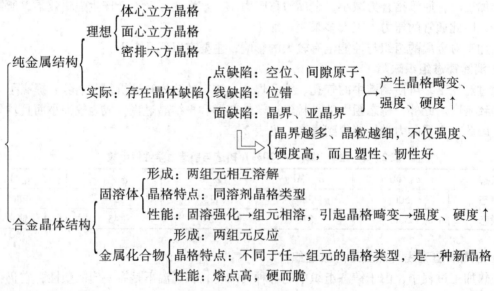

2. 金属结晶

- 纯金属的结晶
  - 条件：过冷
  - 过冷度：$\Delta T = T_0 - T_1$（理论结晶温度与实际结晶温度之差）
    ΔT 越大，金属越易结晶，且结晶后的晶粒越细小
  - 过程：不断地形核、晶核不断地长大（边形核边长大）
  - 结晶时可控制晶粒大小
    - 途径：控制形核率 N 和长大速度 G
    - 方法：
      ① $\uparrow \Delta T$、$\uparrow V_冷$
      ② 变质处理
      ③ 附加振动
- 合金的结晶：合金的结晶是在一定范围内进行的，需要更大的过冷度，需建立相应的状态图（相图）加以分析。

3. 附加振动

- 实质：金属在切应力作用下，晶体内位错运动的结果
- 形式
  - 冷塑性变形（冷加工）
    - 组织特点：形成纤维组织，使性能具方向性（平行纤维方向其强度、韧性比垂直纤维方向高）。但可通过加热到一定温度（再结晶温度）消除
    - 性能特点：强度、硬度↑而塑性、韧性↓
    - 即加工硬化
      - 产生原因：金属塑变时，位错运动受阻，堆积缠结造成
      - 利：① ↑强度，可强化金属；② 使金属变形更均匀；③ 提高了使用安全性
      - 弊：① ↓塑性，使继续变形困难；② 产生内应力，↓耐蚀性
      - 消除方法：再结晶退火
    - 冷塑性变形的金属加热
      - 回复：组织仍呈纤维状，此阶段力学性能改善不大，但内应力↓↓耐蚀性↑
      - 再结晶：完全消除加工硬化，此阶段强度↓↓，而塑性↑↑，可继续变形
      - 晶粒长大：晶粒粗大，力学性能↓
  - 热塑性变形（热加工）
    - 组织特点：也会形成纤维组织，但不能消除
    - 性能特点：消除铸态缺陷，↑力学性能
    - 其他特点：热变形中也会产生加工硬化，但被随后高温产生的再结晶所克服

思考题与练习题

1. 解释下列名词：

晶体、晶格、晶胞、单晶体、多晶体、晶粒、晶界、亚晶界、合金、组元、相、组织、固溶体、固溶强化、金属化合物、弥散强化、结晶、过冷现象、变质处理、同素异构转变。

2. 常见的金属晶格类型有哪些？试绘示意图说明它们的原子排列。
3. 晶体的各向异性是如何产生的？为什么实际晶体一般都显示不出各向异性？
4. 实际金属晶体中存在哪些缺陷？这些缺陷对金属性能有何影响？
5. 金属化合物的主要性能和特点是什么？以 Fe_3C 为例说明之。
6. 何谓过冷度？过冷度与冷却速度有何关系？过冷度对晶粒大小有何影响？
7. 液态金属结晶的必要条件是什么？生产中获得细晶粒组织的方法有哪些？
8. 如果其他条件相同，试比较在铸造条件下铸件晶粒的大小：
（1）金属型浇注和砂型浇注；
（2）变质处理和不变质处理；
（3）铸成薄壁件和铸成厚壁件；
（4）浇注时采用振动与不采用振动。
9. 金属的同素异构转变与液态金属的结晶有何异同之处？
10. 何谓金属的冷变形强化？它在哪些方面是有利的，在哪些方面是不利的？
11. 造成金属的冷变形强化的原因是什么？怎样消除金属的冷变形强化？
12. 什么是回复、再结晶？在这两个阶段中，冷变形金属的组织和性能会发生哪些变化？
13. 铜的熔点是 1 083 ℃，铝的熔点为 660 ℃，铅的熔点是 327 ℃，试问在室温（20 ℃）进行塑性变形加工时，它们各属于冷加工，还是热加工？
14. 将未经塑性变形的金属加热到再结晶温度，会发生再结晶吗？为什么？
15. 金属铸件往往晶粒粗大，能否直接通过再结晶退火细化晶粒，为什么？
16. 用以下三种方法加工齿轮，哪种最合理？
（1）用厚钢板切成齿坯再加工成齿轮；
（2）用钢棒切下齿坯并加工成齿轮；
（3）用圆钢棒热镦成齿坯再加工成齿轮。
17. 什么是冷加工和热加工？试述热加工对金属组织与性能的影响？

拓展知识：工程材料的其他性能

为保证机械零件能正常工作，金属材料除具备相应的力学性能外，还应具备一定的物理和化学性能，以及良好的工艺性能（金属材料对各种冷、热加工工艺要求的适应能力）。

1. 物理性能

金属物理性能是指金属在重力、电磁场、热力（温度）等物理因素作用下，所表现出的性能或固有的属性。它包括密度、熔点、导热性、导电性、热膨胀性和磁性等。

（1）密度

密度是金属材料的特性之一。不同金属材料的密度是不同的。在体积相同的情况下，金属材料的密度越大，其质量（重量）也就越大。金属材料的密度，直接关系到它所制造设备的自重和效能，如发动机要求质轻和惯性小的活塞，常采用密度小的铝合金制造。在航空工业领域中，密度更是选材的关键性能指标之一。

(2) 熔点

金属和合金从固态向液态转变时的温度称为熔点。纯金属都有固定的熔点。而合金的熔点决定于它的化学成分，如钢和生铁虽然都是铁和碳的合金，但由于含碳量不同，其熔点也不同。熔点对于金属和合金的冶炼、铸造、焊接都是重要的工艺参数。熔点高的金属称为难熔金属（如钨、钼、钒等），可用来制造耐高温零件，它们在火箭、导弹、燃汽轮机和喷气飞机等方面得到广泛应用。熔点低的金属称为易熔金属（如锡、铅等），可用来制造印刷铅字（铅与锑的合金）、熔丝（铅、锡、铋、镉的合金）和防火安全阀等零件。

(3) 导热性

金属传导热量的能力称为导热性。金属导热能力的大小常用热导率（也称导热系数）λ表示。金属材料的热导率越大，说明其导热性越好。一般说来，金属越纯，其导热能力越大。合金的导热能力比纯金属差。金属的导热能力以银为最好，铜、铝次之。

导热性好的金属其散热性也好，如在制造散热器、热交换器与活塞等零件时，就要注意选用导热性好的金属。在制订焊接、铸造、锻造和热处理工艺时，也必须考虑材料的导热性，防止金属材料在加热或冷却过程中形成较大的内应力，以免金属材料发生变形或开裂。

(4) 导电性

金属能够传导电流的性能，称为导电性。金属导电性的好坏，常用电阻率 ρ 表示。电阻率越小，导电性就越好。导电性和导热性一样，是随合金化学成分的复杂化而降低的，纯金属的导电性总比合金好。因此，工业上常用纯铜、纯铝做导电材料，而用导电性差的镍铬合金和铁铬铝合金做电热元件。

(5) 热膨胀性

金属材料随着温度变化而膨胀、收缩的特性称为热膨胀性。一般来说，金属受热时膨胀、体积增大，冷却时时收缩、体积缩小。

在实际工作中考虑热膨胀性的地方很多，如铺设钢轨时，在两根钢轨衔接与应留有一定的空隙，以便钢轨在长度方向有膨胀的余地；在制订焊接、热处理、铸造等工艺时也必须考虑材料热膨胀的影响，尽量减少工件的变形与分裂；测量工件的尺寸时也要注意热膨胀因素，尽量减少测量误差。

(6) 磁性

金属材料在磁场中被磁化而呈现磁性强弱的性能称为磁性。通常用磁导率 μ 表示。根据金属材料在磁场中受到磁化程度的不同，金属材料可分为：

铁磁性材料——在外加磁场中，能强烈地被磁化到很大程度的材料，如铁、镍、钴等；

顺磁性材料——在外加磁场中，呈现十分微弱磁性的材料，如锰、铬、钼等；

抗磁性材料——能够抗拒或减弱外加磁场磁化作用的金属，如铜、金、银、铅、锌等。

铁磁性材料可用于制造变压器、电动机、测量仪表等；抗磁性材料则可用作要求避免电磁场干扰的零件和结构材料。

2. 化学性能

金属材料在机械制造中，不但要满足力学性能、物理性能的要求，同时也要求具有一定的化学性能，尤其是要求耐腐蚀、耐高温的机械零件，更应重视金属材料的化学性能。

(1) 耐腐蚀性

金属材料在常温下抵抗氧、水蒸气及其他化学介质腐蚀破坏作用的能力，称为耐腐蚀性。金属材料的耐腐蚀性是一个重要的性能指标，尤其对在腐蚀介质（如酸、碱、盐、有毒气体等）中工作的零件，其腐蚀现象比在空气中更为严重。因此，在选择材料制造这些零件时，应特别注意金属材料的耐腐蚀性，并合理使用耐腐蚀性能良好的金属材料来进行制造。

(2) 抗氧化性

金属材料在加热时抵抗氧化作用的能力，称为抗氧化性。金属材料的氧化随温度升高而加速。氧化不仅会造成材料过量的损耗，也会形成各种缺陷，为此应采取措施，避免金属材料发生氧化。

(3) 化学稳定性

化学稳定性是金属材料的耐腐蚀性与抗氧化性的总称。金属材料在高温下的化学稳定性称为热稳定性。在高温条件下工作的设备（如锅炉、加热设备、汽轮机、喷气发动机等）上的部件需要选择热稳定性好的材料来制造。

3. 金属的工艺性能

金属材料的一般加工过程如图 2 - 31 所示。

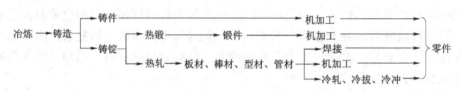

图 2 - 31　金属材料的一般加工过程

金属材料的工艺性能是指金属材料对不同加工工艺的适应能力，它包括铸造性能、锻压性能、焊接性能、切削加工性能和热处理性能等。工艺性能直接影响零件制造的工艺、质量及成本，是选材和制定零件工艺路线时必须考虑的重要因素。

(1) 铸造性能

铸造性能是指铸造成形过程（如图 2 - 32 所示）中获得外形准确、内部完好铸件的能力。铸造性能主要取决于金属的流动性、收缩性和偏析倾向等。

① 流动性。熔融金属的流动能力称为流动性。流动性好的金属，充型能力强，能获得轮廓清晰、尺寸精确、外形完整的铸件。影响流动性的因素主要是化学成分和浇注的工艺条件。

受化学成分的影响，通常各元素比例能达到同时结晶的成分（共晶成分）的合金流动性最好。常用铸造合金中，灰铸件的流动性最好，铝合金次之，铸钢最差。

② 收缩性。铸造合金由液态凝固和冷却至室温的过程中，体积和尺寸减小的现象称为收缩性。铸造合金收缩过大会影响尺寸精度，还会在内部产生缩孔、缩松、内应力、变形和开裂等缺陷。铁碳合金中，灰铸铁收缩率小，铸钢收缩率大。

③ 偏析倾向。金属凝固后内部化学成分和组织不均匀的现象称为偏析。偏析严重时，可使铸件各部分的力学性能产生很大差异，降低铸件质量，尤其是对大型铸件危害更大。

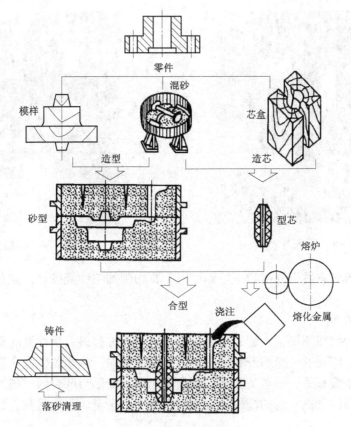

图 2-32 铸造过程

(2) 锻压性能

用锻压成型方法（如图 2-33 所示）获得优良锻件的难易程度称为锻压性能。常用塑性和变形抗力两个指标来综合衡量。塑性越好，变形抗力越小，则金属的锻压性能越好。化学成分会影响金属的锻压性能，纯金属锻压性能优于一般合金。铁碳合金中，含碳量越低，锻压性能越好；合金钢中，合金元素的种类和含量越多，锻压性能越差，钢中的硫会降低锻压性能；金属组织的形式也会影响锻压性能。

(3) 焊接性能

焊接（如图 2-34 所示）性能是指金属材料对焊接加工的适应性，也就是在一定的焊接工艺条件下，获得优质焊接接头的难易程度。对碳钢和低合金钢而言，焊接性能主要与其化学成分有关（其中碳的影响最大）。如低碳钢具有良好的焊接性能，而高碳钢和铸铁的焊接性能则较差。

(4) 切削加工性

切削金属材料的难易程度称为材料的切削加工性能。一般用于工件切削时的切削速度、切削抗力的大小、断屑能力、刀具的耐用度以及加工后的表面粗糙度来衡量。影响切削加工性能的因素主要有化学成分、组织状态、硬度、韧性、导热性等。硬度低、韧性好、塑性好的材料，切屑粘附于刀刃而形成积屑瘤，切屑不易折断，致使表面粗糙度变差，并降低刀具的使用寿命；而硬度高、塑性差的材料，消耗功率大，产生热量多，并降低刀具的使用寿

图 2-33 锻压生产

图 2-34 焊接生产

命。一般认为材料具有适当硬度和一定脆性时,其切削加工性能较好,如灰铸铁比钢的切削加工性能好。

(5) 热处理性能

热处理是改善钢切削加工性能的重要途径,也是改善材料力学性能的重要途径。热处理性能包括淬透性、淬硬性、变形开裂倾向、回火脆性倾向、氧化脱碳倾向等。碳钢热处理变形的程度与其含碳量有关。一般情况下,含碳量越高,变形与开裂倾向越大,而碳钢又比合金钢的变形开裂倾向严重。钢的淬硬性也主要取决于含碳量。含碳量高,材料的淬硬性好。

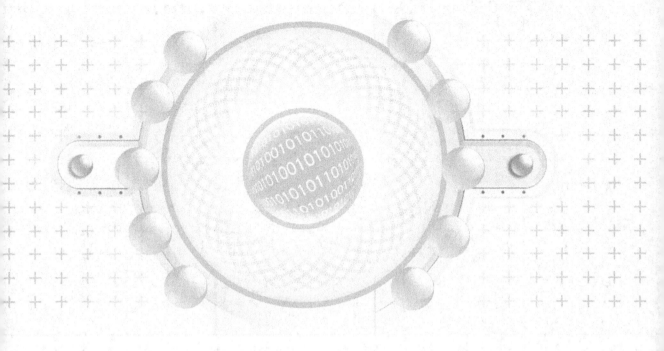

模块二　金属学热处理

　　钢的性能不仅取决于钢的化学成分，还取决于钢的内部组织。为提高钢的使用性能，通常采取两种方法，一是调整钢的化学成分，特别是加入某些合金元素，即金属合金化的方法；二是对钢进行热处理，通过改变组织达到改变性能的目的。实际生产中，大多数零、部件都是通过热处理这一工艺来提高使用性能的。

项目三　二元合金相图

知识目标

（1）了解二元合金相图的建立，认识基本的二元合金相图。
（2）掌握铁碳合金状态图，熟悉铁碳合金中基本相的组成和性能。
（3）熟悉铁碳合金的结晶过程，掌握含碳量对钢组织、性能的影响。

能力目标

（1）能够根据相图分析合金的成分、组织与性能间的关系。
（2）具备选材的一般能力。

引言

钢铁材料是目前人类社会中应用最为广泛的工程材料。在中学我们就已经知道了钢铁的主要区别是它们的含碳量不同，那么除了化学成分不同，钢铁到底还有什么不同呢？铁丝是用钢做的还是用铁做的？铁锅是铁的吗？铁锹呢？俗话说"打铁要趁热"，那打的是铁吗？铁能打吗？……这些生产、生活中的疑问通过学习铁碳合金相图便可以揭晓了。

3.1　二元合金相图的建立

3.1.1　二元合金相图及其建立

前面我们已经提到，合金由于化学成分及组元间相互不同作用等因素的影响，使得合金的结晶较为复杂，为了了解合金在结晶过程中各种组织的形成及变化规律以掌握合金组织、成分与性能之间的关系，就要用到合金相图这一重要工具。

合金相图又称合金状态图或合金平衡图。它是表示在平衡条件下合金状态、成分和温度之间关系的图形。根据相图可以了解合金系中不同成分合金在不同温度时的组成相，还可了解合金在缓慢加热和冷却过程中的相变规律等。在生产实践中，相图可作为正确制定铸造、锻压、焊接及热处理工艺的重要依据。

1. 二元合金相图的建立方法与步骤

二元合金相图是由实验测定的。测绘相图的方法有很多，其中最常用的是热分析法。下面以 Cu – Ni 二元合金相图的绘制为例，说明用热分析法建立二元合金相图的方法和步骤：

① 首先配制一系列不同成分的 Cu – Ni 合金。配制的合金越多，测得的相图越准确，我们选定六种不同成分的 Cu – Ni 合金，见表 3 – 1。

表 3 – 1　Cu – Ni 合金的成分和临界点

合金编号	合金化学成分		合金的临界点	
	$\omega_{Cu} \times 100$	$\omega_{Ni} \times 100$	开始结晶温度/℃	结晶终了温度/℃
①	100	0	1 083	1 083
②	80	20	1 175	1 130
③	60	40	1 260	1 195
④	40	60	1 340	1 270
⑤	20	80	1 410	1 360
⑥	0	100	1 455	1 455

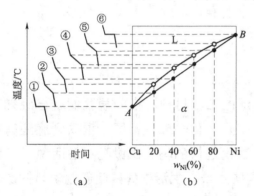

图 3 – 1　热分析法测定的 Cu – Ni 合金相图
(a) 冷却曲线；(b) 相图

② 将合金熔化后，用热分析法分别测出所配制合金的冷却曲线，如图 3 – 1（a）所示。

③ 找出各冷却曲线的相变点（即合金的结晶开始及终了温度）。与纯金属不同的是，合金有两个相变点，这说明合金的结晶过程是在一个温度范围内进行的。

④ 将各合金的相变点分别投影到温度 – 成分坐标图中相应的合金成分线上。

⑤ 连接意义相同的点，作出相应的曲线（相界线），标明各区域所存在的相。便得到 Cu – Ni 合金相图，如图 3 – 1（b）。

2. 二元合金相图的基本类型

（1）匀晶相图

两组元在液态、固态均无限互溶的合金相图称为匀晶相图。具有这类相图的合金系有 Cu – Ni、Au – Ag、Fe – Cr、Cr – Mo、Fe – Ni 等。

现以 Cu – Ni 合金相图为例分析。图 3 – 2 为 Cu – Ni 合金相图。图中 A 点 1 083 ℃ 为纯铜的熔点，B 点 1 455 ℃，为纯镍的熔点。$\widehat{AB}$ 为合金开始结晶的温度曲线，称为液相线；$\widehat{AB}$ 为合金结晶终了的温度曲线，称为固相线。在液相线以上为液相区；固相线以下合金全部形

成均匀的 α 固溶体，为固相区；液相线与固相线之间为液相 L 和固溶体 α 共存的两相区。可见，二元匀晶相图结晶的产物是均匀的单相固溶体。

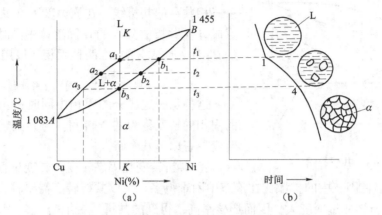

图 3-2　Cu-Ni 合金相图及合金的结晶过程
(a) Cu-Ni 合金相图；(b) 合金结晶过程

（2）共晶相图

两组元在液态无限溶解，在固态有限溶解，且冷却过程中发生共晶反应的相图，称为共晶相图。这类合金有 Pb-Sn、Pb-Sb、Ag-Cu、Al-Si 等。下面以 Pb-Sn 二元共晶相图为例加以说明。

Pb-Sn 合金相图（见图 3-3）中，Pb、Sn 在液态时无限溶解，形成液相 L。固态时，Sn 溶于 Pb 中形成的有限固溶体 α 相，Pb 溶于 Sn 中形成的有限固溶体 β 相。A 和 B 分别为组元 Pb 和 Sn 的熔点，D、E 点分别是 Sn 在固溶体 α 中的最大溶解度点和 Pb 在固溶体 β 中的最大溶解度点，而 DF 及 EH 则代表两固溶体 α 及 β 的溶解度曲线。ACB 为液相线，ADCEH 为固相线，相图中有三个单相区（L、α、β）；三个双相

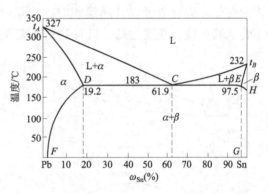

图 3-3　Pb-Sn 二元共晶相图

区（L+α、L+β、α+β）；一条 L+α+β 三相共存线（水平线 DCE），C 点是共晶点，表示此点成分的合金冷却到此点所对应的温度时，同时结晶出 D 点成分的 α 相和 E 点成分的 β 相：

$$Lc \xrightarrow{共晶温度} \alpha_D + \beta_E$$

这种具有一定成分的液体（Lc）在一定温度（共晶温度）下同时结晶出两种固相（α+β）的反应叫做共晶反应，所生成的产物称共晶体或共晶组织。共晶体的显微组织特征是两相交替分布，其形态与合金的特性及冷却速度有关，一般为片层状，或树枝状，或针状。

（3）共析相图

在二元合金相图中常遇到在高温通过匀晶转变所形成的固溶体，在冷却到某一温度时，

又发生分解而形成两个新的固相,这种相图称为共析相图,如图3-4所示。

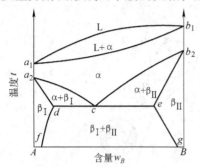

图3-4 共析相图

图中 A 和 B 代表两个组元,c 为共析点,dce 为一条三相共存的共析线,在该温度下(共析温度),从 c 点成分(共析成分)的 α 固溶体中同时析出 d 点成分的 β_I 和 e 点成分的 β_{II} 两种固相,可用下式表示

$$\alpha_c \xrightarrow{\text{共晶温度}} \beta_{Id} + \beta_{IIe}$$

这种从一定成分的固相中同时析出两个不同成分的固相的转变称为共析转变。与共晶转变相比,共析转变具有以下几个特点:

① 共析转变是固态转变,转变过程中需要原子作大量的扩散,但在固态中的扩散比在液态中困难得多,所以共析转变需要较大的过冷度。

② 由于共析转变过冷度大,因而形核率高,得到的共析体更细密。

③ 共析转变前后晶体结构不同,转变会引起体积变化,从而产生较大的内应力。

3. 合金性能与相图间关系

当合金形成单相固溶体时,合金的力学性能与组元的性质、溶质元素的质量分数有关。对于一定的溶剂和溶质,溶质质量分数越多,则合金晶体中的晶格畸变程度越严重,合金的强度、硬度越高,但能保持较好的塑性与韧性。固溶体合金的强度、硬度变化规律如图3-5所示。

当合金形成两相混合物时,其力学性能随合金成分的改变而呈直线关系在两组成相的性能之间变化。当合金形成共晶组织时,力学性能还与组织的细密程度有关,共晶组织越细密,合金的强度、硬度越高。具有共晶转变合金的硬度变化规律如图3-6所示。

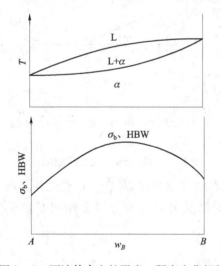

图3-5 固溶体合金的强度、硬度变化规律

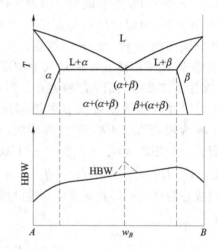

图3-6 具有共晶转变合金的硬度变化规律

3.2 铁碳合金相图

钢铁材料是现代工业中使用最广泛的金属材料,其基本组元是铁与碳,故统称铁碳合金。不同成分的铁碳合金具有不同的组织,而不同的组织又具备不同的性能。为了便于在生

产中合理使用，必须熟悉铁碳合金的成分、组织和性能之间的关系。铁碳合金相图正是指在平衡条件下（极其缓慢加热或冷却），不同成分的铁碳合金，在不同温度下所处状态或组织的图形。为此必须首先了解和研究铁碳合金相图。

在铁碳合金中，铁和碳可以形成一系列稳定化合物（Fe_3C、Fe_2C、FeC），由于 $\omega_C > 6.69\%$ 的铁碳合金脆性极大，在工业上无使用价值。所以，我们仅研究 $\omega_C < 6.69\%$ 的部分。而 $\omega_C = 6.69\%$ 对应的正好全部是渗碳体（Fe_3C），把它作为一个组元，实际上我们研究的铁碳相图是 $Fe-Fe_3C$ 相图。为了便于研究分析将其简化，所得简化的 $Fe-Fe_3C$ 相图如图 3-7 所示。

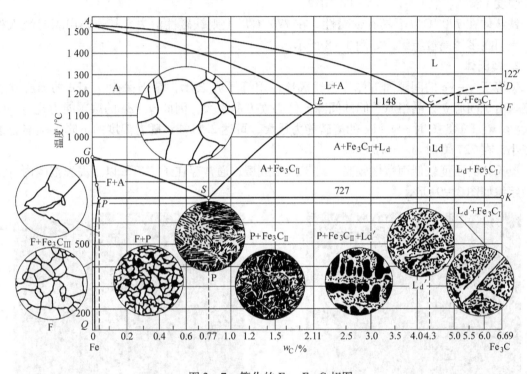

图 3-7　简化的 $Fe-Fe_3C$ 相图

3.2.1　铁碳合金基本相

纯铁具有较好的塑性，但强度太低，一般不能用来制造机械零件，主要是应用它的铁磁性，用于要求软磁性的场合，如：仪器、仪表的铁磁心。而在纯铁中加入少量的碳，会使其强度、硬度明显提高，其原因是铁和碳相互作用形成了不同的合金组织。

在固态铁碳合金中，铁和碳的相互作用有两种形式：一是碳原子溶解到铁的晶格中形成固溶体，如铁素体与奥氏体；二是铁和碳按一定比例相互作用形成金属化合物，如渗碳体。铁素体、奥氏体、渗碳体是铁碳合金的基本相。

1. 铁素体

碳溶于 $\alpha-Fe$ 中的间隙固溶体称为铁素体，用符号 F 表示。它仍保持 $\alpha-Fe$ 的体心立方晶格。由于体心立方晶格原子间隙很小，因而溶碳能力极差，在 727 ℃ 时的最大质量分数为 $\omega_C = 0.0218\%$，随着温度的下降溶碳量逐渐减小，在室温时质量分数为 0.0008%。因此，其室温性能几乎和纯铁相同，铁素体的强度、硬度不高，但具有良好的塑性和韧性。其数值如下：

抗拉强度 σ_b：　　　　　180~280 MPa
屈服点 σ_s：　　　　　　100~170 MPa
伸长率 $\delta \times 100$：　　　　30~50
断面收缩率 $\varphi \times 100$：　　70~80
冲击韧度 A_k：　　　　　　160~200 J
硬度　　　　　　　　　　　~80 HBW

铁素体在 770 ℃ 以下具有铁磁性，在 770 ℃ 以上则铁磁性消失。其显微组织与纯铁相似，呈明亮多边晶粒组织，如图 3-8 所示。

2. 奥氏体

碳溶于 γ-Fe 的间隙固溶体称为奥氏体，用符号 A 表示，它仍保持 γ-Fe 的面心立方晶格。由于面心立方晶格原子间的间隙比体心立方晶格大，因此 γ-Fe 的溶碳能力比 α-Fe 要大些。在 1 148 ℃ 时，γ-Fe 的溶碳能力最大，可达 2.11%；随着温度的下降溶碳能力逐渐减小，在 727 ℃ 时 $\omega_C = 0.77\%$。

奥氏体的硬度较低而塑性较高，易于锻压成型，通常存在于 727 ℃ 以上高温范围内，其显微组织如图 3-9 所示。

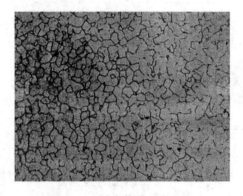

图 3-8　铁素体的显微组织

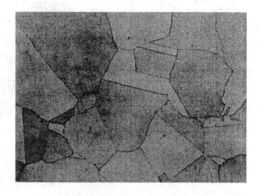

图 3-9　奥氏体的显微组织

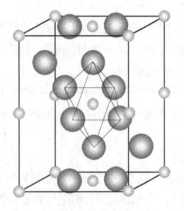

图 3-10　渗碳体的晶胞示意图

3. 渗碳体

渗碳体是铁和碳组成的金属化合物，是具有复杂晶格的间隙化合物，如图 3-10 所示，分子式为 Fe_3C，其 $\omega_C = 6.69\%$，熔点约为 1 227 ℃。渗碳体的硬度很高（950~1 050 HV），而塑性与韧性几乎为零，脆性极大。

渗碳体不能单独使用，在钢中总是和铁素体混在一起，是碳钢中的主要强化相。渗碳体在钢和铸铁中存在的形式有片状、球状、网状和板条状等，它的数量、形状、大小和分布状况对钢的性能有很大影响。通常，渗碳体越细小，并均匀地分布在固溶体基体中，合金的力学性能越好；反之，越粗大或呈网状分布则脆性越大。

渗碳体是一种亚稳定相，在一定条件下会发生分解，形成石墨状的自由碳。

3.2.2 铁碳合金相图分析

铁碳合金相图（Fe – Fe₃C 相图，如图 3 – 7 所示）是研究铁碳合金及热处理的基础。

1. 相图中各点分析

相图中各点的温度，碳的含量及含义见表 3 – 2

表 3 – 2 简化的 Fe – Fe₃C 相图中的特性点

符号	温度/℃	碳的质量分数 $\omega_C \times 100$	含义
A	1 538	0	纯铁的熔点
C	1 148	4.3	共晶点
D	1 227	6.69	渗碳体熔点
E	1 148	2.11	碳在 γ – Fe 中的最大溶解度
F	1 148	6.69	渗碳体的成分
G	912	0	α – Fe、γ – Fe 同素异构转变点（A₃）
P	727	0.021 8	碳在 α – Fe 中的最大溶解度
S	727	0.77	共析点（A₁）
K	727	6.69	渗碳体的成分
Q	室温	0.000 8	碳在 α – Fe 中的溶解度

2. 相图中各线分析

AC 线和 DC 线为液相线，该线以上全部为液态金属，用符号 L 表示。液态铁碳合金冷却到 AC 线时开始结晶出奥氏体，在 DC 线以下结晶出渗碳体，称为一次渗碳体，用符号 Fe₃C_I 表示。

AECF 线为固相线，该线以下任何成分的铁碳合金均为固态。

ECF 线是共晶线，液态合金冷却到该线温度（1 148 ℃）时，发生共晶转变，结晶出奥氏体和渗碳体（Fe₃C_I）所组成的共晶混合物（共晶体）莱氏体。共晶转变是一种可逆转变，其表达式：

$$Lc \xrightarrow{1\ 148\ ℃} Ld\ (A_E + Fe_3C_I)$$

ES 线又称为 A_{cm} 线，是碳在奥氏体中的固溶线，随着温度变化，奥氏体溶碳量将沿着 ES 线变化。因此，凡是 $\omega_C > 0.77\%$ 的铁碳合金自 1 148 ℃ 冷至 727 ℃ 的过程中，必将从奥氏体中析出渗碳体，称为二次渗碳体，用符号 Fe₃C_II 表示。

GS 线又称 A₃ 线，是奥氏体和铁素体的相互转变线。随着温度的下降，从奥氏体中析出铁素体。

PSK 线又称 A₁ 线，是共析线。温度为 727 ℃，凡 ω_C 在 0.021 8% ~ 6.69% 的铁碳合金，在此温度时奥氏体都会发生共析转变，同时析出铁素体和渗碳体（Fe₃C_II）的细密混合物珠光体。共析转变也是一种可逆转变，其表达式：

$$As \xrightarrow{727\ ℃} P\ (FP + Fe_3C_{II})$$

PQ 线是碳在铁素体中的固溶线。铁碳合金自 727 ℃，冷至室温时，将从铁素体中析出渗碳体，称为三次渗碳体，用符号 Fe_3C_{III} 表示。表 3-3 列出了 $Fe-Fe_3C$ 相图中主要特性线意义。

表 3-3 简化的 $Fe-Fe_3C$ 相图中的特性线

特性线	含义
ACD	液相线
AECF	固相线
GS	又称 A_3 线。奥氏体转变为铁素体的开始线
ES	又称 A_{cm} 线。碳在奥氏体中的固溶线
ECF	共晶线。$Lc \xleftrightarrow{1\ 148\ ℃} Ld\ (A_E + Fe_3C_I)$
PSK	共析线，又称 A_1 线。$As \xleftrightarrow{727\ ℃} P\ (Fp + Fe_3C_{II})$

根据上述各点、线意义分析，可以填出铁碳合金相图中各区域的组织。

3. 铁碳合金的分类

在铁碳合金相图中，各种碳的质量分数不同的铁碳合金，根据其组织和性能的特点，常分为三类：

（1）工业纯铁

碳的质量分数在 P 点左面（$\omega_C < 0.021\ 8\%$）的铁碳合金，其室温组织为铁素体或铁素体和三次渗碳体。

（2）钢

碳的质量分数在 P 点和 E 点之间（$\omega_C = 0.021\ 8\% \sim 2.11\%$）的铁碳合金，其特点是高温固态组织为具有良好塑性的奥氏体，因而宜于锻造。根据室温组织的不同，钢又可分为三类：

① 共析碳钢。$\omega_C = 0.77\%$ 的铁碳合金，室温组织为珠光体。

② 亚共析碳钢。$0.021\ 8\% < \omega_C < 0.77\%$ 的铁碳合金，室温组织为铁素体和珠光体。

③ 过共析碳钢。$0.77\% < \omega_C < 2.11\%$ 的铁碳合金，室温组织为珠光体和二次渗碳体。

（3）白口铸铁

碳的质量分数在 E 点和 F 点之间（$\omega_C = 2.11\% \sim 6.69\%$）的铁碳合金，其特点是液态结晶时都有共晶转变，因而与钢相比具有较好铸造性能。根据室温组织的不同，白口铸铁又分为三类：

① 共晶白口铸铁。碳的质量分数为 C 点（$\omega_C = 4.3\%$）的铁碳合金，室温组织为低温莱氏体（是 727 ℃ 以下的莱氏体，由珠光体与渗碳体所组成的混合物，用符号 Ld′ 表示）。

② 亚共晶白口铸铁。碳的质量分数在 C 点左面（$2.11\% < \omega_C < 4.3\%$）的铁碳合金。室温组织为低温莱氏体、珠光体和二次渗碳体。

③ 过共晶白口铸铁。碳的质量分数在 C 点右面（$4.3\% < \omega_C < 6.69\%$）的铁碳合金。室温组织为低温莱氏体和一次渗碳体。

3.2.3 钢的结晶过程

1. 合金Ⅰ（共析钢）

如图 3-11 所示，合金Ⅰ为共析钢。当合金冷到 1 点时，开始从液相中析出奥氏体，降至 2 点时全部液相都转变为奥氏体，合金冷到 3 点时，奥氏体将发生共析反应，即 $A_S \xrightarrow{727\ ℃} P(F_P + Fe_3C)$。温度再继续下降，珠光体不再发生变化。共析钢结晶过程如图 3-12 所示，其室温组织是珠光体。

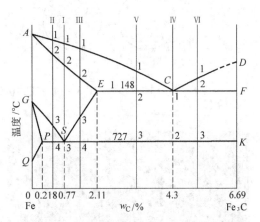

图 3-11 典型铁碳合金结晶过程分析

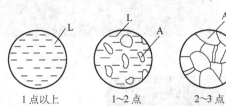

图 3-12 共析钢的结晶过程示意图

图 3-13 共析钢的显微组织

珠光体的典型组织是铁素体和渗碳体呈片状叠加而成，见图 3-13 所示。

2. 合金Ⅱ（亚共析钢）

如图 3-11 所示，合金Ⅱ为亚共析钢。合金在 3 点以上冷却过程合金Ⅰ相似，缓冷至 3 点（与 GS 线相交于 3 点）时，从奥氏体中开始析出铁素体。随着温度降低，铁素体量不断增多，奥氏体量不断减少，并且碳的质量分数分别沿 GP、GS 线变化。温度降到 PSK 温度，剩余奥氏体含碳量达到共析成分（$\omega_C = 0.77\%$），即发生共析反应，转变成珠光体。4 点以下冷却过程中，组织不再发生变化。因此亚共析钢冷却到室温的显微组织是铁素体和珠光体，其结晶过程如图 3-14 所示。

凡是亚共析钢结晶过程均与合金Ⅱ相似，只是由于碳的质量分数不同，组织中铁素体和珠光体的相对量也不同。随着碳的质量分数的增加，珠光体量增多，而铁素体量减少。亚共析钢的显微组织见图 3-15 所示。

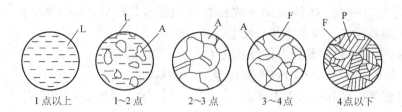

图 3-14 亚共析钢的结晶过程示意图

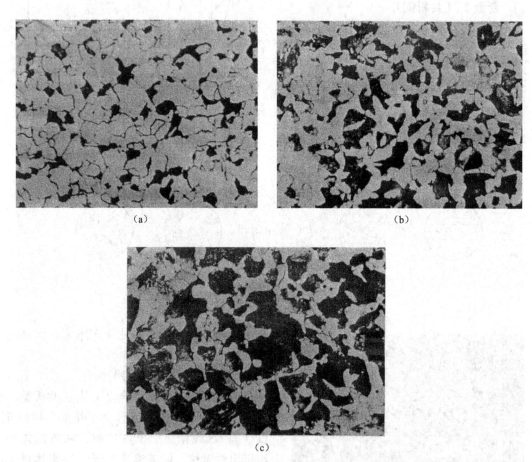

图 3-15 亚共析钢的显微组织
(a) $\omega_C=0.2\%$；(b) $\omega_C=0.4\%$；(c) $\omega_C=0.6\%$

3. 合金Ⅲ（过共析钢）

如图 3-11 中合金Ⅲ为过共析钢。合金Ⅲ在 3 点以上冷却过程与合金Ⅰ相似，当合金冷却到 3 点（ES 线相交于 3 点）时，奥氏体中碳的质量分数达到饱和，继续冷却，奥氏体成分沿 ES 线变化，从奥氏体中析出二次渗碳体，它沿奥氏体晶界呈网状分布。温度降至 PSK 线时，奥氏体达到 0.77% 即发生共析反应，转变成珠光体。4 点以下至室温，组织不再发生变化。过共析钢的结晶过程见图 3-16，其室温下的显微组织是珠光体和网状二次渗碳体。

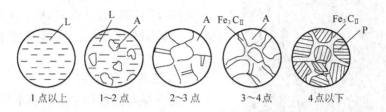

图 3-16 过共析钢的结晶过程示意图

过共析钢的结晶过程均与合金Ⅲ相似，只是随着碳的质量分数不同，最后组织中珠光体和渗碳体的相对量也不同，图 3-17 是过共析钢在室温时的显微组织。

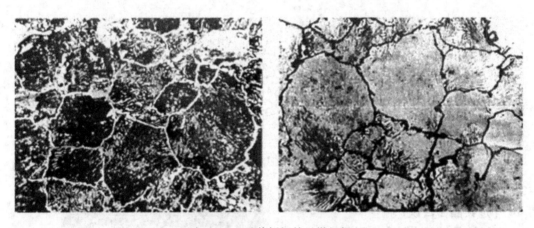

图 3-17 过共析钢的显微组织
（a）硝酸酒精浸蚀，白色网状为二次渗碳体；（b）苦味酸钠浸蚀，黑色网状为二次渗碳体

4. 合金Ⅳ（共晶白口铸铁）

如图 3-11 所示，合金Ⅳ（$\omega_C = 4.3\%$）为共晶白口铁。合金Ⅳ在 1 点以上为单一液相，当温度降至与 ECF 线相交时，液态合金发生共晶反应即 $Lc \xrightarrow{1148\ ℃} Ld\ (A_E + Fe_3C\ Ⅰ)$ 结晶出莱氏体。随着温度继续下降，奥氏体成分沿 ES 线变化，从中析出二次渗碳体。当温度降至 2 点时，奥氏体发生共析转变，形成珠光体。故共晶白口铸铁室温组织是由珠光体、二次渗碳体和共晶渗碳体组成的混合物，称之为低温莱氏体（Ld'），其结晶过程见图 3-18。

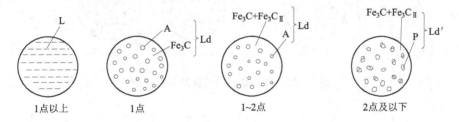

图 3-18 共晶白口铸铁组织转变示意图

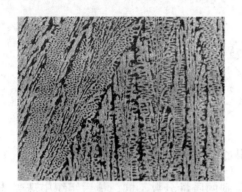

图 3-19 共晶白口铸铁的显微组织

室温下共晶白口铁显微组织如图 3-19 所示。图中黑色部分为珠光体,白色基体为渗碳体(共晶渗碳体与二次渗碳体混在一起,无法分辨)。

5.(亚共晶白口铁)

合金 V 结晶过程同合金 IV 基本相同,区别是共晶转变之前有先析相 A 形成,因此其室温组织为 $P + Fe_3C_{II} + Ld'$,见图 3-20 所示。图中黑色点状、树枝状为珠光体,黑白相间的基体为低温莱氏体,二次渗碳体与共晶渗碳体在一起,难以分辨,如图 3-21 所示。

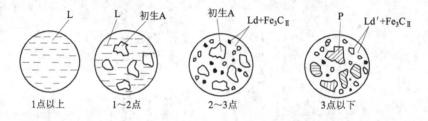

图 3-20 亚共晶白口铸铁结晶示意图

6.(过共晶白口铁)

合金 VI 结晶过程也与合金 IV 相似,只是在共晶转变前先从液体中析出一次渗碳体,其室温组织为 $Fe_3C_I + Ld'$,见图 3-22。图中白色板条状为一次渗碳体,基体为低温莱氏体,如图 3-23 所示。

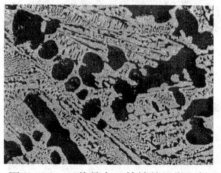

图 3-21 亚共晶白口铸铁的显微组织

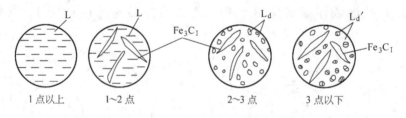

图 3-22 过共晶白口铸铁结晶示意图

3.2.4 铁碳合金的成分、组织与性能间的关系

1. 碳的质量分数对平衡组织的影响

铁碳合金的成分与缓冷后的相组分及组织组分间有一定的定量关系，其关系归纳于如图 3-24 所示。从图 3-24 可知看出不同种类的铁碳合金其室温组织是不同的。随着碳的质量分数的增加，铁碳合金的室温组织变化顺序为：

$$F \longrightarrow F+P \longrightarrow P \longrightarrow P+Fe_3C_{II} \longrightarrow P+Fe_3C_{II}+L_d' \longrightarrow L_d' \longrightarrow L_d'+Fe_3C_I$$

图 3-23 过共晶白口铸铁显微组织

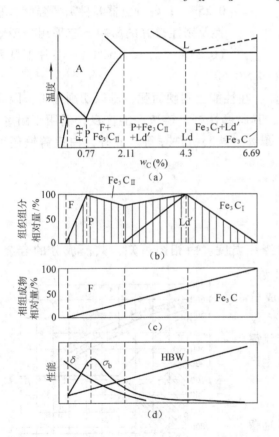

图 3-24 铁碳合金成分、组织与性能的对应关系
(a) 铁碳合金平衡组织；(b) 组织组分相对量；
(c) 相组分相对量；(d) $w_C \times 100$ 与力学性能关系

由此可知，当碳的质量分数增高时，组织中不仅渗碳体的数量增加，而且渗碳体的大小、形态和分布情况也随着发生变化。渗碳体由层状分布在铁素体基体内，变为呈网状分布在晶界上，最后形成莱氏体时，渗碳体已作为基体出现。因此，不同成分的铁碳合金具有不同的性能。

2. 碳的质量分数对力学性能的影响

在铁碳合金中，渗碳体一般可看作是一种强化相。如果合金的基体是铁素体，则随着渗碳体数量的增加，其强度和硬度升高，而塑性与韧性相应下降。当这种硬而脆的渗碳体以网状分布在晶界，特别是作为基体出现时，将使铁碳合金的塑性、韧性大大下降，这就是高碳钢和白口铸铁脆性高的主要原因。

图 3-25 所示为碳对碳钢力学性能的影响。

碳的质量分数很低的纯铁，其组织由单相铁素体构成，故其塑性、韧性很好，而强度和硬度很低。

亚共析钢，其组织由不同数量的铁素体和珠光体组成。随着碳的质量分数的增加，组织中珠光体数量相应增加，钢的强度和硬度呈直线上升，而塑性、韧性不断下降。

过共析钢，其组织由珠光体和二次渗碳体所组成。当钢中 $w_C > 0.9\%$ 时，脆性的二次

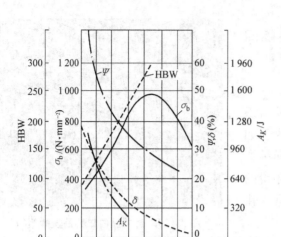

图3-25 碳的质量分数对碳钢力学性能的影响性能关系

渗碳体量相应增加,并成网状分布于珠光体的晶界,使其脆性增加,不仅使钢的塑性、韧性进一步下降,而且强度也明显下降。所以,工业上使用钢的碳质量分数一般为 w_C = 1.3% ~ 1.4%。

铁碳合金相图揭示了合金的组织随成分变化的规律,根据组织可以判断其大致性能,便于合理选择材料。

建筑结构和各种型钢需要塑性、韧性好的材料,应采用低碳钢(w_C < 0.25%);各种机器零件需要强度、塑性及韧性都好的材料,应采用中碳钢(0.25% ≤ w_C ≤ 0.60%);各种工具需要硬度高、耐磨性好的材料,应采用高碳钢(w_C > 0.60%)。

白口铸铁,由于组织中存在较多的渗碳体,在性能上则硬而脆,难以切削加工,因此在机械制造工业中很少应用。但是白口铸铁,其耐磨性好,铸造性能优良,适用于耐磨、不受冲击、形状复杂的铸件,例如冷轧辊、犁铧、球磨机铁球等。此外,白口铸铁还用作生产可煅铸铁的毛坯。

3.2.5 碳的质量分数对工艺性能的影响

1. 铸造性能

根据 Fe-Fe₃C 相图,可以确定合适的浇注温度。由相图可知,共晶成分的合金,其凝固温度间隔最小(为零),故流动性好,分散缩孔较小,易得到致密的铸件。共晶成分的铸铁熔点最低,就可以用比较简易的熔炼设备。而钢的熔点明显增高200 ℃ ~ 300 ℃,就需要复杂的熔炼设备(如电炉等)。因此在铸造生产中,接近共晶成分的铸铁被广泛应用。

2. 锻造性能

钢在室温组织为两相混合物,因而使用时塑性较差、形变困难,只有将其加热到单相奥氏体状态才能有较好的塑性,因此钢材的锻造或轧制应选择在具有单相奥氏体的温度范围内进行。一般始锻温度控制在固相线以下 100 ℃ ~ 200 ℃,温度不宜太高,以免钢材氧化严重;而终锻温度对亚共析碳钢应控制在稍高于 GS 线以上,对于过共

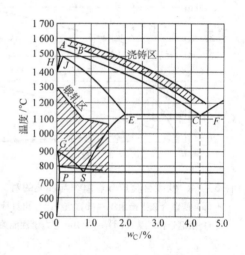

图3-26 Fe-Fe₃C 相图与铸、锻工艺的关系

析碳钢应控制在稍高于 PSK 线上，温度不能过低，以免使钢材塑性差而导致产生裂纹。见图 3-26 所示。

3. 焊接性能

焊接时由焊缝到母材各区域的加热温度是不同的。由 $Fe-Fe_3C$ 相图可知，在不同加热下会获得不同的高温组织，随后的冷却也就可能出现不同组织与性能，这就需要在焊接后采用热处理方法加以改善。

4. 切削加工性能

材料的切削加工性是指工件材料切削加工的难易程度。这种难易程度是个相对的概念，对于不同的切削条件和加工要求，材料的切削加工性的评价也不同。生产上常用的评价指标有如下几种。

① 刀具使用寿命指标。

② 加工表面质量指标。

③ 切削力或切削温度指标。

这几种指标从不同的侧面反映了材料的切削加工性能。其影响主要因素有：

① 材料的强度和硬度。材料的强度和硬度愈高，切削过程中的切削力就愈大，消耗的功率也愈大，切削温度愈高，刀具的磨损加剧，故切削加工性也就愈差。

② 材料的塑性。材料的塑性越大，切削时的塑性变形越大，切削温度就越高，刀具容易产生黏结磨损和扩散磨损，刀具的使用寿命降低；而且在低速切削时容易形成积屑瘤和鳞刺，影响加工表面质量；再加上塑性大的材料断屑较难，因此切削加工性较差。但是塑性太小的材料，切削时切削力和切削热集中在切削刃附近，使刀具的磨损加剧，故切削加工性也不好。

③ 材料的韧性。韧性较大的材料，在切削变形时吸收的功较多，切削力也大；再加上断屑困难，已加工表面粗糙度值也较大，故切削加工性较差。

④ 材料的导热性。材料的导热系数小时，其导热性就差。因此切削热不易被切屑和工件传散，切削温度高，刀具的磨损较快，故切削加工性较差。

为此，生产中最常用的办法之一是通过适当的热处理工艺，改变材料的金相组织，使材料的切削加工性得到改善。例如，高碳钢经球化退火，可降低硬度并得到球状珠光体；低碳钢经正火处理，可降低塑性，提高硬度；马氏体不锈钢经调质处理，可降低塑性；铸铁件切削前先进行退火，可降低表面层的硬度，消除工件内应力。这些热处理措施都能相应地改善金属材料的切削加工性能。

在满足工件使用要求的前提下，应尽可能选择切削加工性能较好的工件材料，同时还应注意合理选择材料的供应状态。例如，低碳钢经冷拔加工后，塑性降低，可提高其切削加工性；中碳钢则以部分球化的珠光体组织最好加工；锻造毛坯余量不均匀，且表面有硬皮，不如冷拔或热轧毛坯切削加工性能好。

3.3 项目小结

1. 基本组织
   - 铁素体（F）
     - C→α-Fe 中的间隙固溶体，室温组织
     - 软（塑性、韧性好，强度、硬度低）
   - 奥氏体（A）
     - C→γ-Fe 中的间隙固溶体，高温组织
     - 软（塑性、韧性好，强度、硬度低）
   - 渗碳体（Fe_3C）
     - Fe+C→金属化合物
     - 硬（硬度高，塑性、韧性几乎为零）
   - 珠光体（P）
     - F+Fe_3C→机械混合物
     - 综合性能好
   - 莱氏体
     - 高温莱氏体（Ld）
       - A+Fe_3C→机械混合物
       - 硬而脆
     - 低温莱氏体（Ld′）
       - P+Fe_3C→机械混合物
       - 硬而脆

2. 铁碳合金的结晶
   - 亚共析钢：L→L+A→A→F+A→F+P
   - 共析钢：L→L+A→A→P
   - 过共析钢：L→L+A→A→A+Fe_3C_{II}→P+Fe_3C_{II}

3. 铁碳合金的分类：

合金类别	工业纯铁	钢			白口铸铁		
		亚共析钢	共析钢	过共析钢	亚共晶白口铸铁	共晶白口铸铁	过共晶白口铸铁
w_C（%）	≤0.021 8	0.021 8<w_C≤2.11			2.11<w_C<6.69		
		<0.77	0.77	>0.77	<4.3	4.3	>4.3
室温组织	F	F+P	P	P+Fe_3C_{II}	Ld′+P+Fe_3C_{II}	Ld′	Ld′+Fe_3C_I

4. 铁碳合金组织与性能的变化

   铁碳合金的平衡组织均是由 F 和 Fe_3C 两相构成：

   随 w_C↑ ⟶ F%↓，塑性、韧性↓

   ⟶ Fe_3C%↑，强度、硬度↑

   但 w_C＞0.9% 以后 Fe_3C 呈网状出现于组织的晶界处，割裂基体⟶强度↓

思考题与练习题

1. 比较下列名词：
   ① α-Fe，铁素体；② γ-Fe，奥氏体；③ 共晶转变，共析转变。
2. 何谓铁素体、奥氏体、渗碳体、珠光体、莱氏体？它们在结构、组织形态和性能上各有何特点？
3. 试述钢和白口铸铁的成分、组织和性能的差别。

4. 分析碳的质量分数分别为 0.35%、0.77%、1.2% 的铁碳合金从液态缓冷到室温的结晶过程和室温组织。

5. 随着钢中碳的质量分数的增加，钢的力学性能有何变化？为什么？

6. 试从显微组织方面来说明 $w_C = 0.2\%$、$w_C = 0.45\%$、$w_C = 0.77\%$ 三种钢力学性能有何不同。

7. 比较一次渗碳体、二次渗碳体、三次渗碳体、共晶渗碳体、共析渗碳体的异同处。

8. 说明下列现象的原因

1) $w_C = 1.0\%$ 的钢比 $w_C = 0.5\%$ 的钢硬度高；

2) 钢适用于压力加工成形，而铸铁适用于铸造成形；

3) 钢铆钉一般用低碳钢制成；

4) 在退火状态下，$w_C = 0.77\%$ 的钢比 $w_C = 1.2\%$ 的钢强度高；

5) 在相同条件下，$w_C = 0.1\%$ 的钢切削后，其表面粗糙度的值不如 $w_C = 0.45\%$ 的钢低；

6) 钳工锯 T10 钢、T12 钢比锯 20 钢、30 钢费力，锯条容易磨钝；

7) 绑扎物件一般用铁丝（镀锌低碳钢丝），而起重机吊重物时却用钢丝绳（60 钢、65 钢、70 钢等制成）。

项目四　钢的热处理

知识目标

（1）熟悉钢铁材料的热处理工艺和特点。
（2）了解钢铁材料热处理过程中的组织转变及转变产物的形态与性能。
（3）掌握常用热处理工艺（退火、正火、淬火、回火）的特点及应用。
（4）熟悉钢的表面热处理工艺及特点

能力目标

初步具备正确选用常规热处理方法、确定热处理工序位置的能力。

引言

下图是被喻为金庸小说中的第一宝刀——屠龙刀，因称"武林至尊"，而被武林人视为宝物。《倚天屠龙记》中传说："武林至尊，宝刀屠龙，号令天下，莫敢不从！倚天不出，谁与争锋？"当年，郭靖黄蓉夫妇眼见襄阳城将破，于是请人熔玄铁剑及加入西方精金，铸成了屠龙刀，刀中藏有兵法武穆遗书。玄铁剑重八十一斤，屠龙刀就有百余斤重，锋利无比，无坚不摧，强力磁性能吸天下暗器。如此神刀，是如何炼就而成的呢？工艺之精湛令人瞠目惊舌，以下内容将为您揭晓其中的奥秘。

钢的热处理是指钢在固态下对钢件加热、保温和冷却，以改变其内部组织，获得所需性能的工艺方法。

热处理是提高金属材料的使用性能、发挥材料的性能潜力，以及改善材料的工艺性能、更好地满足机械加工要求的重要工艺方法，同时也是提高产品质量和使用寿命的主要途径之一。在机械装备中绝大多数的零件都要进行热处理。例如，切削机床中60%～70%的零件要热处理；汽车中70%～80%的零件要热处理；至于各种刃具、模具、量具和滚动轴承，几乎100%要进行热处理。热处理在机械制造过程中占有十分重要的地位。

热处理工艺与其他加工工艺（如铸造、锻压、焊接等）不同之处在于，热处理工艺不改变工件的形状，只改变工件的组织和性能。

钢的热处理要分为以下几类：

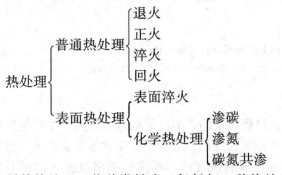

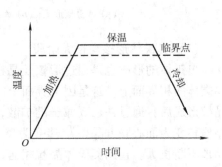

图4-1 热处理工艺曲线

尽管热处理工艺种类繁多，但任何一种热处理都是由加热、保温和冷却三个阶段组成。其工艺过程可用温度-时间坐标曲线来表示，图4-1为最基本的热处理工艺曲线。

4.1 钢热处理时的组织转变

4.1.1 钢在加热时的组织转变

1. 钢在加热和冷却时的相变温度

在 $Fe-Fe_3C$ 相图中，A_1、A_3、A_{cm} 是钢在加热和冷却时的临界温度，但在实际的加热和冷却条件下，钢的组织转变总是存在滞后现象。即加热时要高于临界温度，冷却时要低于临界温度。为了便于区别，通常把加热时的各临界温度分别用 A_{c_1}、A_{c_3}、$A_{c_{cm}}$ 表示；冷却时的各临界温度分别用 A_{r_1}、A_{r_3}、$A_{r_{cm}}$ 表示，如图4-2。

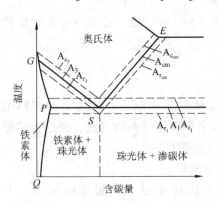

图4-2 加热和冷却时相变点的位置

2. 奥氏体的形成

除少数热处理外，大多数热处理都要将钢加热到临界温度以上，以获得成分均匀、晶粒细小的奥氏体组织，奥氏体在不同的冷却条件下会发生不同的组织转变，可使工件获得所需要的性能。

将钢件加热到临界温度以上，以获得全部或部分奥氏体组织的过程又称为奥氏体化。

以共析钢为例，它在室温下的平衡组织为单一的珠光体，当加热至 A_{c_1} 以上，珠光体将全部转变成奥氏体，其过程如图4-3。这个过程可分为三个阶段：

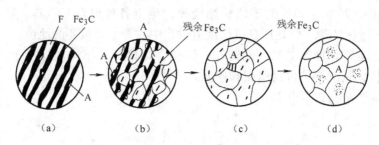

图 4-3 共析钢奥氏体形成过程示意图

(a) A 晶核形成；(b) A 晶核长大；(c) 残余 Fe_3C 溶解；(d) A 均匀化

(1) 奥氏体形核与长大阶段

奥氏体的形成也是通过形核及晶核长大过程实现的。奥氏体的晶核优先产生在铁素体与渗碳体的相界面上，这是因为界面上的原子排列较混乱，处于不稳定状态所造成的。奥氏体晶核形成后，通过铁、碳原子的扩散，使其相邻的铁素体不断发生晶格改组（由体心立方晶格转变为面心立方晶格）转变为奥氏体，渗碳体也不断发生分解溶入奥氏体，使奥氏体晶核不断长大。直到奥氏体晶粒相遇，珠光体中的铁素体全部消除为止。与此同时，新的奥氏体晶核又在不断地形成和长大。

(2) 残余渗碳体溶解阶段

研究表明，由于渗碳体的晶体结构和含碳量与奥氏体相差很大，奥氏体向铁素体方向长大的速度远大于向渗碳体方向，因此当铁素体全部消失后，仍有部分渗碳体尚未溶解。随着保温时间的延长，这部分残余的渗碳体将继续向奥氏体中溶解，最后全部消失。

(3) 奥氏体成分均匀化阶段

刚刚溶解的残余渗碳体，由于原子的扩散不充分，奥氏体的成分是不均匀的。随保温时间的延长，通过碳原子的扩散，奥氏体中的含碳量才渐趋均匀化。

因此，热处理的加热过程是奥氏体转变形成的过程。

钢在热处理加热后要进行保温，保温阶段不仅是为了使工件热透，也是为了使组织转变完全，以保证奥氏体成分更加均匀。

3. 影响奥氏体化的因素

(1) 加热温度和保温时间的影响

加热温度越高，铁、碳原子的扩散速度越快，铁素体的晶格改组和渗碳体的溶解也越快，所以，奥氏体的形成速度越快。保温时间越长，残余渗碳体分解越彻底，碳原子扩散越充分，奥氏体化完成越彻底。

(2) 加热速度的影响

加热速度对奥氏体化过程有重要的影响。由图 4-4 可知，加热速度越快，转变开始温度越高，转变终了温度也越高，但转变所需时间越短，即奥氏体化速度越快。

(3) 原始组织和合金元素的影响

在成分相同时，工件的原始组织越细，则相界面越多，越有利于奥氏体晶核的形成和长大，奥氏体化

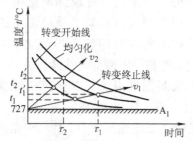

图 4-4 加热速度对奥氏体转变的影响

速度越快。在合金钢中,合金元素虽然不会改变珠光体向奥氏体转变的基本过程,但除 Co 之外的大多数合金元素都会使奥氏体化减缓,所以合金钢的奥氏体化速度要比碳钢慢,特别是高合金钢更是慢得多。因此,实际生产中合金钢的加热温度和保温时间一般比碳钢的更高、更长。

4. 奥氏体晶粒的长大与控制

奥氏体晶粒的大小对随后的冷却转变及转变产物的性能都有重要的影响。奥氏体晶粒越细小,则冷却转变后所得到的组织也越细小,钢的力学性能越好。因此,奥氏体晶粒的大小是评定加热和保温这两个热处理工序质量的重要指标。

(1) 晶粒大小的表示方法

金属组织中晶粒的大小通常用晶粒度来度量。奥氏体的晶粒度是指将钢加热至相变点以上某温度并保温一定时间所得到的奥氏体晶粒的大小。常用以下方法评定:将制备好的金相试样放在显微镜下,放大 100 倍观察,并通过与标准级别图(如图 4-5 所示)进行比对来确定晶粒度等级。常见的晶粒度在 1~8 级范围内,其中 1~3 级为粗晶粒,4~6 级为中等晶粒,7~8 级为细晶粒。

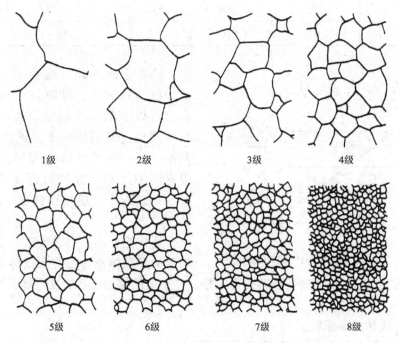

图 4-5 标准晶粒度等级示意图

(2) 奥氏体晶粒的长大与控制

在具有足够的能量和时间时,奥氏体可通过晶粒间的相互吞并来长大,这是一种自发的倾向。因此,加热温度越高,保温时间越长,则得到的奥氏体晶粒越粗大。一般将随着加热温度升高,奥氏体晶粒会迅速长大的钢称为本质粗晶粒钢;而将奥氏体晶粒不易长大,只有当温度达到一个较高值之后才会突然长大的钢称为本质细晶粒钢。炼钢时只用锰铁、硅铁脱氧的钢其晶粒长大倾向较大,属本质粗晶粒钢。用铝脱氧的钢则晶粒不易长大,属本质细晶粒钢。需要热处理的重要零件一般选用本质细晶粒钢制造。

此外,奥氏体中含碳量越高,晶粒长大倾向越大;钢中锰、磷元素含量越高,晶粒长大倾向越大;钢中加入钨、钼、钒等元素,可降低奥氏体的长大倾向。因此,合理选择加热温度和保温时间、严格控制钢的原始组织和成分、适量加入一定的合金元素等措施,均有利于控制奥氏体晶粒的长大倾向。

4.1.2 钢冷却时的组织转变

钢经过合适的加热和保温后,获得了成分均匀、晶粒细小的奥氏体组织,但这并不是热处理的最终目的。奥氏体在随后的冷却中将根据冷却方式的不同而发生不同的组织转变,并最终决定钢的组织和性能(见表4-1)。因此,冷却过程是热处理的关键工序。

表4-1 45钢加热至840 ℃后,在不同条件下冷却所获得的力学性能

冷却方法	σ_b/MPa	σ_s/MPa	δ/%	φ/%	/HRC
随炉冷却	519	272	32.5	49	15~18
空气冷却	657~706	333	15~18	45~50	18~24
油中冷却	882	608	18~20	48	40~50
水中冷却	1 078	706	7~8	12~14	52~60

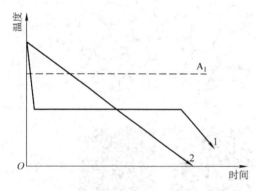

图4-6 等温冷却曲线与连续冷却曲线

热处理的冷却方式通常有两种:一种是等温冷却转变,即奥氏体快速冷却到临界温度以下的某个温度,并在此温度下进行保温和完成组织转变,如图4-6曲线1所示;另一种是连续冷却转变,即奥氏体以不同的冷却速度进行连续冷却,并在连续冷却过程中完成组织转变,如图4-6曲线2。

通常把处在临界温度以下尚未发生组织转变的奥氏体称为过冷奥氏体。过冷奥氏体是不稳定的组织,它迟早会转变成新的稳定相。过冷奥氏体的组织转变规律是制订热处理工艺的理论依据。

1. 过冷奥氏体的等温转变

下面以共析钢为例来说明过冷奥氏体的等温转变规律。

(1) 过冷奥氏体的等温转变曲线

将已经奥氏体化的共析钢急速冷却至A_1以下的各个不同的温度(如投入不同温度的恒温盐浴槽中),并在这些温度下进行保温,分别测定在各个温度下过冷奥氏体发生组织转变的开始时间、终止时间及转变产物量,并将它们绘制在温度-时间坐标图中。将测定的各个转变开始点、转变终止点分别用光滑的曲线连接起来,便得到了共析钢钢的等温转变曲线,如图4-7(a)所示。由于该曲线形状与字母"C"相似,故又简称为C曲线。

在图4-7(b)中,左边的曲线为转变开始线,右边的曲线为转变终了线。A_1以上为奥氏体的稳定区。A_1以下、转变开始线以左为过冷奥氏体的不稳定区,从等温停留开始至转

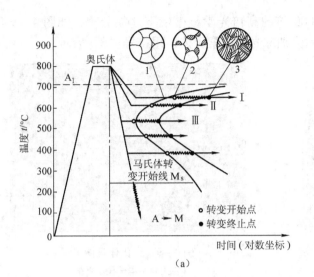
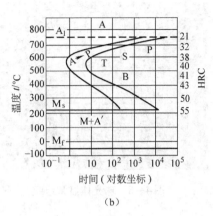

图 4-7　共析钢过冷奥氏体等温转变图

变开始之间的时间称为孕育期。A_1 以下、转变终了线以右为转变产物区。转变开始线与转变终了线之间为过冷奥氏体和转变产物的共存区。M_S 为马氏体转变开始线，M_f 为马氏体转变终了线。

（2）过冷奥氏体的等温转变产物及其性能

根据转变产物的不同，过冷奥氏体的等温转变分为两种类型：一种是珠光体型转变，另一种是贝氏体型转变。而过冷奥氏体在 M_S 以下发生的是马氏体转变，由于马氏体转变需要在连续冷却条件下才能进行（少数高碳钢、高合金钢除外），故不属于等温转变，将放在随后的过冷奥氏体连续冷却转变中介绍。

① 珠光体型转变。转变温度为 $A_1 \sim 550$ ℃。当奥氏体被冷却到 A_1 以下时，经过一定的孕育期将在晶界处产生渗碳体晶核，周围的奥氏体不断向渗碳体晶核提供碳原子而促使其长大成为渗碳体片。随着渗碳体片周围奥氏体的含碳量不断降低，将有利于铁素体晶核的形成，这些奥氏体将转变成为铁素体片。由于铁素体的溶碳能力极低，当它长大时将使多余的碳转移到相邻的奥氏体当中，使奥氏体的含碳量升高，促使新的渗碳体片形成。上述过程不断循环，最终获得铁素体与渗碳体片层相间的珠光体组织。

由上述可知，珠光体型转变是由一个单相固溶体（奥氏体）转变为两个成分相差悬殊、晶格类型截然不同的两相混合组织（铁素体与渗碳体）的过程。转变中既有碳的重新分布，又有铁的晶格重构。这些都是依靠碳原子和铁原子的扩散来实现的，所以说珠光体型转变是典型的扩散型转变。同时可知，珠光体型转变也是一个形核与晶核长大的过程，遵循金属结晶的普遍规律。

根据过冷度的不同，珠光体型转变分为以下三种：

1）珠光体转变。转变温度为 $A_1 \sim 650$ ℃。因过冷度小，所获得的组织片层间距较大（约 0.3 μm），在 500 倍的低倍光学显微镜下就能分辨（如图 4-8 所示），其硬度为 160～250HBW，这种铁素体与渗碳体的混合组织称为珠光体，用符号 "P" 表示。

2）索氏体转变。转变温度为 650 ℃ ～600 ℃。由于过冷度增大，所获得的组织片层间距较小（约 0.1~0.3 μm），需要在 1 000 倍的高倍光学显微镜下才能分辨，如图 4-9 所示，其硬度为 25~35 HRC，这种组织称为细珠光体或索氏体，用符号"S"表示。

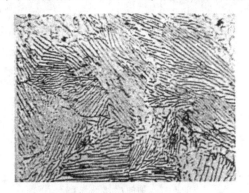

图 4-8　珠光体显微组织

图 4-9　索氏体显微组织

（左上角为电子显微组织）

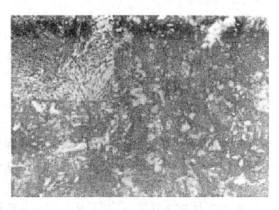

图 4-10　托氏体显微组织

（左上角为电子显微组织）

3）托氏体转变。转变温度为 600 ℃~550 ℃。由于过冷度更大，所获得的组织片层间距更小（小于 0.1 μm），只有在电子显微镜下才能分辨，如图 4-10 所示，其硬度为 35~48 HRC，这种组织称为极细珠光体或托氏体，用符号"T"表示。

珠光体、索氏体、托氏体这三种组织只是在形态上有片层厚薄之分，并无本质区别，故统称为珠光体型组织。对于珠光体型组织，随着过冷度的增大，片层间距减小，相界面增多，塑性变形抗力增大，组织的强度、硬度提高，塑性、韧性也有一定改善。在实际生产中，通过控制奥氏体的过冷度来控制珠光体型组织的片层间距，从而实现控制钢的性能的目的。

②贝氏体型转变。转变温度为 550 ℃~M_S。过冷奥氏体在此温度区间内等温停留，经过一定的孕育期后，将转变为贝氏体，用符号"B"表示。贝氏体是由含碳过饱和的铁素体（α 固溶体）与碳化物组成的两相混合物。由于过冷度大，转变温度较低，铁原子已失去扩散能力，碳原子也只能进行短程扩散，所以贝氏体型转变是半扩散型转变。

按照组织形态和转变温度的不同，贝氏体型转变分为以下两种：

a. 上贝氏体转变。转变温度为 550 ℃~350 ℃。它由含碳过饱和程度较小、呈板条状的铁素体束和分布在铁素体束之间、呈不连续状态的细片状渗碳体组成，如图 4-11 所示。在光学显微镜下，典型的上贝氏体呈羽毛状，如图 4-12 所示。由于上贝氏体中的铁素体形成温度较高，所获得的组织较为粗大，特别是由于碳化物分布在铁素体片层之间，使铁素体片层间容易产生脆性断裂，所以上贝氏体的脆性大、强度低，基本上没有实用价值。

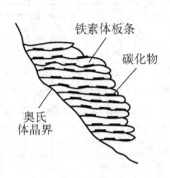
图 4-11 上贝氏体组织示意图

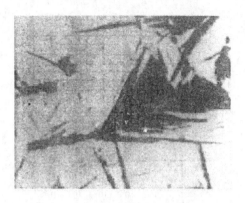
图 4-12 上贝氏体显微组织

b. 下贝氏体转变。转变温度为 350 ℃ ~ M_S。它以含碳过饱和程度较大、呈针状的铁素体片为主，并在铁素体片中分布着与片的纵向轴线呈 55°~65°、平行排列的碳化物，铁素体片之间呈比较散乱的角度分布，如图 4-13 所示。在光学显微镜下，共析钢的下贝氏体呈黑色针状，如图 4-14 所示。由于下贝氏体转变的过冷度大，所获得的针状铁素体片非常细小、无方向性、碳的过饱和度大，且铁素体片中的碳化物均匀分散，具有较高的弥散强化作用。所以下贝氏体具有高的强度、硬度和韧性，综合力学性能优良。生产中对形状复杂的工具、模具和弹簧等钢件常采用贝氏体等温淬火，目的就是为了获得下贝氏体组织，以提高钢的强韧性、耐磨性和尺寸精度。

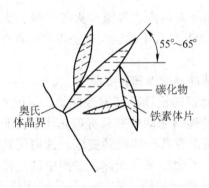
图 4-13 下贝氏体组织示意图

图 4-14 下贝氏体显微组织

(3) 影响 C 曲线的因素

影响 C 曲线的因素较多，这些因素不仅会改变 C 曲线的位置，往往还会改变 C 曲线的形状，几个主要因素的影响规律如下。

① 含碳量的影响。含碳量对 C 曲线的位置和形状均有影响。对于亚共析钢，随着含碳量的增加，过冷奥氏体的稳定性增大，C 曲线右移，并且在过冷奥氏体发生珠光体型转变之前，先有先共析铁素体的析出，C 曲线的左上部多出一条先共析铁素体析出线，如图 4-15 所示。对于过共析钢，随着含碳量的增加，过冷奥氏体的稳定性减小，C 曲线左移，并且在过冷奥氏体发生珠光体型转变之前，先有先共析渗碳体的析出，C 曲线的左上部多出一条先共析渗碳体析出线，如图 4-16 所示。所以，共析钢的过冷奥氏体最稳定。

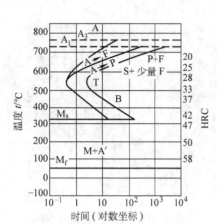
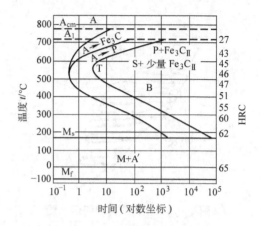

图 4-15 亚共析钢的 C 曲线　　　　图 4-16 过共析钢的 C 曲线

② 合金元素的影响。合金元素对 C 曲线的位置和形状都有影响。除钴之外，所有的合金元素溶入奥氏体后均可增大过冷奥氏体的稳定性，使 C 曲线右移。Cr、Mo、W、V 等碳化物形成元素不仅使 C 曲线右移，而且还使 C 曲线出现双 C 型等特征，改变了 C 曲线的形状。

③ 加热工艺的影响。加热温度越高，保温时间越长，则奥氏体成分越均匀，晶粒越粗大。这既减少了形核所需的浓度起伏，也减少了形核的晶界面积。因此，将导致形核率降低，增大过冷奥氏体的稳定性，使 C 曲线右移。

2. 过冷奥氏体的连续冷却转变

在热处理生产中，除了少部分采取等温转变（如等温退火、等温淬火等）外，大多数的热处理工艺是采取连续冷却转变。因此，钢在连续冷却过程中的组织转变规律更具有实际意义。

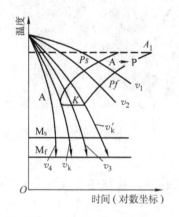

图 4-17 共析钢的连续
冷却转变曲线

(1) 过冷奥氏体的连续冷却转变曲线

图 4-17 为共析钢的连续冷却转变曲线。与图 4-17 (b) 比较，共析钢的连续冷却转变只有珠光体型转变区和马氏体型转变区，而没有贝氏体型转变区。这表明共析碳钢在连续冷却转变时不会形成贝氏体。在图中珠光体型转变区，左边一条是转变开始线，右边一条是转变终了线，下边一条是转变中止线。转变中止线表示当过冷奥氏体冷却至此线温度时，将停止向珠光体转变，并一直保留到 M_S 以下转变为马氏体。在马氏体转变区，上边一条是马氏体转变开始线（M_S），下边一条是马氏体转变终了线（M_f）。

(2) 连续冷却转变曲线的应用

连续冷却转变曲线表达了过冷奥氏体在各种冷却速度下的组织转变规律。现以共析钢为例，分析其在典型冷却速度下的组织转变。

在图 4-17 中，v_1 相当于工件随炉冷却（退火），当冷却速度线与珠光体型转变开始线相交时，便开始了过冷奥氏体向珠光体的转变，与转变终了线相交时，转变结束，奥氏体全部转变为珠光体。

v_2 相当于工件在空气中冷却（正火），转变过程与 v_1 相似，只是由于冷速更高，过冷度更大，获得的组织是更细小的索氏体。

v_3 相当于油冷（油中淬火），当冷却速度线与珠光体型转变开始线相交时，便开始了过冷奥氏体向托氏体的转变，但随后冷却速度线不与转变终了线相交，而是与转变中止线相交，奥氏体停止托氏体转变，当冷却速度线与 M_S 相交时，尚未转变成托氏体的过冷奥氏体开始发生马氏体转变，最终获得托氏体、马氏体及残留奥氏体的复相组织。之所以有残留奥氏体是因为马氏体转变不能进行彻底的缘故。

v_4 相当于水冷（水中淬火），冷却速度线不再与珠光体型转变开始线相交，即奥氏体不发生珠光体型转变，而是全部过冷到马氏体转变区，只发生马氏体转变，获得的组织是马氏体和残留奥氏体。

图中的 v_k 是与连续冷却转变曲线相切的冷却速度线，称为上临界冷却速度，它是保证过冷奥氏体只发生马氏体转变的最小冷却速度，因此又称为马氏体临界冷却速度。$v_{k'}$ 是过冷奥氏体全部转变为珠光体型组织，不发生马氏体转变的最大冷却速度，称为下临界冷却速度。v_k 在实际生产中具有重要的意义，如钢在淬火时为了获得马氏体，工件的冷却速度应大于 v_k；而在铸造、焊接的冷却过程中，为了防止因马氏体转变而造成工件变形或开裂的现象，冷却速度应小于 v_k。

需要指出的是，由于钢的连续冷却转变曲线的测定比等温转变曲线的测定困难得多，因此许多钢种还没有连续冷却转变曲线，所以，生产中常用钢的等温转变曲线来估计连续冷却情况下的转变产物，但这种分析存在较大误差。

(3) 马氏体转变

马氏体是碳在 $\alpha - Fe$ 中的过饱和固溶体，用符号"M"表示。

由过冷奥氏体的连续冷却转变曲线可知，当奥氏体过冷到 M_S 以下时，将发生马氏体转变。马氏体转变过冷度大、速度极快，铁和碳原子均不能扩散，属于非扩散型转变。一般认为，马氏体相变是通过铁原子的共格切变来实现的。因为没有扩散，所以马氏体与过冷奥氏体具有相同的化学成分。研究表明：若过冷奥氏体在 $M_S \sim M_f$ 之间的某个温度停留，则马氏体转变基本停止，即等温时不发生马氏体转变。只有连续冷却，马氏体转变才能进行，当冷却至 M_f 后马氏体转变才会结束。

马氏体有两种组织形态：一是片状（高碳马氏体），二是板条状（低碳马氏体）。马氏体的组织形态主要取决于奥氏体的含碳量。当奥氏体的含碳量 $\omega_c > 1.0\%$ 时，马氏体的形态为片状，称为片状马氏体。由于它主要出现在高碳钢的淬火组织中，故又称为高碳马氏体。片状马氏体的形态和显微组织分别如图 4-18 (a) 和图 4-18 (b)。当奥氏体的含碳量 $\omega_c < 0.25\%$ 时，马氏体的形态为板条状，称为板条状马氏体。由于它主要出现在低碳钢的淬火组织中，故又称为低碳马氏体。其形态和显微组织分别如图 4-19 (a) 和图 4-19 (b)。当奥氏体的含碳量介于 0.25% ~ 1.0% 时，为片状和板条状马氏体的混合组织。此外，马氏体的组织形态形成规律告诉我们：马氏体片（条）的大小取决于奥氏体晶粒的大小，即奥氏体晶粒越细小，则所获得的马氏体片（条）也越细小。

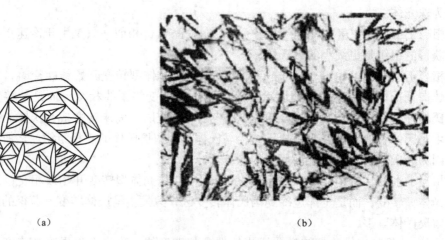

图 4-18 片状马氏体的组织形态和显微组织

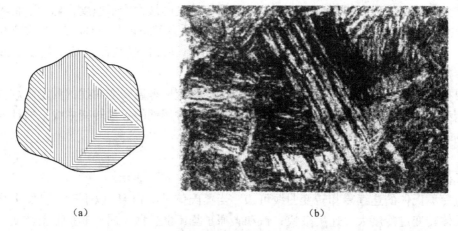

图 4-19 板条状马氏体的组织形态和显微组织

对于某一成分的碳钢,马氏体是其所有组织中强度和硬度最高的组织,这主要是由过饱和碳原子强烈的固溶强化作用而造成的。因此,马氏体的性能主要取决于马氏体中的含碳量。由图 4-20 可知,随着马氏体中含碳量的提高,其强度和硬度不断提高。但当马氏体的含碳量 $w_C > 0.60\%$ 后,由于残留奥氏体量的增加,强度和硬度虽仍有提高,但不明显。马氏体的塑性和韧性也与其含碳量有关。片状的高碳马氏体塑性、韧性很差,所以很少直接应用;而板条状的低碳马氏体具有良好的塑性和韧性,所以得到广泛的应用。

在钢的组织中,马氏体的比容(单位质量的体积)最大,奥氏体的最小,珠光体介于两者之间,并且含碳量越高,马氏体的比容越大。因此,在进行马氏体转变时要发生体积膨胀,产生内应力。这是钢在淬火时容易变形,甚至开裂的主要原因之一。

(4) 残留奥氏体

在马氏体转变过程中,当大量的马氏体形成后,剩下的过冷奥氏体被马氏体分割成一个个很小的区域,并受到周围马氏体巨大的压力作用。随着马氏体转变的继续,压力不断提高,最终将使奥氏体停止向马氏体转变。因此,马氏体转变不能进行到底,即使冷却到 M_f

以下仍不可能获得100%的马氏体。这些未发生转变的过冷奥氏体被称之为残留奥氏体，常用符号"A'"表示。

残留奥氏体量的多少主要取决于奥氏体的含碳量。因为奥氏体含碳量越高，过冷奥氏体的 M_s 和 M_f 越低，如图4-21所示，马氏体转变越不彻底。所以，残留奥氏体量随着奥氏体含碳量的增加而增加，如图4-22所示。例

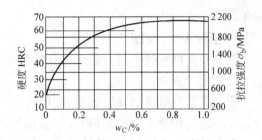

图4-20 马氏体的硬度、强度与含碳量的关系

如，当奥氏体的含碳量 $w_C > 0.50\%$ 时，钢的 M_f 降至室温以下，而通常淬火只冷却到室温，因此，由于冷却不到位必然形成一定数量的残留奥氏体。钢在淬火后其组织中或多或少都会有残留奥氏体。

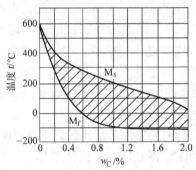

图4-21 奥氏体中含碳量对 M_s 和 M_f 的影响

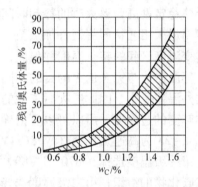

图4-22 奥氏体中含碳量对残留奥氏体量的影响

残留奥氏体的存在，将降低钢的硬度和耐磨性，而且在零件的长期使用过程中，残留奥氏体还会发生马氏体转变，从而影响零件的尺寸精度。因此，对于一些高精度的零件（如精密量具、精密轴承等），在淬火冷却到室温后，立即放入零摄氏度以下（如 -60 ℃ ~ -80 ℃）的冷却介质（如干冰+酒精）中继续冷却，以求尽量减少残留奥氏体，这一过程称为冷处理。

4.2 钢的普通热处理

4.2.1 钢的退火与正火

在机械制造过程中，退火和正火一般作为预先热处理。当对零件的力学性能要求不高时，它们也可作为最终热处理。

1. 钢的退火

退火是将钢件加热到适当的温度，保温一定的时间，然后缓慢冷却的热处理工艺。退火的主要目的：

① 降低钢的硬度，改善切削加工性。
② 消除加工硬化，提高钢的塑性。
③ 细化晶粒，改善或消除成分不均、网状渗碳体等组织缺陷，为后续热处理做好组织

准备。

④ 消除应力，稳定工件尺寸。

根据退火目的的不同，退火可分为完全退火、球化退火、扩散退火和去应力退火等。

(1) 完全退火

完全退火是指将钢件加热至 A_{c_3} 以上 30 ℃ ~ 50 ℃，经保温完全奥氏体化后，随之缓慢冷却（一般为炉冷），获得接近于平衡组织的退火工艺。

完全退火主要用于亚共析钢的铸件、锻件和热轧型材等，不宜用于过共析钢。因为过共析钢加热至 $A_{c_{cm}}$ 以上完全奥氏体化后，在随后的缓慢冷却过程中会沿奥氏体晶界析出网状二次渗碳体，使得钢的韧性和切削加工性下降。

由于冷却时工件内外冷速不一致，过冷度有大有小，组织转变有先有后，使得退火后工件的内外组织形态和性能都不均匀。另外，对于某些 C 曲线特别靠右的高合金钢，由于过冷奥氏体稳定性高，退火时的冷却时间往往很长（有时需要几十个小时）。为此，生产中常采用等温退火工艺，即将钢件加热至 A_{c_3} 以上 30 ℃ ~ 50 ℃，保温后以较快的速度冷却到珠光体转变温度区间的某个温度并保温，待过冷奥氏体完成珠光体转变后，工件出炉在空气中冷却。等温退火与完全退火的目的相同，但可以减少 1/3 以上的时间，而且由于等温退火时工件内外温差更小，因此退火后工件的组织和性能更加均匀。等温退火还可以更准确地控制珠光体转变的过冷度，所以可以更精确地控制退火的组织和硬度。

图 4 - 23 为高速工具钢（W18Cr4V）的完全退火与等温退火工艺比较。对于图中等温退火，第一级温度选择在 870 ℃ ~ 880 ℃，在此温度下保温将获得在奥氏体基体上弥散分布着粒状碳化物的组织；第二级温度选择在该钢 C 曲线的"鼻尖"处（720 ℃ ~ 740 ℃），此处过冷奥氏体最不稳定，最容易进行珠光体转变，有利于缩短退火时间。

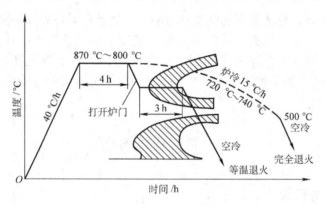

图 4 - 23 高速钢（W18Cr4V）的完全退火与等温退火比较

(2) 球化退火

球化退火是指将钢件加热至 A_{c_1} 以上 20 ℃ ~ 30 ℃，保温一定时间后，随炉缓慢冷却获得球状碳化物的退火工艺。

由于过共析钢、合金工具钢和滚动轴承钢等在热轧或锻造后，常出现粗片状珠光体和网状二次渗碳体组织，这不仅使钢的力学性能和切削加工性下降，而且淬火时易产生变形和开裂。为消除这种组织缺陷，生产中常采用球化退火，即钢在 $A_{c_1} \sim A_{c_{cm}}$ 之间适当的温度保温，使珠光体中的粗大渗碳体片和网状二次渗碳体发生不完全溶解，在形成细小的链状或点状残留渗碳体微粒后再缓慢冷却，最终获得弥散分布在铁素体基体上的粒状渗碳体，使钢的性能获得改善。对于存在严重网状二次渗碳体的工件，为提高球化退火的效果，可在球化退火前先进行一次正火，以减轻渗碳体的网状形态。为了缩短生产周期，球化退火在冷却时也可以采用等温退火工艺。

球化退火的关键在于加热温度的选择，其加热工艺特点是低温短时。图 4-24 为 T10 钢的球化退火工艺曲线。

(3) 扩散退火（均匀化退火）

扩散退火是指将钢件加热至远高于 A_{c_3} 或 $A_{c_{cm}}$ 的温度（通常为 1 100 ℃ ~ 1 200 ℃），经长时间保温（一般为 10 ~ 20 h），然后随炉缓慢冷却以获得均匀的成分和组织的退火工艺。

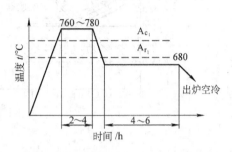

图 4-24 T10 钢的球化退火工艺曲线

扩散退火是利用高温下原子具有较大的扩散能力来消除成分和组织不均匀现象的，退火后可以降低钢的热加工脆裂倾向和提高钢的力学性能。因此扩散退火又被称为均匀化退火。由于加热温度高，保温时间长，势必导致奥氏体晶粒粗化。因此经扩散退火后应进行热压力加工，使晶粒得到充分的碎化。否则，需要通过完全退火或正火来细化晶粒。

扩散退火工艺周期长，氧化和脱碳严重，能量消耗大，一般只用于合金钢铸锭和大型铸钢件。

(4) 去应力退火

去应力退火是指将钢件加热至 A_{c_1} 以下适当温度（通常为 500 ℃ ~ 600 ℃），保温后随炉缓慢冷却的退火工艺。

去应力退火的目的是为了消除铸件、锻件、焊接件、冷冲压件及机加工件中的残留应力，以提高尺寸稳定性，防止变形和开裂。去应力退火的加热温度一般略高于钢的再结晶温度，加热温度越高和保温时间越长，应力消除越彻底，但加热温度不应超过 A_{c_1}。

2. 钢的正火

正火是指将钢件加热至 A_{c_3} 或 $A_{c_{cm}}$ 以上 30 ℃ ~ 50 ℃，经保温完全奥氏体化后，在空气中冷却的热处理工艺。

正火与退火的主要区别是正火冷却速度稍快，过冷奥氏体的过冷度较大，获得的组织较细小，钢的强度和硬度有所提高。正火具有操作简便、工艺周期短、成本较低等优点。

正火的主要目的和应用：

① 提高硬度，改善低碳钢和低碳合金钢的切削加工性。

② 细化晶粒，均匀成分，可作为中碳钢的预先热处理，为最终热处理做好组织准备。

③ 减少网状二次渗碳体，为过共析钢的球化退火做组织准备。

④ 代替淬火，当零件的力学性能要求不高，或因形状复杂在淬火时易产生严重变形，甚至开裂时，正火可以作为工件的最终热处理。

正火和退火一样，一般作为预先热处理被安排在毛坯生产之后，粗加工或半精加工之前进行。

常用退火和正火的加热温度范围如图 4-25 所示。

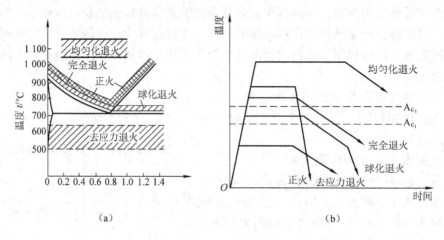

图 4-25　常用退火工艺与正火工艺示意图
(a) 加热温度范围；(b) 热处理工艺曲线

4.2.2　钢的淬火

淬火是指将钢件加热至 A_{c_3} 或 A_{c_1} 以上适当温度，保温一定时间后，以大于马氏体临界冷却速度（v_k）进行快速冷却，以求获得马氏体或贝氏体组织的热处理工艺。

在零件加工过程中，淬火是最重要的强化工序。淬火要与回火相配合才能使工件获得所需要的使用性能。

1. 淬火工艺

(1) 淬火加热温度

通常亚共析钢的加热温度为 A_{c_3} 以上 30 ℃~50 ℃，淬火后得到细小的马氏体和少量的残留奥氏体；共析钢和过共析钢的加热温度为 A_{c_1} 以上 30 ℃~50 ℃，淬火后得到细小的马氏体、少量的未溶碳化物和残留奥氏体。之所以这样选择加热温度是因为：若将亚共析钢的加热温度选择在 A_{c_1}~A_{c_3} 之间，则淬火后组织中有强度和硬度不高的稳定相铁素体，这将降低钢的强度、硬度和耐磨性。若将过共析钢的加热温度选择在 A_{cm} 以上，则不仅由于温度高使奥氏体晶粒粗化，而且因为渗碳体全部溶解使得奥氏体的含碳量提高，M_s 降低，导致淬火后残留奥氏体量增加，钢的硬度和耐磨性降低。若加热温度低于 A_{c_1}，则无论何种钢都没有相变，达不到淬火的目的。图 4-26 为碳钢的淬火加热温度示意图。

实际生产中，选择淬火加热温度还与工件的尺寸和形状、淬火冷却介质、技术要求和钢中合金元素等因素有关。

(2) 加热时间

加热时间由工件装炉后炉温达到规定的加热温度所需时间、工件热透所需时间及组织转变所需时

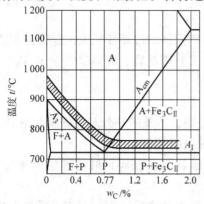

图 4-26　碳钢的淬火加热温度范围

间三部分组成。加热时间取决于加热设备功率、装炉量、工件尺寸和形状、装炉方式、加热介质和钢中合金元素的含量等因素。生产中常用下列经验公式进行估算：

$$t = \alpha \cdot K \cdot D$$

式中　t——加热与保温时间，min；
　　　α——加热系数，min/mm；
　　　K——装炉量系数；
　　　D——工件有效厚度，mm。

α、K 和 D 的数值可查阅有关资料确定。

（3）淬火冷却介质

淬火冷却介质是指在淬火工艺中所用的冷却介质。

① 理想淬火冷却速度

为保证工件淬火后获得马氏体组织，淬火冷却介质必须使工件以大于马氏体临界冷却速度（v_k）的冷速进行冷却。由于工件具有一定的厚度，心部可能因冷速过低而不能淬透，这将影响材料性能的发挥。冷却速度越快工件得到的淬透层越深，所以冷却速度应该越快越好。但是，过高的冷却速度将加大工件截面温差，使热应力增大，容易引起变形和开裂，就这点而言冷却速度应该越慢越好。由 C 曲线可知，能兼顾以上两方面要求的冷却速度应该是这样的：在"鼻尖"以上的温度区间，由于过冷奥氏体较为稳定，因此冷却速度可以慢一些，以减少热应力；在"鼻尖"处，由于此时过冷奥氏体最不稳定，为防止发生非马氏体转变，冷却速度要求最快（$>v_k$）；在"鼻尖"以下温度区间，特别是 M_s 以下，为了减小因热应力和相变应力造成的变形和开裂倾向，冷却速度应该尽可能地慢，如图 4-27。这样的冷却速度称为淬火理想冷却速度，热处理工作者一直在不断改进淬火介质的冷却特性，使之尽量接近理想冷却速度。

② 常用淬火冷却介质

为适应不同材料、不同淬火工艺的要求，生产中使用的淬火冷却介质种类繁多，常用的几种介质如下：

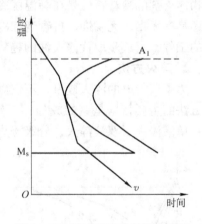

图 4-27　淬火理想冷却速度曲线

a. 水。水是最古老的冷却介质。水在需要快冷的高温区（650 ℃～400 ℃）冷却能力较低，而在需要慢冷的低温区（300 ℃以下）冷却能力又很高，因此，水的冷却特性与理想冷却速度恰好相反，不是理想的冷却介质。此外，随着温度的升高，水的冷却能力急剧下降，使水在高温区的冷却能力更低，而在低温区的冷却能力虽有降低却仍然偏高。生产中通过严格控制水温（一般≤30 ℃，采用循环水）和工件的连续摆动，来提高水在高温区的冷却能力；通过采取在 300 ℃左右工件提前出水空冷或淬入油中等方法，可以改善工件在低温区的冷却条件。但由于水具有成本低廉、安全无污染等优点，因此，水仍然是最常用的冷却介质之一，适用于尺寸较小、形状简单的碳钢。

b. 水溶液。主要有盐水溶液和碱水溶液。常用的盐水溶液是在水中加 10% 左右的氯化钠，使水在高温区的冷却能力大幅度提高。但由于盐水溶液和水一样，在低温区的冷却能力过大,所以只适用于形状简单的低、中碳钢。常用的碱水溶液是在水中加10%左右的氢氧化钠,它在高温区的冷却能力比盐水溶液更高,在低温区则比盐水溶液小,比水小很多,因此具有较好的冷却特性。由于在碱水溶液中淬火获得的硬度更大、变形与开裂倾向更小,所以它适用于形状较复杂易开裂的碳钢。但因碱水溶液价格较高、腐蚀性强、污染环境,因此目前应用较少。

c. 矿物油。应用最多的矿物油是10号、20号和30号机油。它的优点是在低温区冷速缓慢,有利于防止工件变形或开裂;缺点是在高温区冷却能力不足,不利于淬硬淬透。适当提高油温(一般控制在40 ℃ ~80 ℃)可以提高油的高温区冷却能力。油的冷却能力比水小很多,但冷却特性比水好得多。油适用于合金钢和薄壁碳钢件的淬火,是应用最多的冷却介质之一。

d. 新型淬火冷却介质。新型淬火冷却介质主要有专用淬火油、新型水溶性淬火剂等。

常用的专用淬火油是通过将不同类型和黏度的矿物油以适当的配比相互混合或在普通淬火油中加入添加剂而形成的。实践表明,专用淬火油在高温区的冷却能力明显高于机油,而低温区的冷却性能与机油接近,因此既可以保证较高的淬透淬硬能力,又具有变形与开裂倾向小的特点,适用于形状复杂的合金钢。

新型水溶性淬火剂是指有机聚合物淬火剂,它是将有机聚合物溶解于水而得到的水溶液。通过调整水溶液的浓度和温度可以改变其冷却特性,以满足各类工件淬火要求。有机聚合物淬火剂的冷却特性是在高温区冷却能力接近于水,在低温区冷却能力接近于油。此外,它还具有无毒、无腐蚀、抗衰老和冷却能力可调等优点,目前广泛应用于水淬易裂、油淬不硬的工件,有逐步取代淬火油的趋势。

2. 淬火方法

为了获得好的淬火效果,不仅需要合理选用冷却介质,还要有正确的淬火方法。确定淬火方法的主要依据是钢的成分、工件的形状和尺寸、工件的性能要求等。常用的淬火方法有:单液淬火、双液淬火、分级淬火和等温淬火,如图4-28。

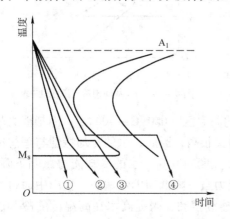

图4-28 常用淬火方法示意图

(1) 单液淬火

单液淬火是指将钢件奥氏体化后,淬入单一淬火冷却介质的淬火方法,如图4-28①。此法的优点是操作简单,易实现自动化;缺点是水淬时工件易变形和开裂。所以适用于形状简单、对变形要求不严、大批量作业的工件。碳钢件一般在水或水溶液中淬火,合金钢件多在油中淬火。

(2) 双液淬火

双液淬火是指将钢件奥氏体化后,先淬入冷却能力较强的介质中,在即将发生马氏体转变时立即转入冷却能力较弱的介质中冷却的淬火方法,如图4-28②。具体方法有先水后油(俗称水淬油冷)、先水后空气(俗称水淬空冷)等。双液淬火是一种既能保证淬硬,又能减小变形和开裂的有效方法。这种方法的关键在于恰当控制工件在第一种介质中的停留时间。停留太短,难以抑制非马氏体转变,达不到淬火的目的;停留过长,则在第一种介质中已发生了马氏体转变,失去了双液淬火的意义。双液淬火一般用于形状复杂的高碳钢件和截面较大的合金钢件。

(3) 分级淬火

分级淬火是指将钢件奥氏体化后,淬入温度略高或略低于 M_s 的冷却介质中,停留一定时间使工件表面和心部温度均匀后,取出在空气或油中冷却,并完成马氏体转变的淬火方法,如图 4-28③。分级淬火的主要优点是:由于马氏体转变前经过等温过程,工件里外温差小,产生的热应力小,能有效地减小变形和开裂的倾向(比双液淬火更好),可以显著提高工件的塑性和韧性。这种方法多用于形状复杂、变形要求严格的工件,如丝锥、模具等。

(4) 等温淬火

等温淬火是指将钢件奥氏体化后,淬入温度处于下贝氏体转变温度区间的冷却介质中,待下贝氏体转变结束后取出空冷的淬火方法,如图 4-28④。等温淬火的目的是为了获得下贝氏体,常用的冷却介质是盐浴($50\% KNO_3 + 50\% NaNO_2$)。主要优点有:在硬度相同的情况下,等温淬火工件经回火后的塑性和韧性比一般淬火回火的要高;工件变形和开裂的倾向极低。缺点是生产周期较长,效率低。等温淬火主要用于中碳以上、形状复杂、尺寸精度和强韧性要求高的钢件(如小型模具等)。

等温淬火和分级淬火都是在略高于 M_s 的温度进行等温,但它们是有区别的:前者是为了获得下贝氏体,后者是为了获得马氏体;前者的等温时间很长,后者的等温时间很短。

3. 钢的淬透性

(1) 淬透性的概念

淬透性是指钢在规定的条件下淬火时获得淬硬层深度大小的能力。它是钢最重要的热处理工艺性能之一。

淬火时,工件表面的冷却速度最快,越靠近中心冷却速度越慢,如图 4-29 所示,所获得的马氏体量由表及里逐渐递减。淬透性中所指的淬硬层是指从钢的表面至马氏体的体积分数为 50% 处(即半马氏体区)之间的组织层。之所以将半马氏体区作为淬硬层的界线,是由于恰好在半马氏体区钢的硬度会发生急剧变化,容易用测量硬度的方法加以确定,如图 4-30。根据淬硬层的定义,如果工件淬火后其中心获得 50% 的马氏体,则认为工件淬透了。

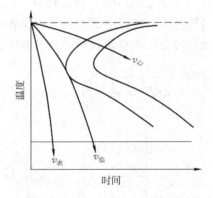

图 4-29 工件的冷却速度示意图

需要注意的是,钢的淬透性与淬硬性是两个不同的概念。淬硬性也是钢的重要热处理工艺性能,它是指淬火后所能达到的最高硬度。淬硬性主要取决于马氏体中含碳量的高低。零件设计时应通过合理选择含碳量来保证钢的淬硬性。淬透性高的钢获得的马氏体层厚,但马氏体的硬度不一定高,即淬硬性不一定高,反之,淬透层薄的钢淬硬性不一定低。总之,淬透性和淬硬性两者之间没有必然的联系。另外,要将钢的淬透性与实际生产条件下工件获得淬硬层深度的能力区分开来。如相同的工件在水中淬火要比在油中淬火所获得的淬硬层更深,但不能认为这种钢在水中淬火时的淬透性比在油中淬火时高。淬透性是钢固有的工艺性能,与工件的形状、尺寸和冷却介质等外部因素没有关系,只与过冷奥氏体的稳定性有关。

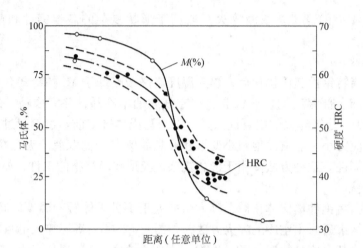

图 4-30 淬硬、未淬硬区的马氏体量与硬度变化

(2) 影响淬透性的因素

凡是增加过冷奥氏体稳定性的因素，或者说凡是使 C 曲线位置右移减小马氏体临界冷却速度（v_k）的因素，都会提高钢的淬透性，反之则会降低淬透性。本章 4.1.2 中已经讨论过影响 C 曲线的因素，不再赘述。

(3) 淬透性的测定

钢的种类（牌号）繁多，为了能够以统一的尺度来定量表达不同钢种的淬透性，常用末端淬火试验法（GB 225—1988）来测定钢的淬透性，如图 4-31 所示。试验时先将标准试样（$\phi 25 \times 100$ mm）奥氏体化，然后垂直搁置并向试样末端喷水冷却。由于离末端越远则冷速越慢，所以沿试样长度方向各处的组织和硬度不同。若沿着试样长度每隔一定距离测一个硬度值，则可得到硬度分布曲线，该曲线称为淬透性曲线，如图 4-32 所示。

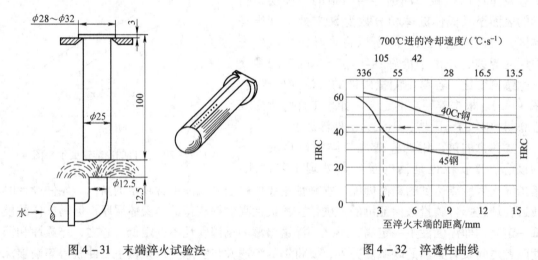

图 4-31 末端淬火试验法　　　　图 4-32 淬透性曲线

对于末端淬火试验法，钢的淬透性以 "JHRC-d" 格式表示，其中 "J" 表示淬透性，"HRC" 表示该处的硬度值，"d" 表示至水冷端的距离。如 J42-5，表示距水冷端 5 mm 处

的硬度值为 42 HRC。

生产中还常用临界直径法来衡量钢的淬透性。临界直径是指钢在某种介质中淬火，心部得到 50% 马氏体时的最大直径，用符号"D_c"表示。D_c 越大，钢的淬透性越好。表 4-2 为几种常用钢的临界直径。

表 4-2　几种常用钢的临界直径

牌　号	D_c 水/mm	D_c 油/mm	心部组织
45	10~18	6~8	50% M
60	20~25	9~15	50% M
40Cr	20~36	12~24	50% M
20CrMnTi	32~50	12~20	50% M
T8~T12	15~18	5~7	95% M
GCr15	—	30~35	95% M
9SiCr	—	40~50	95% M
Cr12	—	200	90% M

（4）淬透性的意义

淬透性是选用材料和制订热处理工艺的主要依据之一，具有重要的实用价值。

钢的淬透性对工件热处理后的力学性能具有重要的影响。当工件被淬透时，回火后表层与心部的组织和力学性能均匀一致〔如图4-33（a）〕，心部材料的承载能力得到充分利用；未淬透的工件则不然，由于回火后里外组织不同，使钢的屈强比（σ_s/σ_b）、疲劳极限和韧性明显降低，如图4-33（b）、（c）所示。当然，并不是所有的工件都要求淬透，淬透层的深度应根据工件的工作条件而定。例如：

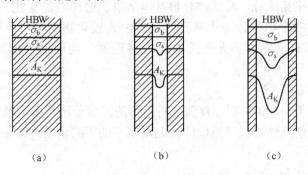

图4-33　淬透性对钢回火后力学性能的影响
(a) 全部淬透；(b) 部分淬透；(c) 部分淬透

① 大截面或形状复杂的重要零件、要承受动载荷的重要零件、承受轴向拉伸或压缩截面负荷均匀的零件（如高强度螺栓、内燃机连杆等），因要求整个截面力学性能均匀一致，所以应该淬透。

② 承受弯曲、扭转应力的轴类零件或仅要求表面耐磨而心部受力小的零件，由于工作应力主要发生在轴的外缘或表面，越靠近心部应力越小，因此不必淬透。

③ 承受交变应力的弹簧，由于要求具有高的疲劳极限和足够的塑性、韧性，因此应该淬透。

④ 焊接件不宜选择高淬透性的钢，否则在焊缝热影响区容易发生淬火，造成工件变形和开裂。

4.2.3 钢的回火

回火是指将经过淬火的钢件加热至 A_{c_1} 以下某一温度，保温一定的时间，然后冷却到室温的热处理工艺。

工件淬火后一般都要及时回火，淬火与回火属于零件的最终热处理。回火的主要目的是：

① 减小应力和脆性，防止和减小工件变形与开裂。工件淬火后存在很大的应力（等温淬火除外），若不及时回火易造成变形甚至开裂。

② 调整力学性能。工件淬火后硬度高脆性大，为使各种工件获得不同的使用性能，必须通过回火来调整其强度、硬度、塑性和韧性。

③ 稳定形状和尺寸。工件淬火后的组织主要由马氏体和残留奥氏体组成（等温淬火除外），两者都是不平衡组织，处于有自发转变要求的不稳定状态。通过回火可以使这些组织趋于稳定，使工件的形状和尺寸不再发生变化。

1. 回火时的组织转变

回火的本质是淬火马氏体的分解、碳化物的析出和聚集长大的过程。回火时的组织转变完全借助原子的扩散来实现，是典型的扩散型转变。回火时的组织转变规律如下：

（1）马氏体的分解

回火温度为 100 ℃ ~ 350 ℃ 时，马氏体将发生分解，即马氏体中的过饱和碳以极细的 Fe_xC（称为 ε 碳化物）的形式析出，使马氏体的含碳量降低。温度到达 350 ℃ 时，马氏体中的含碳量降至接近平衡成分，马氏体分解基本结束。这种由含碳量过饱和程度较低的马氏体和 ε 碳化物组成的混合物称为回火马氏体。由于 ε 碳化物的析出，马氏体的晶格畸变减小，淬火应力得到部分消除。回火马氏体具有高硬度、高耐磨性的特点，但塑性和韧性较差。

（2）残留奥氏体的分解

回火温度为 200 ℃ ~ 300 ℃ 时，伴随着马氏体的不断分解，残留奥氏体也将完成分解过程。残留奥氏体的分解产物与过冷奥氏体在此温度下的等温转变产物相同，即分解为下贝氏体组织。

（3）碳化物类型的转变

回火温度为 300 ℃ ~ 400 ℃ 时，ε 碳化物将逐渐转变为更稳定的、极细的粒状渗碳体（Fe_3C）。与此同时，马氏体中的过饱和碳也完全析出，马氏体转变为针状铁素体和极细的粒状渗碳体，因此，回火后钢的组织由针状铁素体和极细的粒状渗碳体组成，这种混合物称为回火托氏体。经这个温度区间回火后，淬火应力基本消除。回火托氏体具有较高的硬度和强度，并具有一定的塑性和韧性。

（4）渗碳体的聚集长大和铁素体的再结晶

回火温度在 400 ℃ 以上时，高度弥散分布的极细粒状渗碳体将自发地聚集长大，成为粗粒状渗碳体。同时，针状铁素体通过再结晶转变为等轴晶粒。这种在等轴晶粒铁素体基体上均匀分布着粗粒状渗碳体的混合组织，称为回火索氏体。回火索氏体具有良好的综合力学性能。

需要注意的是：就某一回火温度而言，可能一种组织转变尚未结束，而另一种转变就已经开始了，也就是说，在某个回火温度可能有几种组织转变正在同时进行。

由回火组织转变规律可知，工件的最终性能由回火后的组织决定，而回火组织又由回火温度及回火（保温）时间决定，随着回火温度升高和回火（保温）时间延长，钢的强度、硬度降低，而塑性、韧性提高（如图4-34）。

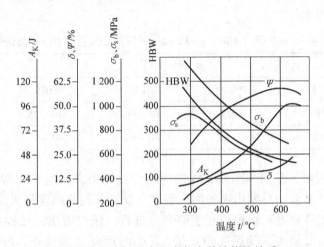

图4-34　40钢回火温度与力学性能的关系

需要指出的是：钢的韧性并不总是随着回火温度的升高而提高，在某些温度区间回火后，钢的韧性比在更低温度回火时反而更低，这种现象称为回火脆性，将在本节随后的内容中介绍。

2. 回火方法与应用

根据回火温度不同，常用的回火方法有以下三种：

（1）低温回火

回火温度为150℃～250℃，回火后的组织主要为回火马氏体和少量的残留奥氏体。其目的是为了在保持高硬度、高强度的前提下，减小淬火应力和降低钢的脆性。主要用于硬度和耐磨性要求高的刃具、量具、冷作模具、滚动轴承以及经过渗碳、表面淬火的工件。

为了减少最后一道冷加工（如磨削）产生的应力，增加尺寸稳定性，对于精密量具、精密滚动轴承和丝杠等工件，可在最后一道冷加工结束后增加一次120℃～160℃、保温时间几小时至几十小时的低温回火，并称之为稳定化处理或人工时效。

（2）中温回火

回火温度为350℃～500℃，回火后的组织为回火托氏体。其目的是为了获得高的弹性极限和一定的韧性，主要用于各类弹簧、热锻模等。

（3）高温回火

回火温度为500℃～650℃，回火后的组织为回火索氏体。其目的是为了获得强度、硬度、塑性和韧性均较高的综合力学性能。主要用于各种重要的结构零件（如轴、齿轮、螺栓等），应用十分广泛。

生产中习惯将先淬火后高温回火的复合热处理工艺称为调质。调质一般作为钢的最终热处理，但对于需要表面淬火或化学热处理的部分工件，也可以作为预先热处理。之所以作为预先热处理，一是调质可以提高工件整体的强韧性；二是调质后硬度不高，便于切削。调质与正火都是获得在铁素体基体上分布着渗碳体的混合组织，但前者的渗碳体为为粒状，后者为片状。由于粒状渗碳体对铁素体基体的"切割作用"较片状的要小，所以，调质钢和正火钢相比，虽然硬度和强度只是略有提高，但塑性和韧性却有明显提高。表4-3为45钢调质与正火后的力学性能。

表4-3 45钢（$\phi 20 \sim \phi 40$ mm）调质与正火后的力学性能比较

热处理方法	力学性能				组织
	σ_b/MPa	δ/%	A_k/J	HBW	
调质	750~850	20~25	64~96	210~250	回火索氏体
正火	700~800	15~20	40~64	163~220	索氏体+铁素体

回火的主要工艺参数是回火温度、保温时间和冷却方式。生产中常根据工件的硬度要求，借助从长期生产经验中总结出来的回火温度-硬度曲线来确定回火温度。确定保温时间的基本原则是保证工件热透和组织转变能够充分进行。研究表明，在各个温度区间回火时，最初的半小时组织转变最快，随后逐渐变慢，2小时后便基本停止，所以回火时间一般为1~3 h。回火的冷却方式一般为空冷，对于尺寸精度要求特别高的工件，为避免再次产生应力，可采取更慢的冷却方式。对于高温回火脆性倾向明显的某些合金钢，则需要采取快冷（油冷或水冷）。

3. 回火脆性

回火脆性是指钢件淬火后在某些温度区间回火时产生脆性增大的现象。图4-35为某合金钢回火温度与韧性关系示意图。回火脆性一般分为两种：

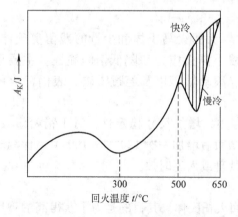

图4-35 回火温度与合金钢韧性的关系

（1）低温回火脆性（第一类回火脆性）

低温回火脆性是指碳钢淬火后在250 ℃~350 ℃（合金钢为250 ℃~450 ℃）回火时所产生的回火脆性，又称第一类回火脆性。几乎所有的碳钢和合金钢都会或多或少地产生这类回火脆性。一般认为，在这个温度区间回火时，会在马氏体的晶界处析出硬而脆的渗碳体薄片，破坏了马氏体间的连接，导致韧性降低。低温回火脆性的出现，并不会对钢的塑性、强度和硬度造成影响，但改变了强度与韧性的合理配比，不利于充分发挥材料的性能。

低温回火脆性产生后无法消除，故又称其为不可逆回火脆性。一般采取避开脆性温度区间的办法来防止其发生。

(2) 高温回火脆性（第二类回火脆性）

高温回火脆性是指某些合金钢淬火后，在450 ℃~550 ℃回火或在更高温度回火后以缓慢冷却的方式通过450 ℃~550 ℃温度区时所产生的回火脆性，又称第二类回火脆性。通常认为，在高温回火时某些杂质和合金元素会偏聚到原来的奥氏体晶界处，使晶界处韧性降低，从而产生回火脆性。含有铬、镍、锰等元素的合金钢容易产生高温回火脆性。

高温回火脆性可以通过重新回火并快速冷却的方法来消除，也就是将已经产生高温回火脆性的工件重新加热至高于450 ℃~550 ℃的温度，保温后快速冷却（油冷或水冷）。由于高温回火脆性可以消除，故又称其为可逆回火脆性。

4.3 钢的表面热处理

表面热处理是指以改变钢件表层的组织和性能为目的的热处理工艺。在机械产品中，齿轮、轴类等许多零件都是在动载荷和强烈的摩擦条件下工作的，这就要求它们不仅心部具有高的强韧性，而且表面还要具有高的硬度和耐磨性，通过表面热处理可以实现零件表面和心部这种不同的性能要求。

生产中广泛应用的表面热处理工艺有表面淬火和化学热处理两大类。

4.3.1 表面淬火

表面淬火是指仅对工件表层进行淬火的热处理工艺。其主要目的是使零件表面获得高的硬度和耐磨性，而心部则保持经预先热处理所获得的良好的强度和韧性。凡是能通过整体淬火进行强化的金属材料，原则上都可以进行表面淬火。由于表面淬火具有工艺简单、工件变形小、强化效果显著和生产效率高等优点，故在生产中应用十分广泛。

根据加热方法的不同，表面淬火可分为感应加热表面淬火、火焰加热表面淬火、激光加热表面淬火和电接触加热表面淬火等。

1. 感应加热表面淬火

感应加热表面淬火是最常用的表面淬火方法，如图4-36。其基本原理是：将工件放入感应器（线圈）中，感应器通入一定频率的交流电以产生交变磁场，根据电磁感应原理，工件内将产生同频率的感应电流。感应电流在工件内自成回路（故常称之为"涡流"），并且分布不均匀，心部电流密度小，表面电流密度大（称之为"集肤效应"）。由于工件本身有电阻，集中于工件表层的"涡流"将使表层被迅速加热至淬火温度，而心部温度则维持原有室温，随即对工件喷水快冷，使表层实现淬火。由于电流频率越高，"集肤效应"越强烈，因此，随着电流频率的提高，工件的淬硬层越薄。

按电流频率的高低，常用的感应淬火分为

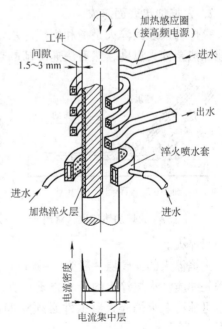

图4-36 感应加热淬火示意图

三种：

（1）高频感应淬火

电流频率一般为 200~300 kHz（频率大于 15 kHz 的电流称为高频电流），淬硬层深度一般不超过 2 mm。主要用于淬透层不要求很深的小模数齿轮和直径较小的轴类零件等。

（2）中频感应淬火

电流频率一般为 2.5~8 kHz，淬硬层深度较大，可达 2~10 mm。主要用于大、中模数齿轮和直径较大的轴类零件等。

（3）工频感应淬火

电流频率为 50 Hz，淬硬层深度更大，可达 10~20 mm。主要用于大直径的零件，如大型轧辊、柱塞和火车车轮等。

与普通淬火相比，感应淬火的主要优点有：加热速度快（一般 2~20 秒），工件变形小，生产效率高；奥氏体晶粒小，马氏体组织极细，碳化物高度弥散，硬度比普通淬火高 2~6 HRC；只发生表层马氏体转变，淬火后表层处于压应力状态，工件的疲劳强度一般可提高 20%~30%，甚至更多；感应加热设备适合流水线生产方式，易实现机械化和自动化，且工艺质量稳定。感应淬火的主要缺点是：对于形状复杂的工件不易制造感应器，应用范围有一定的局限性；由于感应加热设备较贵，不适用于单件生产。

最适合感应淬火的钢是含碳量为 0.4%~0.5% 中碳钢（如 40 钢、45 钢）和中碳合金钢（如 40Cr），高碳工具钢和铸铁（如机床导轨）也可采用感应加热表面淬火。

由于感应加热速度快，A_{c_3} 较高，因此应选择较高的加热温度，一般为 A_{c_3} 以上 100 ℃~200 ℃。为了使工件心部具有足够的强度和韧性，并为表面淬火做好组织上的准备，在感应淬火前一般要对工件进行调质或正火。感应淬火后应及时进行回火，以稳定组织和消除淬火应力。常用的回火方法为炉内低温回火和利用工件心部余热对表层进行加热的自回火等。

2. 火焰加热表面淬火

火焰加热表面淬火是指利用氧-乙炔混合气体或其他可燃气体的燃烧火焰，将工件表层快速加热至淬火温度，然后快速冷却的热处理工艺，如图 4-37 所示。

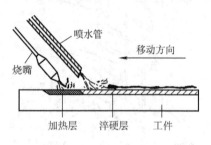

图 4-37 火焰加热淬火示意图

火焰淬火具有操作简便灵活，不受工件大小和淬火部位位置限制，以及设备简单成本低等优点，但由于加热温度和加热层深度受到火焰、火焰与工件相对位置、火焰与工件相对移动速度等因素的影响，所以加热温度和加热层深度不易控制，容易发生过热等现象，淬火质量不够稳定。火焰淬火多用于中碳钢、中碳的合金钢及铸铁件的单件、小批量生产，或大型工件（如大模数齿轮、机床导轨等）的表面淬火。

火焰淬火的淬硬层一般为 1~6 mm。火焰淬火前，工件一般需先正火，心部性能要求高的需先调质。火焰淬火的冷却介质一般为水，对于淬透性好的合金钢或形状简单的小型碳钢件也可油冷。火焰淬火后工件必须立即进行低温回火，以消除淬火应力，防止工件变形和开裂。

3. 激光加热表面淬火

激光加热表面淬火是 20 世纪 70 年代随着大功率激光器的问世而发展起来的一种新型表面强化方法。其工作原理是：通过利用高能量密度的激光束对工件进行扫描照射，使其表面在极短的时间内被加热至淬火温度，停止扫描照射后，表层的热量被内部金属快速吸收，从而使工件表层淬火。激光淬火的淬硬层深度较浅，一般为 0.3 ~ 0.5 mm。

激光淬火具有加热速度极快（千分之几秒至百分之几秒），生产效率极高；无需冷却介质，工件变形极小；表面硬度和耐磨性高（耐磨性比淬火后再低温回火的方法提高 50% 以上）；表面光洁，无需再加工便可直接使用；表层形成残留压应力，可提高疲劳强度等优点。主要缺点是在两次扫描照射的重叠区容易产生回火软化带，因此不适合要求大面积淬硬的工件。另外，激光加热设备费用高，电 - 光转换效率较低等也制约了它的应用。

目前，激光淬火主要用于精密零件的表面局部淬火（如发动机气缸套、活塞环等）；工件上的沟槽、深孔侧壁等普通表面淬火无法实施的部位，特别适合采用激光淬火的方法来提高耐磨性；要求耐磨性高的一些薄小零件（如照相机快门组件）也适合采取激光淬火。作为一种环保型的热处理新技术，激光淬火具有广阔的发展前景。

4.3.2 化学热处理

化学热处理是指将工件置于特定的活性介质中加热和保温，使所需的元素渗入其表层，从而改变表层的化学成分、组织和性能的热处理工艺。

化学热处理一般由以下三个基本过程组成：

① 活性介质的分解。活性介质在一定的温度下通过化学反应进行分解，得到所需要的活性原子。这些以原子状态存在的活性原子容易被工件表面吸收。

② 活性原子的吸收。活性原子被工件表面吸收的具体方式是：溶入钢中的固溶体或与钢中元素形成化合物。

③ 活性原子的扩散。被吸收的活性原子在浓度差的作用下，由工件表面逐渐向内部扩散，形成一定厚度的渗层。各种化学热处理都是借助于扩散过程来获得渗层厚度的。扩散时间越长，工件温度越高，则获得的渗层越厚。

常用的化学热处理工艺有：渗碳、渗氮、碳氮共渗等。

1. 渗碳

渗碳是指将钢件置于渗碳介质中加热和保温，使碳原子渗入表层的化学热处理工艺。

渗碳的目的是通过提高钢件表层的含碳量和形成合适的碳浓度梯度，经过淬火和低温回火后，使表层获得高的硬度和耐磨性，而心部具有良好的强韧性。因此，渗碳工艺一般用于在交变载荷、冲击载荷、接触应力大和严重磨损条件下工作的零件，如齿轮、活塞销和凸轮轴等。

为了保证工件心部具有足够的韧性，渗碳用钢一般为含碳量在 0.10% ~ 0.25% 之间的低碳钢和低碳合金钢。对于强度要求较高的零件，含碳量可以达到 0.30%。由于低碳钢强度较低、淬透性差和长时间高温渗碳时奥氏体晶粒易长大，因此，重要的渗碳零件都选用低碳合金钢。

根据渗碳剂不同，渗碳工艺可分为气体渗碳、液体渗碳和固体渗碳。这里仅介绍应用最广泛的气体渗碳。

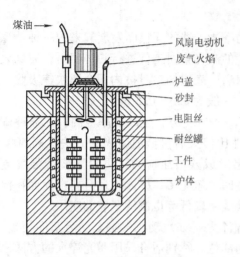

图 4-38 气体渗碳示意图

如图 4-38 所示，气体渗碳是将工件置于密闭的专用井式渗碳炉中，通入富碳的气体渗碳剂（天然气、液化气等），或滴入易气化的液体渗碳剂（煤油、甲醇等），加热至 900 ℃ ~950 ℃ 并保温，上述渗碳剂将发生分解形成以 CO、CH_4 为主的渗碳气氛，并产生活性碳原子〔C〕，其反应如下：

$$2CO = [C] + CO_2$$
$$CH_4 = [C] + 2H_2$$

活性碳原子被工件表面吸收后溶入奥氏体中，并向工件内部扩散，最后形成具有一定浓度差（碳浓度由表及里逐渐降低）和深度的渗碳层，如图 4-39 所示。渗碳后在缓慢冷却至室温时，奥氏体基本上按照 $Fe-Fe_3C$ 相图规律进行组织转变，表层（过共析层）所获得的是珠光体与渗碳体；往里是珠光体（共析层）；再往里是珠光体与铁素体（亚共析层，也称过渡层）；在活性碳原子不能到达的内部是钢的原始组织。

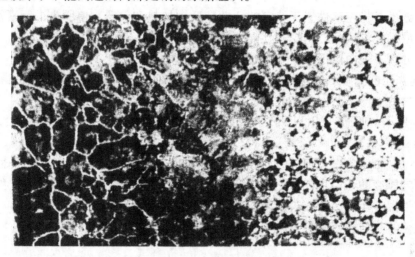

图 4-39 低碳钢渗碳后缓冷时的显微组织

渗碳后工件表面的含碳量一般要求在 0.85% ~1.05% 之间。若碳浓度过低，淬火和回火后硬度、耐磨性达不到要求；若碳浓度过高，容易形成网状渗碳体，使渗碳层变脆和增加残留奥氏体量，降低零件的疲劳强度。

渗碳后虽提高了工件表层的含碳量，但同时也使奥氏体晶粒发生粗化，渗碳后必须再进行适当的热处理才能有效地提高表层的硬度和耐磨性，从而达到渗碳的目的。渗碳件常用的热处理方法是淬火后再进行低温回火，其中淬火又有以下几种方法：

(1) 直接淬火

直接淬火主要用于本质细晶粒钢的渗碳件。因为这类钢在渗碳时奥氏体晶粒不易长大，从渗碳炉中取出后直接淬火，就可以使工件表面获得高的硬度和耐磨性。这种淬火方法的主要优点是操作简便、无需重新加热、生产效率高和表面脱碳少,适用于大批量生产。

生产中一般先将工件从渗碳温度预冷至略高于心部的 A_{r_3},然后淬入油或水中,如图 4-40(a)。预冷的主要目的是为了降低淬火温度,减少淬火应力和变形。此外,预冷时渗碳层会析出部分二次渗碳体,这将有利于减少表层淬火后的残留奥氏体量和提高耐磨性。

(2) 一次淬火

这是指工件渗碳后出炉缓慢冷却至室温,然后再重新加热淬火的方法,如图 4-40(b)。对于心部有较高强度和韧性要求的零件,淬火温度应略高于心部的 A_{c_3},这样既可以细化奥氏体晶粒,又可以防止心部出现游离铁素体。在心部淬透时,心部还可以获得低碳马氏体。对于表层有较高耐磨性要求的零件,淬火温度应选择在心部的 A_{c_1} 至 A_{c_3} 之间(一般为 A_{c_1} 以上 30 ℃~50 ℃),淬火后虽然心部有游离铁素体出现,降低了心部的强度,但由于表层二次渗碳体的增加和残留奥氏体量的减少,表层的耐磨性更高。

(3) 二次淬火

如图 4-40(c)。第一次淬火的加热温度选择在略高于心部的 A_{c_3},目的是为了细化心部晶粒、消除心部游离铁素体和表层的网状二次渗碳体,但由于这个温度远高于表面渗碳层的正常淬火温度,所以将使表层的晶粒粗化。为了细化表层晶粒,需要采取第二次淬火。第二次淬火的加热温度选择在 A_{c_1} 以上 30 ℃~50 ℃,这将有利于细化表层晶粒和提高表层的耐磨性,同时对心部的性能影响不大。

二次淬火的方法由于工艺复杂,生产周期长,工件易发生变形和脱碳,一般只用于表面耐磨性和心部强韧性要求高的零件或本质粗晶粒钢。

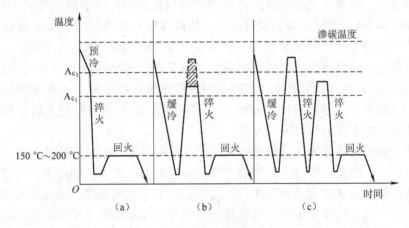

图 4-40 渗碳后常用的热处理方法
(a) 直接淬火;(b) 一次淬火;(c) 二次淬火

需要强调的是:与普通淬火一样,渗碳件淬火后也必须回火,一般采取加热温度为 150 ℃~200 ℃ 的低温回火。采取直接淬火的工件低温回火后,表层组织主要为回火马氏体及少量的残留奥氏体和二次渗碳体;采取一次淬火的工件低温回火后,表层组织主要为回火马氏体和少量的残留奥氏体(淬火温度略高于心部的 A_{c_3} 时),或以回火马氏体、粒状二次渗碳体为主,并有少量的残留奥氏体(淬火温度为 A_{c_1} 以上 30 ℃~50 ℃ 时);采取二次淬火的工件低温回火后,表层组织也是以回火马氏体、粒状二次渗碳体为主,并有少量的残留奥氏体。

渗碳件经淬火和低温回火后，表面硬度为58～64 HRC，具有良好的耐磨性。

2. 渗氮

渗氮（又称氮化）是指将钢件置于渗氮介质中加热和保温，使氮原子渗入表层的化学热处理工艺。

渗氮的目的是为了提高工件表面的硬度、耐磨性、疲劳强度和耐蚀性等性能。由于渗氮工艺具有许多优点，因此它在机械制造中获得了广泛的应用。目前渗氮工艺不仅用于传统的渗氮用钢，而且还用于工具钢、不锈钢和铸铁等材料的表面处理。

常用的渗氮工艺主要有气体渗氮和离子渗氮等，这里仅介绍应用最广泛的气体渗氮。

气体渗氮是将工件置于密闭的渗氮炉中，通入可提供氮原子的氨气（NH_3），加热至480 ℃～570 ℃，使氨气分解出活性氮原子[N]，其反应如下：

$$2NH_3 = 3H_2 + 2[N]$$

活性氮原子[N]被工件表面吸收，并向内部逐渐扩散形成一定深度的渗氮层。

典型的渗氮用钢是38CrMoAlA钢，它的渗氮工艺具有一定的代表性，基本体现了渗氮工艺的特点。其优点主要表现在：渗氮时，钢中的合金元素与氮形成高硬度、高度弥散的氮化物（CrN、MoN、AlN），使工件表面无需淬火就可获得很高的硬度和耐磨性（表面硬度可达1 000～1 200 HV，相当于72 HRC，远高于渗碳层）；工件表面的氮化物会形成一层致密的薄层，使工件获得一定的耐蚀性；由于氮化物的比容较大，渗氮后表层会产生较大的残留压应力，使工件的疲劳强度显著提高。此外，由于渗氮温度较低、渗氮后通常为随炉缓冷，所以工件变形极小。渗氮工艺的主要缺点是工艺周期长，生产成本高，对于38CrMoAlA钢，在550 ℃需要保温50余小时才能获得0.6 mm的渗氮层；此外，由于渗氮层很薄（一般为0.5 mm左右），脆性又大，因此渗氮件不宜承受太高的接触应力和冲击载荷。

由于上述特点，渗氮工艺主要用于耐磨性和精度要求很高的精密零件（高速精密齿轮、高精度机床主轴等）；在交变载荷下工作要求疲劳强度很高的零件（如高速柴油机曲轴等）；以及要求热处理变形小，并具有一定耐蚀性要求的耐磨零件（如有色金属压铸模、内燃机汽阀、在腐蚀介质中工作的泵轴和叶片等）。

渗氮工艺一般作为零件加工的最后一道工序，只有精度要求特别高的工件才会在渗氮后再进行精磨或研磨，因此，渗氮前必须使工件做好组织和性能方面的准备。一般对工件进行预先调质，获得均匀致密的回火索氏体，以提高心部力学性能和防止渗氮层因组织不均匀而产生脆裂的现象。对于精度要求高、形状复杂的工件，在半精加工结束后往往还需要进行去应力退火，以消除机加工时产生的应力，减少工件变形。为了保证心部的力学性能，去应力退火的温度不应高于调质时的回火温度。

4.4　热处理热技术要求标注、工序位置安排与工艺分析

4.4.1　技术要求的标注

热处理技术要求是热处理工艺质量的检验依据，是工件经过热处理后应达到的性能和指标，主要包括最终热处理方法，硬度和其他力学性能指标，以及对工件的组织、变形量、局

部热处理要求等内容。热处理技术要求也是机械图样的重要内容之一，应在图样上以文字、数字或专业代号等形式标注出来。

硬度通常是热处理质量检验中最重要的指标，甚至经常是许多零件的唯一技术要求。这是因为硬度检测方便、对工件破坏小，并且硬度与强度等其他力学性能有一定的对应关系，可以间接反映其他力学性能。在标注硬度指标时，一般采取允许变化范围的方式，即标注上、下极限值，如"淬火回火 43~48 HRC"、"调质 240~270 HBW"。硬度值的变化范围一般为：洛氏 5 个单位，布氏 30~40 个单位。对于力学性能要求较高的重要零件（如主轴、齿轮、曲轴等），一般还要标注强度和韧性等指标要求，甚至标注金相组织要求。对于需要表面热处理的零件，应在图样中标注硬化层的深度范围和硬度值范围，并对需要热处理的表面用粗点划线框出。

4.4.2 热处理工序位置安排

在零件的制造流程中，合理安排热处理工序的位置对提高机械加工的质量和效率，对保证零件的使用性能具有重要的意义。

按照目的和位置的不同，热处理工艺分为预先热处理和最终热处理两大类，其工序位置安排的基本原则如下：

1. 预先热处理的工序位置

预先热处理包括：退火、正火和调质等。一般安排在毛坯生产之后，切削加工之前，或粗加工之后，半精加工之前。当工件的性能要求不高时，经退火、正火或调质后工件不再进行其他热处理，此时它们属于最终热处理。

（1）退火、正火的工序位置

退火与正火的目的主要是消除工件中的残留应力、晶粒粗大和成分偏析等缺陷，为最终热处理做好组织准备；同时，它们还可以调整硬度，改善工件的切削加工性。退火和正火件的工艺路线如下：

毛坯生产→退火（或正火）→切削加工等

（2）调质的工序位置

调质的目的是为了提高工件的综合力学性能，并为表面热处理做好组织准备。它一般安排在粗加工之后，半精加工或精加工之前。调质件的工艺路线如下：

下料→锻造→正火（或退火）→粗加工→调质→半精加工（或精加工）等

2. 最终热处理的工序位置

最终热处理包括：整体淬火、回火（低温、中温、高温）、表面淬火、渗碳和渗氮等。由于经过最终热处理后工件的硬度较高难以切削加工（磨削除外），所以最终热处理一般安排在半精加工之后，精加工（一般为磨削）之前。

（1）整体淬火、回火的工序位置

下料→锻造→正火（或退火）→粗加工、半精加工→整体淬火、回火（低温、中温）→精加工（磨削）

（2）表面淬火的工序位置

下料→锻造→正火（或退火）→粗加工→调质→半精加工→表面淬火、低温回火→精加工（磨削）

(3) 渗碳的工序位置

下料→锻造→正火（或退火）→粗加工、半精加工→渗碳→切除防渗余量→整体淬火、低温回火→精加工（磨削）

(4) 渗氮的工序位置

由于渗氮温度低，工件变形极小，以及渗氮层薄而脆，因此渗氮后一般不再进行切削加工，只有精度要求特别高时才会安排精磨或研磨。渗氮件的工艺路线如下：

下料→锻造→正火（或退火）→粗加工→调质→半精加工→去应力退火→精加工（磨削）→渗氮（→精磨或研磨）

4.4.3 热处理工艺举例与分析

1. 拖拉机连杆螺栓（如图 4-41 所示）

连杆螺栓是发动机中一个重要的连接零件，要求具有较高的强度，良好的塑性和韧性，以及较高的疲劳强度。

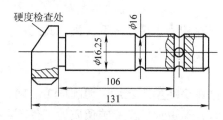

图 4-41 拖拉机连杆螺栓

材料：40Cr 钢

热处理技术要求：经调质后，硬度为 30~35 HRC，组织为回火索氏体。为保证强度和韧性，不允许有块状铁素体。

工艺路线：下料→锻造→正火→粗加工→调质→精加工

热处理工艺分析：

① 正火。主要目的是为了消除毛坯锻造后的内应力，降低硬度以改善切削加工性，同时可以细化晶粒、均匀组织，为后面的热处理做好组织准备。加热温度为 860 ℃ ±10 ℃，保温 2~3 h 后空冷。

② 调质。主要目的是为了获得组织细密的回火索氏体。淬火加热温度为 850 ℃ ±10 ℃，保温 20 min，油冷，获得马氏体。高温回火温度为 525 ℃ ±25 ℃，保温 2 h 后水冷，以防发生高温回火脆性。

2. M12 手用丝锥（如图 4-42 所示）

手用丝锥是加工内螺纹的切削刃具，工作时载荷较小，切削速度低，失效形式以磨损为主，因此，要求刃部具有较高的硬度和耐磨性，心部具有足够的强度和韧性。

材料：T12A 钢

热处理技术要求：刃部硬度为 61~63 HRC，柄部硬度为 30~45 HRC。

工艺路线：下料→球化退火→机械加工→分级淬火、低温回火→柄部快速回火→防锈处理（发蓝）

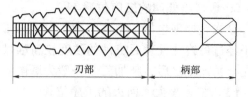

图 4-42 手用丝锥

热处理工艺分析：

① 球化退火。主要目的是为了获得粒状珠光体，降低硬度以改善切削加工性，并为后面的热处理做好组织准备。加热温度为 760 ℃ ±10 ℃，保温 4 h 后炉冷。

② 分级淬火。主要目的是为了获得马氏体和防止发生淬裂现象。先预热至 600 ℃~

650 ℃停留 8 min,再加热至 790 ℃ ±10 ℃保温 4 min,然后在 210 ℃ ~220 ℃的盐浴中停留 30 ~45 min 后空冷。

③ 低温回火。主要目的是为了获得回火马氏体和消除淬火应力。加热温度为 180 ℃ ~220 ℃,保温 1.5 ~2 h 后空冷。

④ 柄部快速回火。柄部硬度要求不高,常用快速回火的方法。即把柄部的 1/2 浸入 580 ℃ ~620 ℃的盐浴中加热 15 ~30 s,然后立即水冷,以防热量传至刃部使其硬度降低。

⑤ 防锈处理(发蓝)。发蓝是指钢件在高温浓碱(NaOH)和氧化剂($NaNO_2$ 或 $NaNO_3$)中加热,使表面形成致密氧化层(厚度约 1 μm,呈天蓝色)的表面处理工艺。致密的氧化层可以保护钢件内部不受氧化,起到防锈作用。

3. 三爪卡盘卡爪(ϕ160 mm)(如图 4 -43 所示)

三爪卡盘是装夹工件的机床附件,其卡爪要求具有高的硬度和耐磨性。

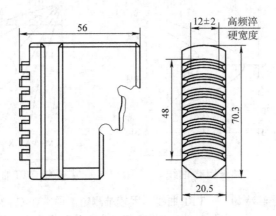

图 4 -43 三爪卡盘卡爪

材料:45 钢

热处理技术要求:牙部(宽度为 12 mm)表面≥52 HRC,两侧面和牙根硬度为 30 ~40 HRC。

工艺路线:下料→锻造→正火→机械加工→整体淬火、低温回火→牙部高频淬火、低温回火→磨削→防锈处理(发蓝)

热处理工艺分析:

① 正火。主要目的是为了消除毛坯锻造后的内应力,降低硬度以改善切削加工性,同时可以细化晶粒、均匀组织,为后面的热处理做好组织准备。加热温度为 850 ℃ ±10 ℃,在盐浴中保温 1.5 ~2 h 后空冷。采用盐浴(成分为 70% NaCl +30% $BaCl_2$)作为加热介质的目的是为了提高加热速度、减小变形、防止表面氧化和脱碳现象。

② 整体淬火、低温回火。主要目的是为了获得回火马氏体,保证硬度要求。淬火加热温度为 810 ℃ ±10 ℃,在盐浴中保温 10 ~12 min 后,采取先在水(或盐水溶液)中冷却 5 ~7 s 后再转入油中继续冷却的双液淬火方式,以减小变形。低温回火采取在 180 ℃ ~200 ℃的盐浴炉中保温 1.5 ~2 h,然后空冷的工艺。

③ 牙部高频淬火、低温回火。主要目的是为了进一步提高牙部的硬度和耐磨性。高频淬火的加热温度为 860 ℃ ~900 ℃,加热 10 ~13 s 后水冷。低温回火工艺同上。

④ 防锈处理(发蓝)。同上例。

4.5 项目小结

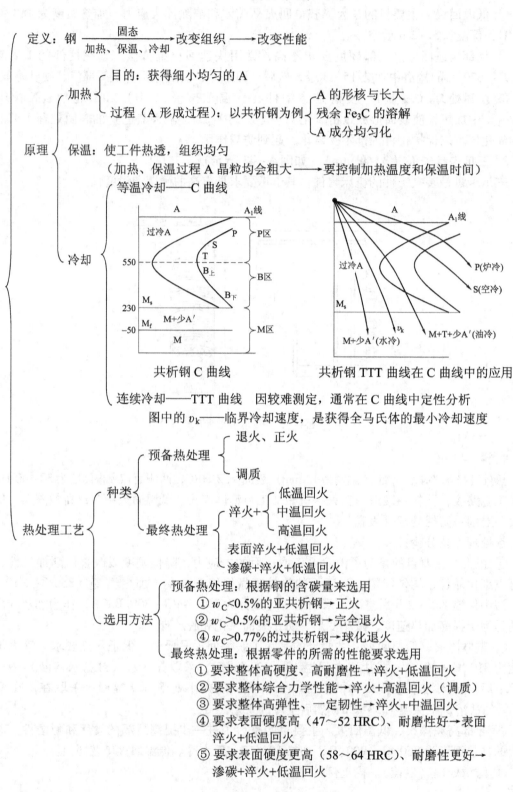

思考题与练习题

1. 何谓热处理？常用的热处理工艺有哪些？
2. 解释 A_{c_1}、A_{c_3}、$A_{c_{cm}}$、A_{r_1}、A_{r_3}、$A_{r_{cm}}$ 的意义。
3. 以共析钢为例，说明过冷奥氏体在各温度区间（$A_1 \sim M_s$）等温转变的产物及其力学性能特点。
4. 简述影响 C 曲线的主要因素。
5. 将共析钢加热至 770 ℃，保温足够时间后以图 4-44 中①、②、③、④、⑤的冷却方式冷至室温，各获得什么组织？并估计这些组织的硬度值范围。
6. 何谓马氏体？影响马氏体硬度和强度的因素是什么？马氏体分为哪两种形态，它们性能特点如何？
7. 何谓残留奥氏体？它对钢的性能有何影响？如何减少残留奥氏体量？
8. 简述马氏体临界冷却速度（v_k）的意义。
9. 退火的目的是什么？它有哪些常用方法，适用范围如何？

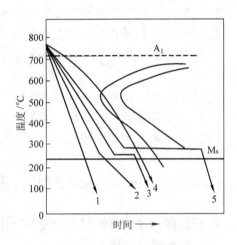

图 4-44　第 5 题图

10. 何谓正火？简述它的应用。
11. 试比较退火与正火的主要区别。
12. 何谓淬火？各类钢的淬火加热温度如何选择？
13. 常用的淬火冷却介质有哪些？它们的冷却特点如何？
14. 常用的淬火方法有哪些？它们分别适用于什么零件？
15. 何谓钢的淬透性？淬透性有何实用意义？
16. 简述淬透性与淬硬性的区别，影响它们的主要因素有哪些？
17. 回火的目的是什么？常用的回火方法有哪几种，它们分别获得什么组织，适用范围如何？
18. 回火脆性有哪两类，它们产生的温度是多少？
19. 在用 T12 钢制作耐磨性要求高的零件时，若错将 45 钢当成 T12 钢，并按照 T12 钢的淬火工艺实行热处理，零件的硬度能达到要求吗？为什么？
20. 在用 45 钢生产某零件时，要求硬度为 190~220 HBW。甲厂采取正火，乙厂采取调质，都能达到硬度要求，试分析甲、乙两厂的产品在组织和力学性能方面的差异。
21. 何谓化学热处理？常用的工艺有哪些？
22. 渗碳工艺适用于什么钢？工件渗碳后要进行什么热处理？
23. 什么是渗氮？工件在渗氮前和渗氮后需要热处理吗？为什么？
24. 常用的预先热处理和最终热处理包括哪些具体的热处理工艺？
25. 某厂用 20 钢制造齿轮，其工艺路线为：

下料→锻造→正火→粗加工、半精加工→渗碳→切除防渗余量→淬火、低温回火→磨削

试回答：(1) 各热处理工序的目的是什么？

(2) 试选择淬火加热温度和冷却介质；确定回火温度和保温时间。

(3) 试分析经最终热处理后，工件表层的组织及其力学性能。

26. 用 T12A 钢制造要求硬度高、耐磨性好的锉刀，其工艺路线为：

下料→锻造→热处理①→机加工→滚齿→热处理②→镀铬

试回答：(1) 热处理①的具体工艺名称和目的是什么？

(2) 确定热处理②的具体工艺名称和加热温度。

27. 用 45 钢制造曲轴，其工艺路线为：

下料→锻造→正火→粗加工→调质→半精加工→轴颈中频表面淬火、低温回火→精加工（磨削）

试回答：(1) 正火的目的是什么？

(2) 什么是调质？调质的目的是什么？调质后获得什么组织？

(3) 中频淬火的目的是什么？为什么一定要进行低温回火？

拓展知识：热处理新技术与新工艺

1. 新型淬火介质与新型淬火冷却方法

（1）新型淬火介质

① 有机聚合物淬火剂。这类淬火介质是将有机聚合物溶解于水中，并根据需要调整溶液的浓度和温度，配制成冷却性能满足要求的水溶液，它在高温阶段冷却速度接近于水，在低温阶段冷却速度接近于油。其优点是无毒、无烟、无臭、无腐蚀、不燃烧、抗老化、使用安全可靠，且冷却性能好，冷却速度可调，适用范围广，工件淬硬均匀，可明显减少变形和开裂倾向。采用有机聚合物淬火剂比用淬火油更经济、高效、节能。从提高工件质量、改善劳动条件、避免火灾和节能的角度考虑，有机聚合物淬火剂有逐步取代淬火油的趋势，是淬火介质的主要发展方向。

② 无机物水溶液淬火剂。向水中加入适量的某些无机盐、碱或其混合物，形成各种不同的无机物水溶液，可提高工件在高温区的冷却速度，改善冷却均匀性，使工件淬火后获得较高的硬度，减少淬火开裂和变形，且无毒、无污染，工件易清洗，使用管理方便。

常用的无机物水溶液淬火剂有：氯化钠水溶液、氢氧化钠水溶液、氯化钙水溶液、氯化镁水溶液、过饱和硝盐水溶液、碳酸钠水溶液、水玻璃水溶液等。目前我国已研制成功了一些新品种的无机物水溶液淬火剂，并在热处理生产中获得了一定程度的应用，例如，氯化锌、氯化钙水溶液淬火剂，具有良好的淬硬淬透冷却能力，工件淬火开裂小、变形小，且无毒无害，可用于 45 钢、T10、40Cr、GCr15 等钢材的淬火，是值得推广的新型无机物水溶液淬火剂。

③ 流态床冷却。流态床淬火槽的冷却能力一般介于空气和油之间，而比较接近油。其优点为冷却能力在一定范围内稳定可调，冷却均匀，工件变形和开裂倾向小，表面光洁，淬火后不需清洗，流态床不老化、污染少、使用安全、可实现程序控制。采用流态床冷却可取

代盐浴淬火，为双液淬火、贝氏体等温淬火、马氏体分级淬火提供了可供选用的方法，适合于用高淬透性合金钢制作的形状复杂和截面不大的工件的淬火。近年来，人们对流态床的冷却特性和机理进行了大量的试验研究工作，并已在钢铁和铝合金热处理的淬火冷却中得到应用，其发展前景令人瞩目。

（2）新型淬火介质与新的淬火冷却方法密切配合

为了使工件实现理想的冷却，获得最佳的淬火效果，除根据实际情况选用新型淬火介质外，还需不断改进现有的淬火方法，并采用新的淬火方法。这些新的淬火方法有

① 高压气冷淬火法。工件在强惰性气流中快速均匀冷却，可防止表面氧化，避免开裂，减少变形，保证达到所要求的硬度，主要用于工模具钢的淬火。这项技术最近进展较快，应用范围也有很大扩展。

② 强烈淬火法。采用高压喷射淬火介质，使其强烈地喷射在工件表面上，通过控制喷射淬火介质的压力、流量和配比，调整其冷却能力，促进均匀冷却，能获得表面硬度均匀且变形小的优质工件。

③ 水–空气混合剂冷却法。通过调节水和空气的压力以及雾化喷嘴到工件表面之间的距离，可以改变水–空气混合剂的冷却能力，并使冷却均匀。该法已成功地应用于表面感应加热淬火。

④ 沸腾水淬火法。采用100 ℃的沸腾水冷却，可获得较好的硬化效果，用于钢的淬火或正火。

⑤ 热油淬火法。采用热的淬火油，使工件在进一步冷却之前的温度等于或接近 M_s 点的温度，以便把温度差减至最小，能有效地防止淬火工件的变形和开裂。

⑥ 深冷处理法。将淬火工件由常温继续冷却到更低的温度，使残留奥氏体继续转变为马氏体，其目的是提高钢的硬度和耐磨性，改善工件的组织稳定性和尺寸稳定性，有效地提高工模具的使用寿命。

2. 热处理新工艺

（1）形变热处理

形变热处理是指将塑性变形与热处理有机结合在一起，以提高工件力学性能的复合热处理方法。它能同时达到形变强化和相变强化的综合效果，可显著提高钢的综合力学性能。形变热处理方法很多，按形变温度不同分为低温形变热处理和高温形变热处理。（如图4–45所示）

低温形变热处理是将钢件奥氏体化保温后，快冷至 A_{c_1} 温度以下（500 ℃ ~ 600 ℃）进行大量（50% ~ 70%）塑性变形，随后淬火、回火。其主要特点是在保证塑性和韧性不下降的情况下，能显著提高强度和耐回火性，改善抗磨损能力。如，在塑性保持基本不变情况下，抗拉强度比普通热处理提高30 ~ 70 MPa，甚至可达100 MPa。此法主要用于刀具、模具、板簧、飞机起落架等。

高温形变热处理是将钢件奥氏体化保温一定时间后，在较高温度下进行塑性变形（如锻、轧等），随后立即淬火、回火。其特点是在提高强度的同时，还可明显改善塑性、韧性，减小脆性，增加钢件的使用可靠性。但形变通常是在钢的再结晶温度以上进行，故强化效果不如低温形变热处理。此法多用于调质钢和机械加工量不大的锻件，如曲轴、连杆、叶片、弹簧等。

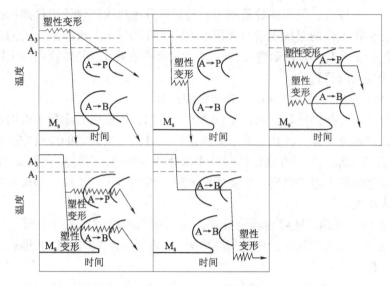

图 4-45 形变热处理

(2) 表面气相沉积

气相沉积按其过程不同分为化学气相沉积（CVD）和物理气相沉积（PVD）两种。

① 化学气相沉积（CVD）。化学气相沉积是将工件置于炉内加热至高温后向炉内通入反应气（低温可气化的金属盐），使其在炉内发生分解或化学反应，并在工件上沉积成一层所要求的金属或金属化合物薄膜的方法。（如图 4-46 所示）

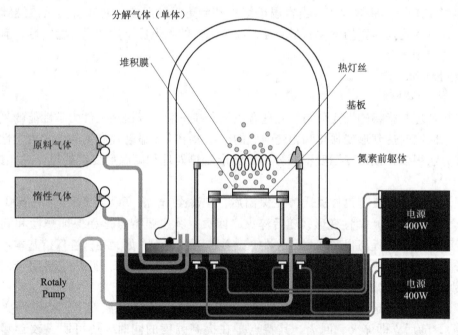

图 4-46 化学气相沉积

碳素工具钢、渗碳钢、轴承钢、高速工具钢、铸铁、硬质合金等材料均可进行气相沉积。化学气相沉积法的缺点是加热温度较高，目前主要用于硬质合金的涂覆。

② 物理气相沉积。物理气相沉积是通过蒸发或辉光放电、弧光放电、溅射等物理方法提供原子、离子，使之在工件表面沉积形成薄膜的工艺。此法包括蒸镀、溅射沉积、磁控溅射、离子束沉积等，因它们都是在真空条件下进行的，所以又称真空镀膜法，其中离子镀发展最快。（其装置如图 4-47 所示）

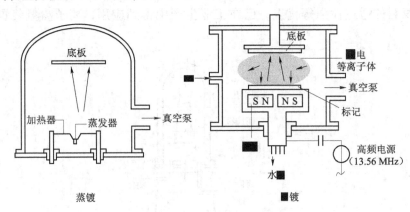

图 4-47　物理气相沉积

进行离子镀时，先将真空室抽至高度真空后通入氩气，并使真空度调至 $1\sim10$ Pa，工件（基板）接上 $1\sim5$ kV 负偏压，将欲镀的材料放置在工件下方的蒸发源上。当接通电源产生辉光放电后由蒸发源蒸发出的部分镀材原子被电离成金属离子，在电场作用下，金属离子向阴极（工件）加速运动，并以较高能量轰击工件表面，使工件获得需要的离子镀膜层。

化学气相沉积（CVD）和物理气相沉积（PVD）法在满足现代技术所要求的高性能方面比常规方法有许多优点，如镀层附着力强、均匀、质量好，生产率高，选材广，公害小，可得到全包覆的镀层，能制成各种耐磨膜（如 TiC、TiN 等）、耐蚀膜（如 Al、Cr、Ni 及某些多层金属等）、润滑膜（如 WS_2、石墨、CaF_2 等）、磁性膜、光学膜等。另外，气相沉积所适应的基体材料可以是金属、碳纤维、陶瓷、工程塑料、玻璃等多种材料。因此，在机械制造、航空航天、电器、轻工、原子能等方面应用广泛。例如，在高速工具钢和硬质合金刀具、模具及耐磨件上沉积 TiC、TiN 等超硬涂层，可使其寿命提高几倍。

（3）真空热处理

真空热处理是指在低于 1×10^5 Pa（通常是 $10^{-1}\sim10^{-3}$ Pa）的环境中进行加热的热处理工艺。它包括真空淬火、真空退火、真空回火和真空化学热处理（真空渗碳、渗铬等）等工艺。

真空热处理的工件不会产生氧化和脱碳；升温速度慢，工件截面温差小，热处理变形小；因金属氧化物、油污在真空加热时分解，被真空泵抽出，使工件表面光洁，提高了疲劳强度和耐磨性；劳动条件好。但设备复杂、投资较高。目前多用于精密工模具、精密零件的热处理。

（4）可控气氛热处理

可控气氛热处理是指在炉气成分可控制的炉内进行的热处理。其目的是减少和防止工件在加热时氧化和脱碳，提高工件表面质量和尺寸精度；控制渗碳时渗碳层的含碳量，且可使脱碳的工件重新复碳。主要用于处理一些重要零件,如飞行器零件等。

(5) 离子渗氮

在低于一个大气压的渗氮气氛中,利用工件(作阴极)和阳极之间产生的辉光放电进行渗氮的工艺称为离子渗氮。

具有速度快,生产周期短(渗氮时间仅为气体渗氮的 1/3~1/4),渗氮层质量高,工件变形小,对材料的适应性强等优点,已在工业生产中得到应用,离子渗氮装置如图 4-48 所示。

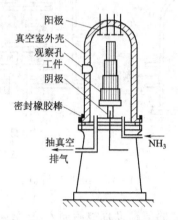

图 4-48 离子渗碳装置示意图

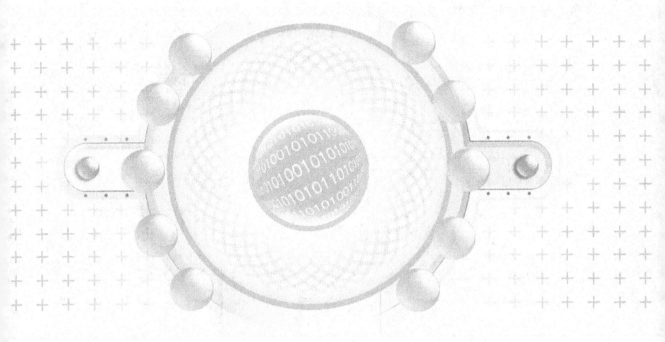

模块三　金属材料及非金属材料

通常我们将工程材料按化学成分分为金属材料、非金属材料、高分子材料和复合材料四大类。其中金属材料是最重要的工程材料，包括金属和以金属为基的合金，即黑色金属（铁和以铁为基的合金）和有色金属（黑色金属以外的所有金属及其合金）。黑色金属材料的工程性能比较优越，价格也较便宜，是最重要的工程金属材料。而有色金属及其合金具有黑色金属材料所没有的许多特殊的力学性能和物理性能，从而决定了有色金属及其合金在国民经济中也占有十分重要的地位。另外，除金属及其合金材料以外的一切材料——非金属材料，其原料来源非常广泛，自然资源丰富，形成工艺简单、多样，具有金属材料所不及的性能，应用也日益广泛，已应用于航空、航天等许多工业部门以及高科技领域，甚至已经深入到人们的日常生活用品中，正在改变着人类长期以来以金属材料为中心的时代。

项目五　工业用钢

知识目标

（1）了解钢中常存杂质元素及其对钢性能的影响。
（2）掌握碳钢的分类、编号和用途。
（3）熟悉合金元素对钢性能的影响。
（4）掌握各类合金钢的典型牌号、特性与应用。

能力目标

（1）能够根据钢的编号，分析其成分、判断其类别。
（2）能根据钢的性能要求添加适合的合金元素。
（3）能根据常见工件的性能要求，合理选用钢的牌号及热处理方法。

引言

1938年3月，比利时东北部的哈塞尔城正在被零下15 ℃的瑟缩严寒包围着。突然，从市中心横跨阿尔伯特运河的钢桥上传来了惊天动地的金属断裂声，紧接着桥身剧烈抖动，桥面出现了裂缝，人们惊恐万状，争先向桥的两端奔去，一座建成不到两年的钢桥，竟然在不到几分钟的时间内折成三截，坠入河中。时隔两年，还是在这条阿尔特运河上，另一座钢铁大桥在严寒中也遭到了同样的厄运。是什么原因导致了钢桥的垮塌？是材料的问题、还是工艺的问题？

5.1　碳　　钢

工业使用的钢铁材料中碳钢占有重要地位。碳钢是指 $w_C < 2.11\%$，以 Fe、C 为主要成分，并还含有少量 Si、Mn、S、P 等常存杂质元素的铁碳合金。由于碳钢容易冶炼，价格便宜，具有较好的力学性能和工艺性能，可以满足一般工程机械零件、工具的使用要求，因此，在工业生产中得到广泛的应用。

5.1.1 常存杂质元素对碳钢性能的影响

碳钢中,碳是决定钢性能的主要元素。但钢中还含有少量的 Si、Mn、S、P 等常见杂质元素,它们对钢的性能也有一定影响。

1. 硅的影响

硅来自生铁和钢在冶炼过程中作为脱氧剂而加入的。硅的脱氧能力较强,并且硅能溶于铁素体中,使铁素体强化,从而提高钢的强度;此外,硅还能与钢液中的 FeO 生成炉渣,消除 FeO 对钢质量的影响。因此,硅是一种有益元素。硅作为杂质元素时,其质量分数一般不超过 0.5%。

2. 锰的影响

锰来自生铁中以及在炼钢时用锰铁作脱氧剂而残留在钢中。锰也有较好的脱氧能力,能清除钢中的 FeO,降低钢的脆性;锰还能与硫形成 MnS,可以减少硫对钢的有害影响,改善钢的热加工性能;此外,锰大部分溶于铁素体中,对钢有一定的强化作用。因此,锰也是一种有益元素。锰在钢中作为杂质元素,其质量分数小于 0.8% 时,对钢的影响不大。

3. 硫的影响

硫是由生铁和燃料带入钢中的杂质,炼钢时难以除尽。硫在钢中以 FeS 的形式存在,FeS 与 Fe 形成低熔点(985 ℃)的共晶体,分布在奥氏体的晶界处。当钢在 1 000 ℃ ~ 1 200 ℃ 进行压力加工时,由于低熔点共晶体的熔化,削弱了晶粒间的联系,造成钢材在压力加工过程中开裂,这种现象称为"热脆"。因此,硫是有害元素,其含量一般应严格控制在 0.03% ~ 0.05% 以下。同时,还可在钢液中增加锰的含量,使锰与硫形成有一定塑性、熔点高的 MnS,以避免热脆。

硫虽然产生热脆,但对改善钢材的切削加工性能却有利。如硫的质量分数较高的钢 ($w_S = 0.08\% \sim 0.45\%$) 中适当提高锰的质量分数 ($w_{Mn} = 0.70\% \sim 1.55\%$),可形成较多的 MnS,在切削加工中 MnS 能起断屑作用,从而改善钢的切削加工性,这种钢称为易切削钢。

4. 磷的影响

磷是在冶炼时由生铁带入钢中的杂质。磷能全部溶于铁素体中,提高铁素体的强度、硬度;但在室温下使钢的塑性、韧性急剧下降,这种现象称为"冷脆"。并且磷的偏析倾向十分严重,即使只有千分之几的磷存在,也会在组织中析出脆性很大的化合物 Fe_3P,Fe_3P 特别容易偏聚于晶界上,使钢的脆性增加。所以,磷是一种有害的杂质元素,要严格控制磷在钢中的质量分数。

磷的有害作用在一定条件也可以转化,例如易切削钢,把磷的质量分数提高到 0.05% ~ 0.15%,使铁素体脆化,从而改善钢的切削加工性能。在炮弹中加入较多的磷,可使钢的脆性增大,炮弹爆炸时碎片增多,可以提高炮弹的杀伤力。

5.1.2 碳钢的分类与编号

1. 碳钢的分类方法很多,常用的分类方法有以下几种

① 按碳的质量分数分类
- 低碳钢　$w_C < 0.25\%$
- 中碳钢　$w_C = 0.25\% \sim 0.6\%$
- 高碳钢　$w_C > 0.6\%$

② 按钢的冶金质量分类
（含 S、P 的多少）
$\begin{cases} 普通质量钢（w_S ≤ 0.35\%，w_P = 0.035\% \sim 0.045\%） \\ 优质钢 \quad （w_S、w_P 均 ≤ 0.035\%） \\ 高级优质钢（w_S = 0.020\% \sim 0.030\%，w_P = 0.025\% \sim 0.030\%） \end{cases}$

③ 按用途分类 $\begin{cases} 碳素结构钢：主要用于制造各种工程构件（桥梁、船舶、车辆、建筑构 \\ \quad 件等）和机器零件（齿轮、轴、螺钉、螺栓、连杆等）。 \\ \quad 一般属于低碳钢、中碳钢。 \\ 碳素工具钢：主要用于制造各种刀具、量具、模具等。一般属于高碳钢。 \end{cases}$

2. 碳钢的编号方法

① 碳素结构钢。碳素结构钢表示方法由代表屈服点"屈"字汉语拼音字母（Q）、屈服点数值、质量等级符号（A、B、C、D）及脱氧方法符号（F、b、Z、TZ）四个部分按顺序组成。例如 Q215 – A？F，即表示屈服点不小于 215 MPa、A 等级质量的沸腾钢。F、b、Z、TZ 依次表示沸腾钢、半镇静钢、镇静钢、特殊镇静钢，一般情况下符号 Z 与 TZ 在牌号表示中可省略。

② 优质碳素结构钢。其牌号用两位数字表示，两位数字表示钢中平均碳的质量分数的万倍。例如 45 钢，表示平均 $w_C = 0.45\%$；08 钢表示平均 $w_C = 0.08\%$。优质碳素结构钢按锰的质量分数不同，分为普通含锰量（$w_{Mn} = 0.25\% \sim 0.80\%$）与较高含锰量（$w_{Mn} = 0.70\% \sim 1.20\%$）两组，较高含锰量的优质碳素钢牌号数字后加"Mn"，如 60Mn。

③ 碳素工具钢。其牌号冠以"T"（"T"为碳字汉语拼音首位字母），后面的数字表示平均碳的质量分数的千倍。碳素工具钢分优质和高级优质两类，若为高级优质钢，则数字后面加"A"。例如 T7A 钢，表示平均 $w_C = 0.7\%$ 的高级优质碳素工具钢。对含较高锰（$w_{Mn} = 0.40\% \sim 0.60\%$）的碳素工具钢，则在数字后面加"Mn"，如 T8Mn、T8MnA 等。

④ 铸造碳钢。其牌号用"ZG"代表铸钢二字汉语拼音首位字母，后面第一组数字为屈服点最小值（单位 MPa），第二组数字为抗拉强度最小值（单位 MPa）。例如 ZG270 – 500，表示屈服点 σ_S（或 $\sigma_{0.2}$）≥270 MPa、抗拉强度 σ_b ≥500 MPa 的铸造碳钢件。

5.1.3 碳钢的牌号与应用

碳素结构钢主要用于制造各种工程构件（如桥梁、船舶、建筑用钢）和机器零件（如齿轮、轴、螺钉、螺母、曲轴、连杆等）。这类钢一般属于低碳和中碳钢，分（普通）碳素结构钢和优质碳素结构钢。

1. 碳素结构钢

这类钢冶炼容易、工艺性好、价廉，而且力学性能上也能满足一般工程结构及普通机器零件的要求，因此应用很广泛。仅钢中的 S、P 和非金属夹杂物含量比优质碳素结构钢多，在相同碳的质量分数及热处理条件下，其塑性、韧性较低。加工成形后一般不进行热处理，大都在热轧状态下直接使用，通常轧制成板材、带材及各种型材（圆钢、方钢、角钢、工字钢、钢筋等）。其中 Q195 与 Q275 钢不分质量等级，出厂时既要保证力学性能，又要保证化学成分。Q215、Q235、Q255 钢，当质量等级为"A"、"B"级时，只保证力学性能，化学成分可根据需方要求作适当调整；而 Q235 钢的"C"、"D"级，则力学性能和化学成分都应保证。

表 5 – 1 列出了碳素结构钢的化学成分、力学性能及应用举例。

表 5−1 碳素结构钢的化学成分、力学性能及应用举例

牌号	质量等级	化学成分 w_C/%	w_{Mn}/%	w_S/%	w_P/%	脱氧方法	拉伸试验 σ_s/MPa 钢材厚度(直径)/mm ≤16	>16~40	>40~60	>60~100	σ_b/MPa	δ_5/% 钢材厚度(直径)/mm ≤16	>16~40	>40~60	>60~100	主要用途
Q195		0.06~0.12	0.25~0.50	0.050	0.045	F、b、Z	(195)	(185)			315~390	33	32			用于制作铁丝、钉子、铆钉、垫块、钢管、屋面板及轻负荷的冲压件
Q215	A	0.09~0.15	0.25~0.55	0.050	0.045	F、b、Z	215	205	195	185	335~410	31	30	29	28	
	B			0.045												
Q235	A	0.14~0.22	0.30~0.65	0.050	0.045	F、b、Z	235	225	215	205	375~460	26	25	24	23	应用最广。用于制作薄板、中板、各种型材、一般工程构件、受力不大的机器零件，如心轴、连杆、拉杆等
	B	0.12~0.20	0.30~0.70	0.045	0.045											
	C	≤0.18	0.35~0.80	0.040	0.040	Z										
	D	≤0.17		0.035	0.035	TZ										
Q255	A	0.18~0.28	0.40~0.70	0.050	0.045	F、b、Z	255	245	235	225	410~510	24	23	22	21	可用于制作承受中等载荷的普通零件，如链轮、拉杆、心轴、键、齿轮、传动轴等
	B			0.045												
Q275		0.28~0.38	0.50~0.80	0.050	0.045	b、Z	275	265	255	245	490~610	20	19	18	17	

注：1. 表中数据摘自 GB 700—88《碳素结构钢》。
2. 表中符号：Q——屈服点，"屈"字汉语拼音首字母；F——沸腾钢；b——半镇静钢；Z——镇静钢；TZ——特殊镇静钢。在牌号中，Z、TZ 符号予以省略。

Q195 钢中碳的质量分数很低，塑性好，常用来制作铁钉、铁丝及各种薄板，如黑铁皮、白铁皮（镀锌薄钢板）、马口铁（镀锡薄钢板）等，也可以代替优质碳素结构钢 08 或 10 钢制造冲压件、焊接结构件。

Q275 钢属于中碳钢，强度较高，可代替 30 钢、40 钢用于制造较重要的某些零件，以降低原材料成本。

其余三个牌号中的 A 级钢，一般用于不经锻压、热处理的工程结构件或受力不大的铆钉、螺钉、螺母等。B 级多则常用以制造较为重要的机械零件和船舶用钢板。

2. 优质碳素结构钢

这类结构钢的含 S、P 量较低（$w_S < 0.030\%$、$w_P < 0.035\%$），非金属夹杂物较少，钢的品质较高，塑性、韧性都比碳素结构钢为佳，出厂时既保证化学成分，又保证力学性能，一般都是热处理后使用，主要用于制造较重要的机械零件。

优质碳素结构钢的牌号、化学成分、性能及应用举例见表 5-2。

这类钢随着钢号数字的增加，其碳的质量分数增加，组织中的珠光体量增加，铁素体量减少，则钢的强度随之升高，而塑性、韧性随之下降。

08F、10 钢中碳的质量分数低，塑性好，焊接性能好，一般由钢厂轧成薄板或钢带供应，主要用于制造冲压件和焊接件，如外壳、容器、罩子等。

15、20、25 钢属于渗碳钢，这类钢强度较低，但塑性、韧性较高，焊接性及冷冲压性都好，可以制造各种受力不大，但要求高韧性的零件，也可用作冷冲压件和焊接件，如螺钉、螺母、杠杆、轴套、焊接容器等。此外，这类钢经渗碳、淬火和低温回火后，表面硬度可达 60 HRC 以上，并且心部具有一定的强度和韧性，可用作表面耐磨并承受冲击的零件，如齿轮、凸轮、销、摩擦片等。

30、35、40、45、50、55 钢属于调质钢，经淬火、高温回火后，具有良好的综合力学性能，主要用于要求强度、塑性、韧性都较高的机械零件，如轴类零件、连杆、齿轮、套筒等。这类钢在机械制造中应用最广泛，其中以 45 钢最为突出。

60、65、70 钢属于弹簧钢，经淬火、中温回火后，可获得高的弹性极限、足够的韧性和一定的强度，常用来制作弹性零件及耐磨零件，如弹簧、弹簧垫圈、轧辊、犁镜等。

优质碳素结构钢中较高锰的一组牌号（15Mn~70Mn），其性能和用途与普通锰的一组对应牌号相同，但其淬透性略高。

3. 碳素工具钢

碳素工具钢主要用于制造各种刀具、量具、模具。这类钢含碳量较高（0.65%~1.35%），一般属于高碳钢。经淬火、低温回火后，具有较高的硬度（可达 60~65 HRC）和耐磨性，但缺点是热硬性（指刃具在高温下保持高硬度的能力）差，当刃部温度高于 250 ℃时，其硬度和耐磨性会显著降低。因此，碳素工具钢主要用于制作刃部受热程度较低的手用工具和低速切削的机用工具及对热处理变形要求低、尺寸较小、精度较低的模具、量具等。

碳素工具钢可分为优质碳素工具钢和高级碳素工具钢两类。牌号后加 "A" 的为高级碳素工具钢。其牌号、成分、力学性能及用途见表 5-3。

表 5-2 优质碳素结构钢的化学成分、力学性能及应用举例

牌号	主要成分 w_C/%	w_Si/%	w_Mn/%	力学性能 σ_b/MPa	σ_s/MPa	δ_5/%	φ/%	α_k/(J·cm^{-2})	HBW 热轧	HBW 退火	用途举例
				不小于						不大于	
08F	0.05~0.11	≤0.03	0.25~0.50	295	175	35	60		131		用于制造强度要求不高,而需经受大变形的冲压件,焊接件。如外壳、盖、罩、固定挡板等
08	0.05~0.12	0.17~0.37	0.35~0.65	325	195	33	60		131		用于制造受力不大的焊接件、冲压件、锻件和心部强度要求不高的渗碳件。如角片、支臂、帽盖、销钉、小轴等。退火后可作电磁铁芯或电磁吸盘等磁性零件
10	0.07~0.14	0.17~0.37	0.35~0.65	335	205	31	55		137		
15	0.12~0.19	0.17~0.37	0.35~0.65	375	225	27	55		143		主要用作低负荷、形状简单的渗碳、碳氮共渗零件,如小轴、小模数齿轮、仿形样板、套筒、摩擦片等,也可用作受力不大但要求韧性较好的零件,如螺栓、钩、法兰盘等
20	0.17~0.24	0.17~0.37	0.35~0.65	410	245	25	55		156		
30	0.27~0.35	0.17~0.37	0.50~0.80	490	295	21	50	63	179		用作截面较小、受力较大的机械零件,如螺钉、丝杆、转轴、曲轴齿轮等。30 钢也适用制作冷顶锻零件和焊接件,但 35 钢一般不作焊接件
35	0.32~0.40	0.17~0.37	0.50~0.80	530	315	20	45	55	197		
40	0.37~0.45	0.17~0.37	0.50~0.80	570	335	19	45	47	217	187	用于制作承受负荷较大的小截面调质件和应力较小的大型正火件以及对心部强度要求不高的表面淬火件,如曲轴、传动轴、连杆、链轮、齿轮、齿条、蜗杆、辊子等
45	0.42~0.50	0.17~0.37	0.50~0.80	600	355	16	40	39	229	197	

续表

牌号	主要成分			力学性能						用途举例
	w_C/%	w_{Si}/%	w_{Mn}/%	σ_b/MPa	σ_s/MPa	δ_5/%	φ/%	α_k/(J·cm^{-2})	HBW	
									热轧 | 退火	
				不小于					不大于	
50	0.47~0.55	0.17~0.37	0.50~0.80	630	375	14	40	31	241 | 207	用作要求较高强度和耐磨性或弹性、动载荷及冲击载荷不大的零件,如齿轮、连杆、机床主轴、曲轴、犁铧、轧辊、轮圈、弹簧等
55	0.52~0.60	0.17~0.37	0.30~0.80	645	380	13	35		255 | 217	
65	0.62~0.70	0.17~0.37	0.50~0.80	695	410	10	30		255 | 229	主要在淬火、中温回火状态下使用。用作要求较高弹性或耐磨性的零件,如气门弹簧、弹簧垫圈、U形卡、轧辊、轴、凸轮及钢丝绳等
65Mn	0.62~0.70	0.17~0.37	0.90~0.120	735	430	9	30		285 | 229	
70	0.67~0.75	0.17~0.37	0.50~0.80	715	420	9	30		269 | 229	用作截面不大、承受载荷不大的各种弹性零件和耐磨零件,如各种板簧、螺旋弹簧、轧辊、凸轮、钢轨等
75	0.72~0.80	0.17~0.37	0.50~0.80	1080	880	7	30		285 | 241	

注:1. 表中数据摘自 GB 699—88《优质碳素结构钢》。
2. 锰含量较高的各个钢(15Mn~70Mn),其性能和用途与相应钢号的钢基本相同,但淬透性稍好,可制作载面稍大或要求强度稍高的零件。

表 5-3　碳素工具钢的牌号、成分、性能及用途

牌号	主要成分 w/%		退火后温度/℃	淬火温度/℃及冷却剂	淬火后硬度(HRC)不小于	用途举例
	C	Mn				
T7 T7A	0.65~0.74	≤0.40	187	800~820 水	62	用于承受冲击、要求韧性较好，但切削性能不太高的工具，如凿子、冲头、手锤、剪刀、木工工具、简单胶木模等
T8 T8A	0.75~0.84	≤0.40	187	780~800 水	62	用于承受冲击、要求硬度较高和耐磨性好的工具，如简单的模具、冲头、切削软金属刀具、木工铣刀、斧、圆锯片等
T8Mn T8MnA	0.80~0.90	0.40~0.60	187	780~800 水	62	同上。因含 Mn 较高、淬透性较好，可制造截面较大的工具等
T9 T9A	0.85~0.94	≤0.40	192	760~780 水	62	用于要求韧性较好、硬度较高的工具，如冲头、凿岩工具、木工工具等
T10 T10A	0.95~1.04	≤0.40	197	760~780 水	62	用于要求不受剧烈冲击，有一定韧性及锋利刃口的各种工具，如车刀、刨刀、冲头、钻头、锥、手工锯条、小尺寸冲模等
T11 T11A	1.05~1.14	≤0.40	207	760~780 水	62	同上。还可做刻刀的凿子、钻岩石的钻头等
T12 T12A	1.15~1.24	≤0.40	207	760~780 水	62	用于不受冲击，要求高硬度、高耐磨的工具，如锉刀、刮刀、丝锥、精车刀、铰刀、锯片、量规等
T13 T13A	1.25~1.35	≤0.40	217	760~780 水	62	同上。用于要求更耐磨的工具，如剃刀、刻字刀、拉丝工具等

注：1. 淬火后硬度不是指用途举例中各种工具的硬度，而是指碳素工具钢材料在淬火后，未回火的最低硬度。
2. 表中数据摘自 GB 1296—1986《碳素工具钢》。

4. 铸造碳钢

有些机械零件，如重载大齿轮、轧钢机机架、水压机横梁等，因形状复杂，难以用锻压或切削加工的方法成形，且又要求较高的强度和韧性，用铸铁又无法满足性能要求，通常采用铸造碳钢制造。

铸造碳钢中碳的质量分数一般为 $w_C = 0.15\% \sim 0.60\%$。碳的质量分数过高，则钢的塑性差，铸造时易产生裂纹。铸造碳钢的最大缺点是熔化温度高、流动性差、收缩率大、而且在铸态时晶粒粗大，因此铸钢件均需热处理。

常用工程用铸造碳钢的牌号、成分、力学性能及用途见表 5-4。

表 5-4 铸造碳钢的牌号、成分、性能及用途

牌号	主要化学成分/%			室温力学性能（不小于）					用途举例
	w_C /%	w_{Si} /%	w_{Mn} /%	$\sigma_s(\sigma_{0.2})$ /MPa	σ_b /MPa	δ /%	φ /%	α_k /(J·cm^{-2})	
	不大于			不小于					
ZG200-400	0.20	0.50	0.80	200	400	25	40	6	良好的塑性、韧性和焊接性，用于受力不大的机械零件，如机座、变速箱壳等
ZG230-450	0.30	0.50	0.90	230	450	22	32	4.5	一定的强度和好的塑性韧性焊接性。用于受力不大、韧性好的机械零件，如外壳、轴承盖等
ZG270-500	0.40	0.50	0.90	270	500	18	25	3.5	较高的强度和较好的塑性，铸造性良好，焊接性尚好，切削性好。用于轧钢机机架、箱体、轴承座、连杆、缸体等
ZG310-570	0.50	0.60	0.90	310	570	15	21	3	强度和切削性良好，塑性、韧性较低。用于载荷较高的耐磨零件，如大齿轮、齿轮圈、制动轮、辊子、棘轮等
ZG340-640	0.60	0.60	0.90	340	640	10	18	2	有高的强度和耐磨性，切削性好，焊接性较差，流动性好，裂纹敏感性较大。用作承受重载、要求耐磨的零件，如起重机齿轮、轧辊、棘轮、联轴器等

注：1. 各牌号的铸造碳钢，其化学成分中 w_S、w_P 均不大于 0.04%。
2. 表中数据摘自 GB/11352—89《一般工程用铸造钢件》。
3. 表列性能适用于厚度为 100 mm 以下的铸件。

5.2 合 金 钢

碳素钢品种齐全，冶炼、加工成型比较简单，价格低廉。经过一定的热处理后，其力学性能得到不同程度的改善和提高，可满足工农业生产中许多场合的需求。但是碳素钢的基本相软，屈强比、淬透性比较低，高温强度、回火抗力、耐腐蚀性也比较差，满足不了要求减轻自重的大型结构件，受力复杂、负荷大、速度高的重要机械零件以及在高温、高压、腐蚀、磨损等恶劣环境下工作的机械设备和工具的使用要求。因此，人们在碳素钢中有目的地

加入一定数量的合金元素,以提高钢的力学性能、改善钢的工艺性能或获得某些特殊的物理化学性能,以满足现代工业和科学技术迅猛发展的需要。加入钢中的常见合金元素主要有：Cr、Ni、Si、Mn、W、Mo、V、Ti、Nb、Co、Al、Zr、Cu、稀土元素（RE）等。含有合金元素的钢则称为合金钢。

5.2.1 合金元素在钢中的作用

加入钢中的合金元素,与Fe、C这两个基本组元发生作用,一部分溶于铁素体中形成合金铁素体,一部分与碳相互作用形成碳化物,少量存在于夹杂物（氧化物、氮化物等）中。同时,合金元素之间也会发生作用。从而,对钢的基本相、$Fe-Fe_3C$相图和钢的热处理相变过程产生较大的影响,改变了钢的组织和性能。

1. 合金元素对钢中基本相的影响

碳钢的基本相是铁素体和渗碳体。合金元素中,与碳亲和力较弱的元素称为非碳化物形成元素,如Ni、Si、Al、Co、Cu等,溶于铁素体（或奥氏体）中形成合金铁素体（或合金奥氏体）；与碳亲和力较强的元素称为碳化物形成元素,如Mn、Cr、Ti、Nb、Zr、Mo、V、W等,与碳相互作用形成碳化物。合金元素强化了钢的基本相,提高了钢的使用性能。

(1) 溶入铁素体,产生固溶强化

非碳化物形成元素Ni、Si、Al、Co、Cu等,在钢中不与碳化合,能溶入铁素体,形成合金铁素体（也能溶入奥氏体）。由于合金元素与铁在原子尺寸和晶格类型等方面存在着一定的差异,会使铁素体的晶格发生不同程度的畸变,产生固溶强化作用,使其塑性变形抗力明显增加,强度和硬度提高。合金元素与铁的原子尺寸和晶格类型相差愈大,引起的晶格畸变愈大,产生的固溶强化效应愈大。同时,合金元素常常分布在位错附近,降低了位错的可动性,增大了位错的滑移抗力,也提高了强度和硬度。

图5-1反映了合金元素对铁素体硬度和冲击韧性的影响。由图可见,Si、Mn、Ni的强化效果大于Mo、W、Cr,而且合金元素含量越高,强化效应越明显。冲击韧性随合金元素

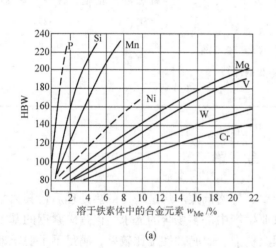

(a)

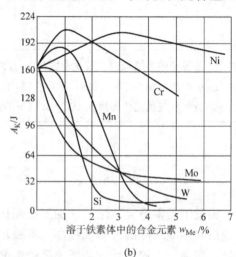

(b)

图5-1 合金元素对铁素体力学性能的影响

(a) 对硬度影响；(b) 对韧性影响

质量分数增加而变化的趋势有所下降，但是当 $w_{Si} \leqslant 1\%$，$w_{Mn} \leqslant 1.5\%$ 时，铁素体的冲击韧性不降低；当 $w_{Cr} \leqslant 2\%$，$w_{Ni} \leqslant 5\%$ 时，铁素体的冲击韧性还有所提高。可见，铬和镍是优良的合金化元素，可使钢的塑性和韧性改善。

(2) 形成碳化物，产生第二相强化

碳化物是钢中的重要基本相之一。合金元素依据它们与碳亲和能力的强弱程度，溶入渗碳体形成合金渗碳体，或是形成特殊碳化物。

弱碳化物形成元素锰、中强碳化物形成元素 Cr、W、Mo 等，固溶于渗碳体中形成合金渗碳体（渗碳体中一部分铁原子被合金元素置换后所得到的产物），如 (Fe,Cr)$_3$C、(Fe,W)$_3$C、(Fe,Mn)$_3$C 等。合金渗碳体晶体结构与渗碳体相同，比渗碳体稳定，硬度有明显提高。

强碳化物形成元素 Ti、Nb、Zr、V 等与碳的亲和能力强，首先形成特殊碳化物，如 TiC、NbC、ZrC、VC 等。中强碳化物形成元素，当含量大于 5% 时也与碳形成特殊碳化物。这些特殊碳化物比合金渗碳体具有更高的熔点、硬度和耐磨性，也更稳定。

当钢中同时存在几个碳化物形成元素时，会根据其与碳亲和力的强弱不同，依次形成不同的碳化物。如钢中含 Ti、W、Mn 及较高的碳含量时，首先形成 TiC，再形成 WC，最后才形成合金渗碳体 (Fe,Mn)$_3$C。

碳化物的类型、数量、大小、形状及分布对钢的性能有很重要的影响，更能有效地提高钢的强度和硬度。

2. 合金元素对 Fe–Fe$_3$C 相图的影响

(1) 改变奥氏体相区的范围，形成稳定的单相平衡组织

合金元素溶入铁素体和奥氏体中后，会使铁的同素异构转变温度以及 A_1、A_3 线、S 点、E 点的位置发生改变。其影响分可为两类：一是扩大奥氏体相区，主要是 Ni、Mn、N 等元素。如，加入 $w_{Mn} \geqslant 11\%$，$w_{Ni} \geqslant 9\%$，使 A_1、A_3 线下降，S 点、E 点向左下方移动，使奥氏体相区的范围扩大至室温，钢在室温下的平衡组织是单相奥氏体，这类钢称为奥氏体钢，如图 5–2 (a) 所示。二是缩小奥氏体相区，主要有 Cr、Mo、Si、W、Ti 等元素。如，加入 $w_{Cr} > 17\%$，使 A_1、A_3 线上升，S 点、E 点向左上方移动，从而缩小奥氏体相区的范围，当这些元素的含量较高时，奥氏体相区将消失，钢在室温下的平衡组织呈单相铁素体组织，这类钢称为铁素体钢，如图 5–2 (b) 所示。单相组织的钢具有耐腐蚀、耐高温的特殊性能，是不锈钢和耐热钢的组织。

(2) 使 S 点、E 点左移，降低钢的共析点和出现莱氏体的含碳量

合金元素使 S 点左移，导致共析点的含碳量降低。如图 5–3 (a) 所示，钢中含有 12% 的 Cr 时，S 点左移，共析点的含碳量降低为 0.4% 左右。含碳 0.4% 的合金钢具有共析成分，而含碳 0.5% 的钢原属于亚共析钢，现在就变成了具有过共析成分的合金钢。这样含碳量相同的合金钢与碳钢就具有不同的组织和性能。

由于 E 点的左移，使出现莱氏体组织的含碳量降低。某些合金钢中含碳量远低于 2.11%，钢中就出现莱氏体组织。如图 5–3 (b) 所示，含有大量的 Cr、W 元素的高速钢 W18Cr4V，含碳量仅为 0.7%~0.8%，钢中就出现莱氏体组织，称为莱氏体钢。

一般合金钢中，合金元素虽然不多，但 S 点、E 点还是不同程度左移，因此在退火状态下，与同样含碳量的碳钢相比，合金钢组织中的珠光体数量增加，钢得到强化。

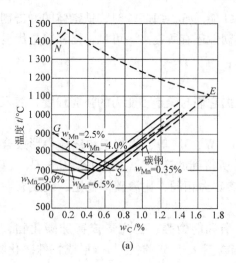 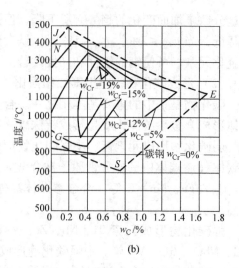

图5-2 合金元素 Mn、Cr 对 Fe-Fe₃C 相图的影响

（a）Mn 的影响；（b）Cr 的影响

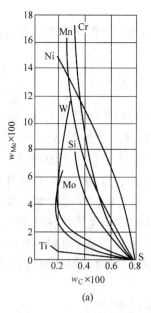 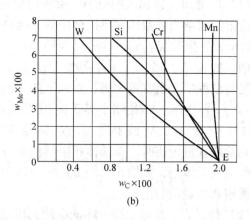

图5-3 合金元素对 S、E 点的影响

（a）对共析点 S 的影响；（b）对相图中 E 点的影响

3. 合金元素对钢热处理的影响

（1）合金元素对钢加热时组织转变的影响

① 合金钢的奥氏体化。合金钢的奥氏体化的过程与碳钢一样。由于合金元素改变了奥氏体相区的范围，使 Fe-Fe₃C 相图中临界点 A_1 和 A_3 发生变化，除锰钢、镍钢的临界点温度低于碳钢外，大多数合金钢的热处理临界点温度均高于同一含碳量的碳钢。大多数合金元素（除镍和钴外）均阻碍碳原子的扩散，减缓奥氏体的形成过程。此外，合金元素形成合金渗碳体或特殊碳化物，难于溶解于奥氏体中，即使溶解了也难于均匀扩散。为了得到成分

均匀、含有足够数量合金元素的奥氏体，充分发挥合金元素的有益作用，合金钢热处理时就需要比碳钢更高的加热温度、更长的保温时间来促使奥氏体成分的均匀化。

② 奥氏体的晶粒度。合金元素对奥氏体的晶粒度有强烈影响。除锰以外，几乎所有的合金元素都能阻止奥氏体晶粒的长大，细化奥氏体。尤其以 Mo、W、Ti、V、Al、Nb 作用最大，形成 TiC、AlN、VC、MoC、NbC，以细微质点弥散分布于奥氏体晶界上，阻止奥氏体晶粒的长大。因此，与含碳量相同的碳钢相比，在同样加热条件下，合金钢的组织较细。除锰钢外，合金钢在加热时不易过热，这样有利于在淬火后获得细小的马氏体，力学性能更高。

(2) 合金元素对钢冷却时组织转变的影响

① 使 C 曲线右移，提高了钢的淬透性。除 Co 以外，大多数合金元素都使钢的过冷奥氏体稳定性提高，不同程度地使 C 曲线右移，使淬火临界冷却速度减小，提高钢的淬透性。其中 Mn、Si、Ni 等，使 C 曲线右移而不改变其形状。如图 5-4 (a) 所示；强碳化物形成元素 Cr、W、Mo、V、Ti 等，不仅使 C 曲线右移，同时还将珠光体和贝氏体转变分成两个区域。如图 5-4 (b) 所示。

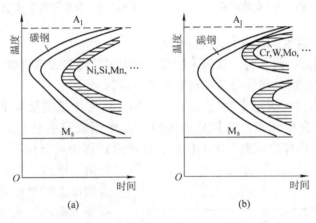

图 5-4　合金元素对 C 曲线的影响
(a) Ni、Si、Mn 的影响；(b) Cr、W、Mo 的影响

C 曲线右移，提高了钢的淬透性，一方面能使大尺寸零件淬透；另一方面淬火可以采用缓慢冷却的介质，减小零件的变形和开裂的危险性。且多种合金元素同时加入比各元素单独加入，能更大地提高钢的淬透性。如果钢中提高淬透性的元素含量很高，过冷奥氏体非常稳定，在空气中冷却就能得到马氏体（或贝氏体）组织，这类钢称为马氏体钢（或贝氏体钢）。

但是 C 曲线右移会使钢的退火变得困难，需缓慢冷却或采取等温退火使其软化。

必须注意，只有合金元素完全溶于奥氏体中才会使 C 曲线右移，提高钢的淬透性。如果碳化物形成元素未能溶入奥氏体，而是以未溶碳化物微粒形式存在，在冷却过程中会促进过冷奥氏体分解，加速珠光体的相变，反而降低淬透性。

② 使马氏体转变温度 M_S、M_f 降低，钢淬火后残余奥氏体量增多。除 Co 和 Al 以外，大多数合金元素溶入奥氏体后，都会不同程度地使马氏体转变温度 M_S、M_f 降低，尤其是 Cr、Mn、Ni 作用较强，如图 5-5 所示。M_S 越低，钢淬火后残余奥氏体量越多，对钢的硬度、

零件淬火变形、尺寸稳定性产生较大影响。如图5-6所示。

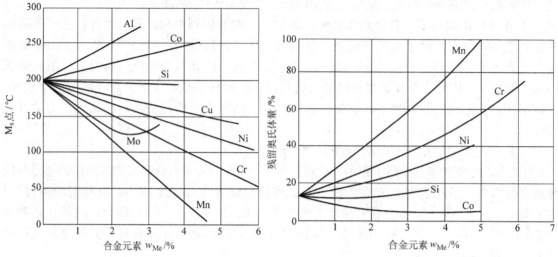

图5-5 合金元素对 M_S 点的影响　　　图5-6 合金元素对残余奥氏体量的影响

(3) 合金元素对钢回火时组织转变的影响

淬火后的合金钢进行回火时，其回火过程中的组织转变与碳钢相似，但由于合金元素的加入，使其在回火转变时的组织分解和转变速度减慢。

① 增加回火抗力（回火稳定性）。淬火钢在回火过程中抵抗硬度下降（软化）的能力称为回火抗力。由于合金元素，尤其是回火稳定性作用较强的合金元素 V、Si、Mo、W、Ni、Co 等，固溶于马氏体中减慢了碳的扩散，在回火过程中马氏体不易分解，碳化物不易析出，析出后也难以聚集长大，使合金钢回火时硬度降低过程变缓，从而提高了钢的回火稳定性。在同一温度回火，含碳量相同时，合金钢具有较高的强度和硬度。而回火至相同硬度时，合金钢的回火温度比碳钢高，内应力消除比较充分，因而合金钢的塑性和韧性更好。如图5-7所示，9SiCr钢和T10钢硬度与回火温度的关系。

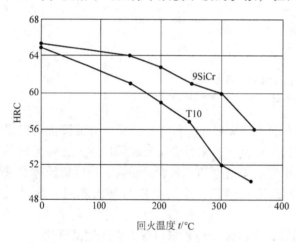

图5-7 9SiCr钢和T10钢硬度与回火温度的关系

② 产生二次硬化现象。一些强碳化物形成元素（Mo、W、V）含量较高的高合金钢回火时，硬度不是随回火温度升高而简单降低，而是到某一温度（约400℃）后反而开始升高，并在500℃~600℃左右达到最高值。这种淬火钢在较高温度回火，硬度不下降反而升高的现象称为二次硬化。这是因为，在450℃以上渗碳体溶解，钢中开始沉淀出弥散分布的难熔碳化物 Mo_2C、W_2C、VC 等，这些碳化物硬度很高，而且具有很高的热硬性。同时，在500℃~600℃时

高合金钢中残余奥氏体并未分解，仅是析出特殊碳化物，并在随后冷却时残余奥氏体就会转变为马氏体，产生二次硬化。二次硬化现象对高合金工具钢具有十分重要的意义。图 5-8 合金钢中加入钼后对回火硬度的影响。

③ 出现第二类回火脆性。在 250 ℃ ~ 350 ℃ 之间回火发生的第一类回火脆性，称为不可逆回火脆性，合金钢与碳钢均会发生，应避免在此温度区间回火。含 Cr、Mn、Ni 等元素的合金钢，在 450 ℃ ~ 550 ℃ 之间回火后缓慢冷却时，又出现冲击韧性明显下降的现象，称为第二类回火脆性。第二类回火脆性属于可逆性回火脆性，主要与某些杂质元素以及合金元素本身在晶界上的偏

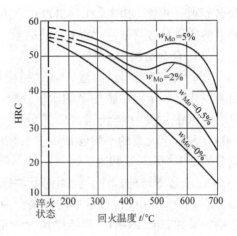

图 5-8　合金钢中加入钼后对回火硬度的影响

聚有关。合金钢出现第二类回火脆性，可在 600 ℃ 以上重新回火并快速冷却恢复韧性。提高钢的纯度，减少杂质元素含量，或选用加入 Mo、W 的钢，也可以避免第二类回火脆性的发生。在实际生产中，小尺寸零件常采用回火后快速冷却（如空冷改油冷），大尺寸零件则选用加入 $w_{Mo} = 0.2\% \sim 0.3\%$ 或 $w_W = 0.4\% \sim 0.8\%$ 的钢制造。

综上所述，合金元素在钢中的作用是一个非常复杂的物理、化学过程。在配置合金时应采取多元少量的合金化原则，使用合金钢时必须遵循正确的热处理规范。

5.2.2　合金钢的分类与牌号

1. 合金钢的分类

合金钢的分类方法很多，最常用的方法有：

① 按合金元素总的质量分数分类 $\begin{cases} 低合金钢（w_{Me} < 5\%）。\\ 中合金钢（w_{Me} = 5\% \sim 10\%）。\\ 高合金钢（w_{Me} > 10\%）。\end{cases}$

② 按冶金质量和钢中有害杂质元素的含量分类 $\begin{cases} 优质钢（w_P < 0.035\%，w_S < 0.035\%）。\\ 高级优质钢（w_P < 0.025\%，w_S < 0.025\%）。\\ 特级优质钢（w_P < 0.025\%，w_S < 0.01\%）。\end{cases}$

③ 按用途分类 $\begin{cases} 合金结构钢：主要用于制造重要工程结构和机器零件，包括工程结构用钢和机械结构用钢。\\ 合金工具钢：主要用于制造重要工具的钢，包括刃具钢、模具钢和量具钢等。\\ 特殊性能钢：具有特殊的物理、化学、力学性能的钢种，主要用于制造有特殊要求的零件或结构，包括不锈钢、耐热钢、耐磨钢等。\end{cases}$

2. 合金钢的牌号

每一种钢都有一个简明的牌号，世界各国钢的牌号表示方法不一样。我国合金钢牌号的

命名原则（根据 GB/T 221—2000）是由钢中碳的质量分数（w_C）及合金元素的种类和合金元素的质量分数（w_{Me}）的组合来表示。

(1) 合金结构钢的牌号

合金结构钢牌号的方法，以"两位数字 + 合金元素符号 + 数字"的方法表示。牌号前面两位数字表示钢中碳的平均质量分数的万分数（$w_C \times 10\,000$）；中间用合金元素的化学符号表明钢中主要合金元素，质量分数由其后面的数字标明，一般以百分数表示（$w_{Me} \times 100$）。凡合金元素的平均含量小于 1.5% 时，只标明元素符号而不标明其含量。如果平均质量分数为 1.5%~2.49%、2.5%~3.49%、3.5%~4.49%……时，相应地标以数字 2、3、4……。质量等级的标注，优质钢不加标注；高级优质钢牌号后加"A"；特级优质钢牌号后加"E"。例如 40Cr，表示平均含碳量为 0.40%，主要合金元素 Cr 含量小于 1.5% 的优质合金钢。又如 20Cr2Ni4A，表示平均含碳量为 0.20%，主要合金元素 Cr 平均含量为 2.0%，Ni 平均含量为 4.0%，高级优质钢。

滚动轴承钢在牌号前标"滚"字的汉语拼音字首"G"，后面数字表示 Cr 质量分数的千分数。如 GCr15，表示 Cr 平均含量为 1.5%。滚动轴承钢都是高级优质钢，但牌号后不加"A"。

(2) 合金工具钢的牌号

合金工具钢的牌号与合金结构钢大体相同，区别在于含碳量的表示方法，钢号前面数字表示平均含碳量的千分数。当含碳量 $w_C < 1.0\%$ 时，则在钢号前以一位数表示平均含碳量的千分数，当平均含碳量 $w_C \geqslant 1.0\%$ 时，不标数字。如 9SiCr 钢，表示平均碳质量分数为 0.9%，主要合金元素 Cr、Si 的质量分数均在 1.5% 以下；又如 CrWMn 钢，平均含碳量 $\geqslant 1.0\%$，牌号前不标数字。

高速钢例外，含碳量 $w_C < 1.0\%$ 时，钢号中也不标数字。例如 W18Cr4V 钢，平均含碳量为 0.7%~0.8%，牌号前不标数字。合金工具钢、高速钢都是高级优质钢，但牌号后不加"A"。

(3) 特殊性能钢的牌号

特殊性能钢的牌号的表示方法与合金工具钢的表示方法基本相同，即牌号前数字表示平均含碳量的千分数。如 9Cr18 表示钢中碳的平均质量分数 $w_C = 0.90\%$，铬的平均质量分数为 18%。

当不锈钢、耐热钢中碳的质量分数较低时，表示方法则不同。碳的平均质量分数 $w_C \leqslant 0.08\%$ 时，在牌号前冠以"0"；碳的平均质量分数 $w_C \leqslant 0.03\%$ 时，在牌号前冠以"00"。如 0Cr18Ni9 钢，表示碳质量分数小于 0.08%；如 00Cr18Ni10 钢，表示碳质量分数小于 0.03%。

高锰耐磨钢零件经常是铸造成型后使用，高锰钢牌号前标"铸钢"的汉语拼音字首"ZG"，其后是元素锰的符号和质量分数，横杠后数字表示序号。如 ZGMn13-1，表示铸造高锰钢，碳的平均质量分数 $w_C > 1.0\%$，含锰量平均为 13%，序号为 1。

5.2.3 低合金结构钢

1. 低合金高强度结构钢

低合金高强度结构钢是在普通碳素结构钢中加入了少量合金元素，比普通碳素结构钢的屈服强度高 25%～50%，因此称为低合金高强度结构钢，是可焊接的低碳低合金工程结构用钢，广泛用于制作桥梁、船舶、车辆、压力容器、建筑结构、大型军事工程结构件等。

(1) 化学成分特点

为了保证良好的塑性、冷变形能力和焊接性能，碳的质量分数较低，$w_C \leq 0.20\%$，合金元素总量 $w_{Me} < 3\%$，主加合金元素为锰，质量分数为 $w_{Mn} = 0.8\% \sim 1.7\%$，硅的质量分数较普通碳素结构钢高，$w_{Si} = 0.3\% \sim 0.6\%$ 之间。加入 Si、Mn 溶入铁素体起固溶强化作用，还可通过对 Fe–Fe$_3$C 相图中 S 点的影响，增加组织中珠光体的数量并使之细化。辅加元素 Nb、V、Ti 等强碳化物形成元素，起到第二相弥散强化和阻碍奥氏体晶粒长大的作用。加入铜、磷等元素则是为了提高钢的抗腐蚀能力。

(2) 性能特点

① 高的屈服强度及良好的塑性和韧性。屈服强度比碳素结构钢要高 25%～50%，特别是屈强比明显提高（由 0.62 提高到 0.80）；塑性和韧性良好，冷变形能力好，伸长率 $\delta_5 = 15\% \sim 23\%$，$A_k = 34$ J，且韧脆转变温度较低（约 –30 ℃）。

② 良好的焊接性能。含碳量低，合金元素含量少，不易在焊缝区产生淬火组织及裂纹，钢中含有 V、Ti、Nb 还可抑制焊缝区的晶粒长大，使焊接性能大大提高。

③ 具有一定的耐蚀性。加入了少量合金元素 Cr、Mo、Al、P 等，可以使其比碳钢具有更高的耐大气、海水、土壤腐蚀的能力。

④ 良好的热加工性。具有良好的导热性能，在 800 ℃～1 250 ℃ 范围内有良好的塑性变形能力，且变形抗力小，热轧后不会因冷却而产生裂纹。

(3) 热处理特点

一般在热轧或正火状态下使用，不需要进行专门的热处理。其使用状态下的显微组织一般为细晶粒的铁素体+索氏体。有特殊需要时，如为了改善焊接区性能，可进行一次正火处理。

(4) 常用钢种及应用

低合金高强度结构钢的编号与普通碳素结构钢相同，由 Q（"屈"字的汉语拼音字首）+ 最低屈服强度（σ_S）+ 质量等级（A、B、C、D、E）组合。

低合金高强度结构钢主要用来制造各种冷弯或焊接成形、要求减轻结构自重、强度较高、长期处于低温、潮湿和暴露环境工作的工程结构件。如船舶、车辆、高压容器、输油输气管道、大型钢结构、大型军事工程结构件等。它在建筑、石油、化工、铁道、造船、机车车辆、锅炉、压力容器、农业机械等许多部门都得到了广泛的应用。其中，Q345（16Mn）钢是用量最多、产量最大的钢种。例如，载重汽车的大梁采用 Q345 钢后，载重比由 1.05 提高到 1.25；南京长江大桥采用 Q345 钢，比用碳钢节约钢材 15% 以上。2008 年北京奥运会主运动场"鸟巢"的钢结构总重为 4.2 万吨（钢结构成型后），采用 Q460EZ 钢制作，可容纳 9 万多名观众。

常用低合金结构钢牌号、化学成分等见表 5–5、表 5–6、表 5–7。

表5-5 低合金高强度结构钢牌号及化学成分（摘自 GB/T 1591—1994）

牌号	质量等级	化学成分 $w_{Me} \times 100$										
		C ≤	Mn	Si ≤	P ≤	S ≤	V	Nb	Ti	Al[①] ≥	Cr ≤	Ni ≤
Q295	A	0.16	0.80~1.50	0.55	0.045	0.045	0.02~0.15	0.015~0.060	0.02~0.02	—		
	B	0.16	0.80~1.50	0.55	0.040	0.040	0.02~0.15	0.015~0.060	0.02~0.02	—		
Q345	A	0.20	1.00~1.60	0.55	0.045	0.045	0.02~0.15	0.015~0.060	0.02~0.20	—		
	B	0.20	1.00~1.60	0.55	0.040	0.040	0.02~0.15	0.015~0.060	0.02~0.20	—		
	C	0.20	1.00~1.60	0.55	0.035	0.035	0.02~0.15	0.015~0.060	0.02~0.20	0.015		
	D	0.18	1.00~1.60	0.55	0.030	0.030	0.02~0.15	0.015~0.060	0.02~0.20	0.015		
	E	0.18	1.00~1.60	0.55	0.025	0.025	0.02~0.15	0.015~0.060	0.02~0.20	0.015		
Q390	A	0.20	1.00~1.60	0.55	0.045	0.045	0.02~0.20	0.015~0.060	0.02~0.20	—	0.30	0.70
	B	0.20	1.00~1.60	0.55	0.040	0.040	0.02~0.20	0.015~0.060	0.02~0.20	—	0.30	0.70
	C	0.20	1.00~1.60	0.55	0.035	0.035	0.02~0.20	0.015~0.060	0.02~0.20	0.015	0.30	0.70
	D	0.20	1.00~1.60	0.55	0.030	0.030	0.02~0.20	0.015~0.060	0.02~0.20	0.015	0.30	0.70
	E	0.20	1.00~1.60	0.55	0.025	0.025	0.02~0.20	0.015~0.060	0.02~0.20	0.015	0.30	0.70
Q420	A	0.20	1.00~1.70	0.55	0.045	0.045	0.02~0.20	0.015~0.060	0.02~0.20	—	0.40	0.70
	B	0.20	1.00~1.70	0.55	0.040	0.040	0.02~0.20	0.015~0.060	0.02~0.20	—	0.40	0.70
	C	0.20	1.00~1.70	0.55	0.035	0.035	0.02~0.20	0.015~0.060	0.02~0.20	0.015	0.40	0.70
	D	0.20	1.00~1.70	0.55	0.030	0.030	0.02~0.20	0.015~0.060	0.02~0.20	0.015	0.40	0.70
	E	0.20	1.00~1.70	0.55	0.025	0.025	0.02~0.20	0.015~0.060	0.02~0.20	0.015	0.40	0.70
Q460	C	0.20	1.00~1.70	0.55	0.035	0.035	0.02~0.15	0.15~0.060	0.02~0.02	0.15	0.70	0.70
	D	0.20	1.00~1.70	0.55	0.030	0.030	0.02~0.15	0.15~0.060	0.02~0.02	0.15	0.70	0.70
	E	0.20	1.00~1.70	0.55	0.025	0.025	0.02~0.15	0.15~0.060	0.02~0.02	0.15	0.70	0.70

注：① 表中的 Al 为全铝含量，如分析酸溶铝时，其 $w_{Al} \geq 0.010\%$ 。

表5-6 低合金高强度结构钢的力学性能

牌号	质量等级	厚度（直径）/mm				σ_b/MPa	$\delta_5 \times 100$	冲击吸收功 A_{kV}（纵向）/J				180° 弯曲试验 d = 弯心直径 a = 试样厚度 钢材厚度（直径）/mm	
		<16	>16~35	>35~50	>50~100			+20 ℃	0 ℃	-20 ℃	-40 ℃	<16	>16~100
		$\sigma_s \geq$ （MPa）						≥					
Q295	A	295	275	255	235	390~570	23					$d=2a$	$d=3a$
	B	295	275	255	235	390~570	23	34				$d=2a$	$d=3a$
Q345	A	345	325	295	275	470~630	21					$d=2a$	$d=3a$
	B	345	325	295	275	470~630	21	34				$d=2a$	$d=3a$
	C	345	325	295	275	470~630	22		34			$d=2a$	$d=3a$
	D	345	325	295	275	470~630	22			34		$d=2a$	$d=3a$
	E	345	325	295	275	470~630	22				27	$d=2a$	$d=3a$

续表

牌号	质量等级	厚度（直径）/mm				σ_b/MPa	$\delta_5 \times 100$	冲击吸收功 A_{kV}（纵向）/J				180° 弯曲试验 d = 弯心直径 a = 试样厚度 钢材厚度（直径）/mm	
		≤16	>16~35	>35~50	>50~100			+20 ℃	0 ℃	-20 ℃	-40 ℃	<16	>16~100
		$\sigma_s \geq$ （MPa）						≥					
Q390	A	390	370	350	330	490~650	19					$d=2a$	$d=3a$
	B	390	370	350	330	490~650	19	34				$d=2a$	$d=3a$
	C	390	370	350	330	490~650	20		34			$d=2a$	$d=3a$
	D	390	370	350	330	490~650	20			34		$d=2a$	$d=3a$
	E	390	370	350	330	490~650	20				27	$d=2a$	$d=3a$
Q420	A	420	400	380	360	520~680	18					$d=2a$	$d=3a$
	B	420	400	380	360	520~680	18	34				$d=2a$	$d=3a$
	C	420	400	380	360	520~680	19		34			$d=2a$	$d=3a$
	D	420	400	380	360	520~680	19			34		$d=2a$	$d=3a$
	E	420	400	380	360	520~680	19				27	$d=2a$	$d=3a$
Q460	C	460	440	420	400	550~720	17		34			$d=2a$	$d=3a$
	D	460	440	420	400	550~720	17			34		$d=2a$	$d=3a$
	E	460	440	420	400	550~720	17				27	$d=2a$	$d=3a$

表 5-7　新旧低合金高强度钢标准牌号对照和用途举例

新标准	旧标准	用途举例
Q295	09MnV，9MnNb，09Mn2，12Mn	车辆的冲压件、冷弯型钢、螺旋焊管、拖拉机轮圈、低压锅炉气包、中低压化工容器、轮滑管道、食油储油罐、油船等
Q345	12MnV，14MnNb，16Mn，18Nb，16MnRE	船舶、铁路车辆、桥梁、管道、锅炉、压力容器、石油储罐、起重及矿山机械、电站设备厂房钢架等
Q390	15MnTi，16MnNb，10MnPNbRE，15MnV	中高压锅炉汽包，中高压石油化工容器、大型船舶、桥梁、车辆、起重机及其他较高载荷的焊接结构件等
Q420	15MnVN，14MnVTiRE	大型船舶、桥梁、电站设备、起重机械、机车车辆、中压或高压锅炉及容器及其大型焊接结构件等
Q460		可淬火加回火后用于大型挖掘机、起重运输机械、钻井平台等

2. 易切削钢

易切削钢是自动切削机床、加工中心的专用加工钢材。为了提高钢的切削加工性能，常常在钢中加入一种或数种合金元素，形成易切削钢。常用的合金元素有：

① 硫。硫是最广泛应用的易切削元素。当钢中含有足够量的锰时，硫与钢中的锰和铁易形成 MnS 或 FeS 夹杂物。含硫的夹杂物割裂了钢基体的连续性，使切屑容易脆断，从而降低了切削抗力和切削热。MnS 硬度低，还起到润滑、减摩作用，并使切屑不会黏在刀刃上，降低工件表面的粗糙度值，延长了刀具的使用寿命。但是钢中硫的质量分数过高时，会产生热脆现象。易切削钢中硫的含量为 0.08%～0.33%，锰的含量也有所提高为 0.60%～1.55%。

② 磷。磷固溶于铁素体，提高强度、硬度，降低塑性、韧性，使切屑易断易排除，并降低零件表面粗糙度。但是钢中磷的质量分数过高时，会产生冷脆现象。磷的作用较弱，很少单独使用，一般都复合地加入含硫或含铅的易切削钢中。质量分数小于 0.15%。

③ 铅。铅在常温下不溶于铁素体，它以孤立细小的颗粒（约 1～3 μm）均匀分布在钢中，中断基体的连续性使切屑变脆易断。切削产生的热量达到铅熔点（327 ℃）以上时，铅熔化润滑可以降低摩擦系数，降低切削热，延长刀具的使用寿命。但当铅的质量分数过高时，会造成密度偏析，应控制在 0.15%～0.35% 范围之内。一般认为，最佳含量为 0.20%。

④ 钙。钙在高速切削时形成高熔点（约 1 300 ℃～1 600 ℃）的钙铝硅酸盐，依附在刀具上形成一层具有润滑作用的保护膜，可降低刀具的磨损，延长使用寿命。一般微量钙（0.001%～0.005%）的加入就可以明显改善钢在高速切削下的切削工艺性能。

易切削钢的牌号，由"易"字的汉语拼音字首"Y" + 数字（w_C 的万分数）组成。含锰量较高时在钢号后标出"Mn"。如 Y40Mn，表示平均 w_C = 0.40%，w_{Mn} < 1.5% 的易切削钢。

常用易切削钢的牌号、化学成分、性能及用途见表 5-8。

表 5-8 常用易切削结构钢的牌号、化学成分、性能及用途（摘自 GB/T 8731—88）

牌号	化学成分 w/%						力学性能（热轧）				用途举例
	C	Si	Mn	S	P	其他	σ_b /MPa	δ_5/%	φ/%	HBW	
								不小于		不大于	
Y12	0.08～0.16	0.15～0.35	0.70～1.00	0.10～0.20	0.08～0.15		390～540	22	36	170	双头螺柱、螺钉、螺母等一般标准紧固件
Y12Pb	0.08～0.16	≤0.15	0.70～1.10	0.15～0.25	0.05～0.10	Pb 0.15～0.35	390～540	22	36	170	同 Y12 钢，但切削加工性提高
Y15	0.10～0.18	≤0.15	0.80～1.20	0.23～0.33	0.05～0.10		390～540	22	36	170	同 Y12 钢，但切削加工性显著提高
Y30	0.27～0.35	0.15～0.35	0.70～1.00	0.08～0.15	≤0.06		510～655	15	25	187	强度较高的小件，结构复杂、不易加工的零件，如纺织机、计算机上的零件

续表

牌号	化学成分 w/%						力学性能（热轧）				用途举例
	C	Si	Mn	S	P	其他	σ_b /MPa	δ_5/%	φ/%	HBW	
								不小于		不大于	
Y40Mn	0.37~0.45	0.15~0.35	1.20~1.55	0.20~0.30	≤0.05		590~735	14	20	207	要求强度、硬度较高的零件，如机床丝杠和自行车、缝纫机上的零件
Y45Ca	0.42~0.50	0.20~0.40	0.60~0.90	0.04~0.08	≤0.04	Ca 0.002~0.006	600~745	12	26	241	同Y40Mn钢，齿轮、轴

注：表中Y12钢、Y15钢、Y30钢为非合金易切削结构钢。

一般来说，在自动机床上加工强度要求不高的零件及标准紧固件，大多选用低碳易切削钢，如Y12、Y15；精密仪表行业要求较高耐磨性与极光洁表面的零件选用Y10Pb；对强度有较高要求的可选用Y30；Y40Mn、Y45Ca适用于高速切削生产较重要的零件，如车床丝杠、齿轮等。

易切削钢不进行预备热处理，以免损害其良好的易切削性。零件可进行最终热处理，如调质处理，渗碳、淬火，表面淬火等提高使用性能。易切削钢的锻造性能和焊接性能都不好。成本较高，只有大批量生产时才能获得良好的经济效益。

3. 低合金耐候钢

耐候钢即耐大气腐蚀钢，是近年来在我国推广应用的新钢种。是在低碳钢的基础上，加入少量的Cu、P、Cr、Ni、Mo等合金元素，使在其金属表面形成一层致密的保护膜，提高钢材的耐蚀性。为进一步改善钢的性能，还可添加微量的Nb、Ti、V、Zr等合金元素。这类钢与碳钢相比，具有良好的抗大气腐蚀能力。

我国耐候钢分为高耐候性结构钢（GB/T 4171—2000）和焊接结构用耐候钢（GB/T 4172—2000）两大类。高耐候性结构钢，主要用于铁路车辆、农业机械、起重运输机械、建筑、塔架和其他要求高耐候性的钢结构，可根据不同需要制成螺栓连接、铆接和焊接的结构件。常用牌号有，09CuPCrNi-A钢、09CuPCrNi-B钢和09CuP钢等；焊接结构用耐候钢，适用于制造桥梁、建筑及其他要求耐候性的结构件，常用牌号，如12MnCuCe。

4. 低合金专业用钢

为了适应某些专业的特殊需要，对低合金高强度结构钢的成分、工艺及性能作相应的调整和补充，从而发展了门类众多的低合金专业用钢。例如，锅炉、各种压力容器、船舶、桥梁、汽车、农机、自行车、矿山、建筑钢筋等专业用钢。

汽车用低合金钢是一类用量极大的专业用钢，广泛用于汽车大梁、托架、车壳等结构件。主要包括：冲压性能良好的低强度钢（制作发动机罩等）、微合金化钢（制作大梁等）、低合金双相钢（制作轮毂、大梁等）和高延性高强度钢（制作车门、挡板等）共四类。目前国内外汽车钢板技术发展迅速。

当前石油和天然气管线工程正向大管径、高压输送方向发展，对管线用钢也提出更高的要求。管线用钢国际上采用 API 标准（美国石油工业标准），按屈服强度等级分类。随着油气管线工程发展，管线用钢的屈服强度等级也在逐年提高。为适应现场焊接条件，管线用钢采取降碳措施，为弥补降碳损失又不损害焊接性，添加 Nb、V、Ti 等碳氮化合物形成元素；采用适应螺旋焊管的控轧控冷钢，或适应压力机成型焊管的淬火－回火钢。海底管线用钢在 C－Mn－V 系基础上添加 Cu 或 Nb，以提高耐蚀性。低温管线用钢在 C－Mn 系基础上添加镍、铌、氮等元素，具有很好的低温韧性。

5.2.4 机械结构用合金钢

机械结构用合金钢，是在优质碳钢中加入一定量的合金元素形成的合金结构钢，属于低、中合金钢。机械结构用合金钢有较高的淬透性，较高的强度和韧性，经热处理后具有优良的力学性能，用于制造重要的工程结构件和机器零件。按其用途和热处理特点，主要有合金渗碳钢、合金调质钢、合金弹簧钢和滚动轴承钢。

1. 合金渗碳钢

合金渗碳钢主要用于制造在工作时表面既承受强烈的摩擦磨损和交变应力的作用，又承受较强烈的冲击载荷作用的机械零件。如汽车、拖拉机、重型机床中的齿轮，内燃机上的凸轮轴、活塞销等。这些零件表层要求具有高硬度、高耐磨性及高接触疲劳强度，心部则要求良好的塑性和韧性。经渗碳热处理后达到"表硬内韧"的性能，属于表面硬化钢。

（1）化学成分及性能特点

合金渗碳钢碳的质量分数一般为 0.10%～0.25%，以保证零件心部有足够的塑性和韧性。主加合金元素 Cr、Ni、Mn、B 等，除了提高渗碳钢的淬透性，保证零件的心部获得尽量多的低碳马氏体外，还能提高渗碳层的强度和韧性。辅加合金元素为微量的 Ti、V、W、Mo 等强碳化物形成元素，以形成稳定的特殊碳化物，阻止渗碳时奥氏体晶粒长大并提高零件表面的硬度和接触疲劳强度。经过渗碳热处理后，零件的表层具有高碳钢的性能，而心部仍保持低碳钢的性能。

（2）热处理特点

为了改善切削加工性，渗碳钢的预备热处理一般采用正火。渗碳后的热处理是淬火加低温回火，或是渗碳后直接淬火。渗碳后工件表面碳的质量分数达到 0.80%～1.05%，热处理后表面渗碳层的组织是针状回火马氏体 + 合金碳化物 + 残余奥氏体，硬度 58～64 HRC；全部淬透时心部组织为低碳回火马氏体，硬度 40～48 HRC，未淬透时为索氏体 + 铁素体 + 低碳回火马氏体，硬度 25 HRC～40 HRC，$A_k > 47$ J。

（3）常用钢种

按照淬透性大小，可分为三类。

① 低淬透性渗碳钢。水淬临界淬透直径为 20～35 mm，渗碳淬火后 $\sigma_b \approx 700 \sim 850$ MPa，$A_k \approx 47 \sim 55$ J。适于制造受力不大、冲击载荷较小的耐磨零件，如活塞销、凸轮、滑块、小齿轮等。常用牌号有 20Cr、20MnV 等。这类钢（特别是锰钢）渗碳时晶粒易长大，

对性能要求高的零件，渗碳后要采用双重淬火。

② 中淬透性渗碳钢。油淬临界淬透直径为 25 ~ 60 mm，渗碳淬火后 $\sigma_b \approx 900$ ~ 1 000 MPa，$A_k \approx 52$ ~ 55 J。主要用于制造承受中等载荷、要求足够冲击韧性和耐磨性的零件，如汽车变速齿轮、花键轴套、齿轮轴等。常用牌号有 20CrMnTi、20CrMn、20CrMnMo 等。这类钢奥氏体晶粒长大倾向小，渗碳后直接淬火。

③ 高淬透性渗碳钢。油淬临界淬透直径大于 100 mm，甚至空冷也能淬成马氏体。渗碳淬火后 $\sigma_b \approx 950$ ~ 1 200 MPa，$A_k \approx 63$ ~ 78 J。主要用于制造承受重载荷及强烈磨损的重要大型耐磨件，如飞机、坦克、重型载重卡车中的传动轴、大模数齿轮等。常用牌号有 18Cr2Ni4WA、20Cr2Ni4 等。这类钢渗碳层存在较多的残余奥氏体，淬火后需进行冷处理。

常用合金渗碳钢碳的牌号、化学成分、性能及用途见表 5 – 9。

2. 合金调质钢

合金调质钢是用于制造在工作时，承受复杂载荷、复杂应力，要求高强度、高韧性相结合具有良好综合力学性能的重要零件，如各种重要齿轮、发动机曲轴、机床主轴、连杆、高强度螺栓等。在优质中碳结构钢中加入合金元素，经调质处理后达到强韧性均衡的性能，是制造重要机械零件的主体合金结构钢。

（1）化学成分及性能特点

合金调质钢含碳量为 0.25% ~ 0.50%，以保证在调质处理后能够达到强韧性的最佳配合。主加合金元素为 Cr、Mn、Si、Ni 等，目的是提高钢的淬透性，形成合金铁素体固溶强化，提高钢的强度。辅加合金元素 W、Mo、V、Al、Ti 等，这些强碳化物形成元素，细化晶粒，提高回火稳定性和钢的强韧性。W、Mo 可抑制第二类回火脆性的发生。Al 与氮有很强的亲和力，能加速渗氮的进程。

调质钢具有良好的综合力学性能，高强度和良好的塑韧性，很好的淬透性。整个截面全部淬透的零件高温回火后，能得到高的屈强比。一般来说，如果零件要求较高的塑、韧性，选用 $w_C < 0.4\%$ 的调质钢；如果零件要求较高强度、硬度，则选用 $w_C > 0.4\%$ 的调质钢。

（2）热处理特点

合金调质钢零件的预备热处理是毛坯料的退火或正火（一般采用正火），以及粗加工件的调质处理。合金调质钢的最终性能决定于回火温度，常采用 500 ℃ ~ 650 ℃ 回火，调质后组织为回火索氏体。合金调质钢一般都用油淬，淬透性特别高时甚至可以空冷，这样能减少热处理缺陷。为防止第二类回火脆性，回火后快速冷却（水冷或油冷），有利于韧性的提高。对局部表面要求硬度高、耐磨性好的零件，最终热处理一般为感应淬火、低温回火或渗氮。

调质钢在退火或正火状态下使用时，其力学性能与相同含碳量的碳钢差别不大，只有通过调质才能获得优于碳钢的性能。如表 5 – 10 所示，调质钢正火、调质后的力学性能。

表 5-9 常用合金渗碳钢的牌号、成分、热处理、力学性能及用途（摘自 GB/T 3077—1999）

类别	牌号	化学成分 w/%					热处理			力学性能（不小于）				钢材退火或高温回火供应状态硬度 HBW	用途举例
		C	Si	Mn	Cr	其他	第一次淬火温度/℃	第二次淬火温度/℃	回火温度/℃	σ_b/MPa	σ_s/MPa	δ_5/%	φ/%	A_k/J		
低淬透性	15Cr	0.12~0.18	0.17~0.37	0.40~0.70	0.70~1.00		880 水,油	780~820 水,空	200 水,空	735	490	11	45	55	≤179	截面不大、心部要求较高强度和韧性、表面承受磨损的零件，如齿轮、凸轮、活塞环、联轴节等
	20Cr	0.18~0.24	0.17~0.37	0.50~0.80	0.70~1.00		880 水,油	780~820 水,空	200 水,空	835	540	10	40	47	≤179	截面在 30 mm 以下形状复杂、工作表面再受高强度的零件，如机床变速箱齿轮、凸轮、蜗杆、活塞销、爪形离合器等
	20MnV	0.17~0.24	0.17~0.37	1.30~1.60		V: 0.07~0.12	880 水,油		200 水,空	785	590	10	40	55	≤187	锅炉、高压容器、大型高压管道等高载荷的焊接结构件，使用温度上限 450 ℃~475 ℃，亦可用于冷拉、冷冲压零件，如活塞销、齿轮等
	20Mn2	0.17~0.24	0.17~0.37	1.40~1.80			850 水,油		200 水,空	785	590	10	40	47	≤187	代替 20Cr 钢制作渗碳的小齿轮、小轴、低要求的活塞销、汽门顶杆、变速箱操纵杆等

续表

类别	牌号	化学成分 w/%					热处理			力学性能				钢材退火或高温回火供应状态硬度 HBW	用途举例
		C	Si	Mn	Cr	其他	第一次淬火温度/℃	第二次淬火温度/℃	回火温度/℃	σ_b/MPa	σ_s/MPa	δ_5/%	φ/%	A_k/J		
										不小于						
中淬透性	20CrMnTi	0.17~0.23	0.17~0.37	0.80~1.10	1.00~1.30	Ti: 0.04~0.10	880 油	870 油	200 水,空	1 080	850	10	45	55	≤217	在汽车、拖拉机工业中用于截面在30 mm以下,承受高速、中或重载荷以及冲击、摩擦的重要渗碳件,如齿轮、轴、齿轮轴、爪形离合器、蜗杆等
	20MnVB	0.17~0.23	0.17~0.37	1.20~1.60		B: 0.000 5~0.003 5	860 油		200 水,空	1 080	885	10	45	55	≤207	模数较大、中小渗碳件,如重型机床上的齿轮、后桥主动、从动齿轮
	20CrMnMo	0.17~0.23	0.17~0.37	0.90~1.20	1.10~1.40	Mo: 0.20~0.30	850 油		200 水,空	1 180	885	10	45	55	≤127	大截面渗碳件,如大型拖拉机齿轮、活塞销等
	20MnTiB	0.17~0.24	0.17~0.37	1.30~1.60		B: 0.000 5~0.003 5 Ti: 0.04~0.10	860 油		200 水,空	1 130	930	10	45	55	≤187	20CrMnTi的代用钢,制造汽车、拖拉机上小截面、中等载荷齿轮、轴等
高淬透性	20Cr2Ni4	0.17~0.23	0.17~0.37	0.30~0.60	1.25~1.65	Ni: 3.25~3.65	880 油	780 油	200 水,空	1 180	1 080	10	45	63	≤269	大截面、载荷较高,交变载荷下的重要渗碳件,如大型齿轮、轴等
	18Cr2Ni4WA	0.13~0.19	0.17~0.37	0.30~0.60	1.35~1.65	Ni: 4.0~4.50 W: 0.80~1.20	950 空	850 空	200 水,空	1 180	835	10	45	78	≤269	大截面、高强度、良好韧性以及缺口敏感性低的重要渗碳件,如曲面的齿轮、传动轴、花键轴、活塞销、精密机床上控制进刀的蜗轮等

注：表中各牌号的合金渗碳钢试样毛坯尺寸均为15 mm。

表5-10 调质钢正火、调质后的力学性能

热处理方法	牌号	热处理工艺	试样尺寸 mm	力学性能 σ_b/MPa	σ_s/MPa	δ/%	A_k/J
正火	40	870 ℃空冷	25	580	340	19	48
正火	40Cr	860 ℃空冷	60	740	450	21	72
调质	40	870 ℃水淬，650 ℃回火	25	620	450	20	72
调质	40Cr	860 ℃油淬，550 ℃回火	25	960	800	13	68

(3) 常用钢种

按淬透性的高低，合金调质钢大致可以分为3类。

① 低淬透性调质钢。油淬临界淬透直径为 20～40 mm，调质处理后 $\sigma_b \approx 800$～1 000 MPa，$A_k \approx 47$～55 J。广泛用于制造中等截面、中等载荷的重要零件，如齿轮、轴、连杆、高强度螺栓等。常用牌号有 40Cr、40MnB、42SiMn 等，机床中使用最多的是 40Cr。

② 中淬透性调质钢。油淬临界淬透直径为 40～60 mm，调质后 $\sigma_b \approx 900$～1 100 MPa，$A_k \approx 47$～71 J。用于制造截面较大、承受较重载荷的重要零件，如内燃机曲轴、变速箱主动轴、大电机轴、连杆等。常用牌号有 30CrMnSi、38CrMoAlA、40CrNi 等。使用最多的是 30CrMnSi。38CrMoAlA 是高级渗氮钢，用于制造重要精密机械零件。

③ 高淬透性调质钢。油淬临界淬透直径为 60～100 mm。调质后 $\sigma_b \approx 800$～1 200 MPa，$A_k \approx 63$～78 J。用于制造大截面、重载荷的重要零件，如汽轮机主轴、叶轮、压力机曲轴、航空发动机曲轴等。常用牌号有 40CrNiMoA、40CrMnMo、25Cr2Ni4WA 等。典型钢种 40CrNiMoA。

常用合金调质钢的牌号、化学成分、性能及用途见表5-11。

3. 合金弹簧钢

用来制造各种弹性元件（如板簧、螺旋弹簧、钟表发条等）的钢种称为弹簧钢。弹簧是广泛应用于机械、交通、仪表、国防等行业及日常生活中的重要零件，利用其较高的弹性变形能力吸收、储存能量起驱动作用，依靠弹性以缓和、消除振动和减低冲击。

(1) 化学成分及性能特点

弹簧承受循环交变载荷和冲击载荷，主要失效形式为发生塑性变形失去弹性和疲劳断裂。因此，要求制造弹簧的材料具有高的弹性极限和屈强比，高的疲劳强度和韧性，在高温或腐蚀介质下工作时，具有较好的耐热性和耐腐蚀性。弹簧钢还要求有良好的淬透性，不易脱碳和过热等。

合金弹簧钢含碳量一般为 0.50%～0.70%，以保证得到高的疲劳极限和屈服极限，含碳量过高，塑、韧性差，疲劳极限下降。主加合金元素为 Mn、Si、Cr，主要是提高淬透性，Mn、Si 溶入铁素体中使屈强比提高到接近1，其中硅的作用更为突出。辅加元素 Mo、V、W 等，减小脱碳、过热倾向，同时进一步提高弹性极限、屈强比和耐热性，钒还可以细化晶粒提高韧性。

(2) 热处理特点

根据弹簧尺寸的不同，成形与热处理方法也不同。

表 5-11 常用合金调质钢的牌号、成分、热处理、力学性能及用途（摘自 GB/T 3077—1999）

类别	牌号	化学成分 w/%					热处理		力学性能 (不小于)					钢材退火或高温回火供应状态 HBW	用途举例
		C	Si	Mn	Cr	其他	淬火温度/℃	回火温度/℃	σ_b/MPa	σ_s/MPa	δ_5/%	φ/%	A_{kU}/J		
低淬透性	40Cr	0.37~0.44	0.17~0.37	0.50~0.80	0.80~1.10		850 油	520 水、油	980	785	9	45	47	≤207	制造承受中等载荷和中等速度工作下的零件，如汽车后半轴及机床上齿轮、轴、花键轴、顶尖套等
低淬透性	40Mn2	0.37~0.44	0.17~0.37	1.40~1.80			840 水、油	540 水	885	735	12	45	55	≤217	轴、半轴、活塞杆、连杆、螺栓
低淬透性	42SiMn	0.39~0.45	1.10~1.40	1.10~1.40			880 水	590 水	885	735	15	40	47	≤229	在高频淬火及中温回火状态下制造中速、中等载荷及反低温回火状态下制造表面要求高硬度、较高耐磨性、较大截面的零件，如主轴、齿轮等
低淬透性	40MnB	0.37~0.44	0.17~0.37	1.10~1.40		B: 0.0005~0.0035	850 油	500 水、油	980	785	10	45	47	≤207	代替 40Cr 钢制造中、小截面重要调质件，如汽车半轴、转向轴、蜗杆以及机床主轴、齿轮等
低淬透性	40MnVB	0.37~0.44	0.17~0.37	1.10~1.40		V: 0.05~0.10 B: 0.0005~0.0035	850 油	520 水、油	980	785	10	45	47	≤207	代替 40Cr 钢制造汽车、拖拉机和机床上的重要调质件，如轴、齿轮等
中淬透性	35CrMo	0.32~0.40	0.17~0.37	0.40~0.70	0.80~1.10	Mo: 0.15~0.25	850 油	550 水、油	980	835	12	45	63	≤229	通常用作调质件，也可在高、中频感应淬火或高温回火后工作的重要结构件，特别是受冲击、振动、扭转载荷下工作的重要结构件，如主轴、大电机轴、曲轴、锤杆等

续表

类别	牌号	化学成分 w/%					热处理		力学性能				钢材退火或高温回火供应状态 HBW	用途举例
		C	Si	Mn	Cr	其他	淬火温度/℃	回火温度/℃	σ_b/MPa	σ_s/MPa	δ_5/%	φ/%	A_{KU}/J		
									不小于						
中淬透性	40CrMn	0.37~0.45	0.17~0.37	0.90~1.20	0.90~1.20		840 油	550 水,油	980	835	9	45	47	≤229	在高速、高载荷下工作的齿轮轴、齿轮、离合器等
	30CrMnSi	0.27~0.34	0.90~1.20	0.80~1.10	0.80~1.10		880 油	520 水,油	1 080	885	10	45	9	≤229	重要用途的调质件，如高速重载荷砂轮轴、齿轮、轴、螺母、螺栓、轴套等
	40CrNi	0.37~0.44	0.17~0.37	0.50~0.80	0.45~0.75	Ni: 1.00~1.40	820 油	500 水,油	980	785	10	45	55	≤241	制造截面较大、载荷较大的零件，如轴、连杆、齿轮轴等
	38CrMoAl	0.35~0.42	0.20~0.45	0.30~0.60	1.35~1.65	Mo: 0.15~0.25 Al: 0.70~1.10	940 水,油	640 水,油	980	835	14	50	71	≤229	高级氮化钢，常用于制造磨床主轴、自动车床主轴、精密丝杠、精密阀门、高压阀门、压缩机活塞杆、橡胶及塑料挤压机上的各种耐磨件
高淬透性	40CrMnMo	0.37~0.45	0.17~0.37	0.90~1.20	0.90~1.20	Mo: 0.20~0.30	850 油	600 水,油	980	785	10	45	63	≤217	截面较大、要求高强度和高韧性的调质件，如8t卡车的后桥半轴、齿轮轴、偏心轴、齿轮、连杆等
	40CrNiMoA	0.37~0.44	0.17~0.37	0.50~0.80	0.60~0.90	Mo: 0.15~0.25 Ni: 1.25~1.65	850 油	600 水,油	980	835	12	55	78	≤269	要求韧性好、强度高及大尺寸的重要调质件，如大型机械中高载荷的轴类、直径大于250 mm的汽轮机轴、叶片、曲轴等
	25Cr2Ni4WA	0.21~0.28	0.17~0.37	0.30~0.60	1.35~1.65	W: 0.80~1.20 Ni: 4.00~4.50	850 油	550 水,油	1 080	930	11	45	71	≤269	200 mm以下要求淬透的大载面重要零件

注：表中38CrMoAl钢试样毛坯尺寸为ϕ30 mm，其余牌号合金调质钢试样毛坯尺寸均为ϕ25 mm。

① 冷成形弹簧的热处理。弹簧钢丝直径或板簧厚度小于 8～10 mm 时，常用冷拉弹簧钢丝或弹簧钢带冷卷成形。按制造工艺的不同，可分为铅浴等温淬火冷拉钢丝、油淬回火钢丝、退火钢丝三种类型。

铅浴等温淬火冷拉钢丝：钢丝在冷拉过程中将盘条坯料奥氏体化后，在 500 ℃～550 ℃ 的铅浴中等温，获得索氏体组织，然后经多次冷拔至所需直径。这类钢丝强度很高，可达 3 100 MPa，而且有足够的韧性。冷卷成形后，只需在 200 ℃～300 ℃ 进行一次回火，以消除内应力，并使弹簧定型。此后，不需再经淬火、回火处理。

油淬回火钢丝：钢丝冷拔到规定尺寸后，进行油淬和中温回火。这类钢丝抗拉强度不及上述钢丝，但性能比较均匀。冷卷成形后，在 200 ℃～300 ℃ 进行低温回火，以消除内应力。此后，不需再经淬火、回火处理。

退火钢丝：退火状态供应的合金弹簧钢丝。冷卷成形后，应进行淬火和中温回火处理。

② 热成形弹簧的热处理。弹簧钢丝直径或板簧厚度大 10 mm 时，常采用热态下成形，一般在淬火加热时成形。此时淬火加热温度比正常淬火温度高 50 ℃～80 ℃，进行热卷成形，成形后利用余热立即淬火、中温回火，得到回火托氏体组织，硬度为 40～48 HRC，具有较高的弹性极限、疲劳强度和一定的塑、韧性。

弹簧经淬火、回火后，要进行表面喷丸处理，以消除表面氧化和脱碳等缺陷，使表面产生残留压应力，提高疲劳强度。如汽车板簧热成形后，经喷丸处理可使其寿命提高 3～5 倍。

对要求高的弹簧还可进行"强压处理"，将弹簧加压，各圈相互接触保持 24 h。使塑性变形预先发生，以避免在工作中因出现塑性变形而影响弹性和尺寸精度。

（3）常用合金弹簧钢

应用最广的是 60Si2Mn 钢，价格较低，淬透性、弹性极限、屈服强度、疲劳强度均较高。主要用于制作截面尺寸较大的弹簧，如汽车、拖拉机、机车上的减震板簧和螺旋弹簧等。

50CrVA 钢淬透性更高，有较高的高温强度、韧性。可制作截面尺寸较大、承受重载的在 300 ℃ 以下工作的弹簧，如阀门弹簧、活塞弹簧、高速柴油机的气阀弹簧等。

常用合金弹簧钢的牌号、成分、性能及用途见表 5-12。

4. 滚动轴承钢

用来制作各类滚动轴承内、外套圈以及滚动体（滚珠、滚柱、滚针等）的专用钢称为滚动轴承钢。

（1）化学成分及性能特点

滚动轴承是一种高速转动的零件，工作时滚动体与内、外套圈不仅有滚动摩擦，而且有滑动摩擦，承受很高、很集中的周期性交变载荷，载荷的大小由零升到最大值，再由最大值降为零。每分钟的循环受力次数达上万次，处于点接触或线接触方式，接触应力在 1 500～5 000 MPa 以上。所以，套圈及滚动体常常是局部产生小块的金属剥落，形成麻坑，即"接触疲劳"破坏。因此，要求滚动轴承钢具有高而均匀的硬度和耐磨性，高的接触疲劳强度和抗压强度，高的弹性极限、足够的韧性和淬透性。还要求在大气和润滑介质中有一定的耐蚀能力和良好的尺寸稳定性。

为了保证轴承钢具有高强度、高硬度和足够量的碳化物，以提高耐磨性，轴承钢的含碳量较高，$w_C = 0.95\% \sim 1.15\%$。Cr 为基本合金元素，质量分数 $w_{Cr} \leq 1.65\%$，主要是为了提

表 5-12 常用合金弹簧钢牌号、成分、热处理、性能及用途（摘自 GB/T 1222—2007）

牌号	化学成分 w/%								热处理		力学性能				用途举例
	C	Si	Mn	Cr	Ni	Cu	P	S	其他	淬火温度/℃	回火温度/℃	σ_s/MPa	σ_b/MPa	δ_5/%	δ_{10}/%	φ/%
					不大于							不小于				
55Si2Mn	0.52~0.60	1.50~2.00	0.60~0.90	≤0.35	0.35	0.25	0.035	0.035		870 油	480	1177	1275		6	30	汽车、拖拉机、机车上的减振板簧和螺旋弹簧，气缸安全阀簧和螺旋弹簧，电力机车用升弓钩弹簧，止回阀簧，还可用作250℃以下使用的耐热弹簧
55Su2MnB	0.52~0.60	1.50~2.00	0.60~0.90	≤0.35	0.35	0.25	0.035	0.035	B:0.0005~0.004	870 油	480	1177	1275		6	30	同 55Si2Mn 钢
60Si2Mn	0.56~0.64	1.50~2.00	0.60~0.90	≤0.35	0.35	0.25	0.035	0.035		870 油	480	1177	1275		5	25	同 55Si2Mn 钢
55SiMnVB	0.52~0.60	0.70~1.00	1.00~1.30	≤0.35	0.35	0.25	0.035	0.035	V:0.08~0.16 B:0.0005~0.0035	860 油	460	1226	1373	6	5	30	代替 60Si2Mn 钢制作重型、中型、小型汽车的板簧和其他中型截面的板簧和螺旋弹簧
60Si2CrA	0.56~0.64	1.40~1.80	0.40~0.70	0.70~1.00	0.35	0.25	0.030	0.030		870 油	420	1569	1765	9	5	20	用作承受高应力反工作温度在300℃~350℃以下的弹簧，如调速器弹簧、汽轮机汽封弹簧、破碎机用弹簧等
55CrMnA	0.52~0.60	0.17~0.37	0.65~0.95	0.65~0.95	0.35	0.25	0.030	0.030		830~860 油	460~510	$\sigma_{r0.2}$ 1079	1226	9		20	车辆、拖拉机、应力较大的高载荷弹簧及直径较大的螺旋弹簧
50CrVA	0.46~0.54	0.17~0.37	0.50~0.80	0.80~1.10	0.35	0.25	0.030	0.030	V:0.10~0.20	850 油	400	1128	1275	10		40	用作较大截面的高载荷重要弹簧及工作温度<350℃的阀门弹簧、活塞弹簧、安全阀弹簧等
30W4Cr2VA	0.26~0.34	0.17~0.37	≤0.40	2.00~2.50	0.35	0.25	0.030	0.030	V:0.50~0.80 W:4.00~4.50	1050~1100 油	600	1324	1471	7		40	用作工作温度≤500℃的耐热弹簧，如锅炉主安全阀弹簧、汽轮机汽封弹簧等

注：表列性能适用于截面单边尺寸≤80 mm 的钢材。

高钢的淬透性，使淬火、回火后整个截面上获得较细小均匀的合金渗碳体$(Fe,Cr)_3C$，提高钢的强度、接触疲劳强度和耐磨性。Cr 还能使钢在淬火时得到细针状或隐晶马氏体，使钢在高强度的基础上增加韧性。但 Cr 含量过高会使残余奥氏体量增多，零件的尺寸稳定性降低。大型轴承加入 Si、Mn、V 等元素，可以进一步提高淬透性。适量的 Si（0.4% ~ 0.7%）能明显地提高钢的强度和弹性极限，V 部分溶于奥氏体中，部分形成碳化物 VC，提高钢的耐磨性并防止过热。轴承钢中的非金属夹杂物会降低接触疲劳极限，因此轴承钢中 S、P 含量限制极严：$w_P < 0.03\%$，$w_S < 0.025\%$，属于高级优质钢。从化学成分看，滚动轴承钢属于工具钢范畴，所以滚动轴承钢也经常用于制造各种精密量具、冷冲模具、丝杠、冷轧辊和高精度的轴类等耐磨零件。

（2）热处理特点及工艺

滚动轴承钢的预备热处理工艺为球化退火，最终热处理工艺为淬火和低温回火。

球化退火的目的是降低锻造后钢的硬度，以便于切削加工，并为最终热处理作组织准备。退火组织为球状珠光体，硬度为 180 ~ 210 HBW。若钢的原始组织中有粗大的片状珠光体和网状渗碳体，应在球化退火前进行正火处理，以改善钢的原始组织。

轴承淬火后要求低温回火，回火温度一般为 150 ℃ ~ 170 ℃。使用状态下的组织为细小的回火马氏体 + 细小均匀分布的碳化物 + 少量残余奥氏体，硬度为 61 ~ 65 HRC。

对精密轴承或量具，在长期保存及使用过程中，因应力释放、残余奥氏体转变等原因会引起尺寸变化。所以为保证尺寸稳定性，淬火后立即进行冷处理（-60 ℃ ~ -80 ℃）使残余奥氏体转变，然后再进行低温回火消除应力。磨削加工后，进行稳定化处理（120 ℃ ~ 130 ℃，保温 10 ~ 15 h），进一步提高尺寸稳定性。

（3）常用钢种

我国滚动轴承钢分为高铬轴承钢和无铬轴承钢。目前以高铬轴承钢应用最广，其中用量最大的是 GCr15 钢，除用作中、小轴承外，还可以制作精密量具、冷冲模具和机床丝杆等。制造大型轴承，用 GCr15SiMn 钢。制造承受冲击载荷和特大型轴承采用渗碳轴承钢 G20Cr2Ni4A。要求耐腐蚀的不锈轴承，常用不锈工具钢，如 9Cr18。

常用轴承钢的牌号、化学成分、性能及用途见表 5 – 13。

表 5 – 13 常用轴承钢的牌号、化学成分、热处理及用途（摘自 GB/T 18254—2002）

牌号	化学成分 w/%								力学性能			用途举例
	C	Cr	Mn	Si	Mo	V	RE	S、P	淬火温度/℃	回火温度/℃	回火后硬度/HRC	
GCr9	1.00 ~ 1.10	0.90 ~ 1.20	0.20 ~ 0.40	0.15 ~ 0.35	—	—	—	≤ 0.025	810 ~ 830	150 ~ 170	62 ~ 66	ϕ10 ~ ϕ20 mm 的滚珠
GCr15	0.95 ~ 1.05	1.30 ~ 1.65	0.20 ~ 0.40	0.15 ~ 0.35	—	—	—	≤ 0.025	825 ~ 845	150 ~ 170	62 ~ 66	壁厚 20 mm 中、小型套圈，ϕ < 50 mm 滚珠

续表

牌号	化学成分 w/%								力学性能			用途举例
	C	Cr	Mn	Si	Mo	V	RE	S、P	淬火温度/℃	回火温度/℃	回火后硬度/HRC	
GCr15SiMn	0.95~1.05	1.30~1.65	0.90~1.20	0.40~0.65	—	—	—	≤0.025	820~840	150~170	≥62	壁厚>30 mm 的大型套圈，ϕ50~ϕ100 mm 滚珠
GSiMnV	0.95~1.10	—	1.30~1.80	0.55~0.80	—	0.20~0.30	—	≤0.03	780~810	150~170	≥62	可代替 GCr15 钢
GSiMnVRE	0.95~1.10	—	1.10~1.30	0.55~0.80	—	0.20~0.30	0.10~0.15	≤0.03	780~810	150~170	≥62	可代替 GCr15 钢及 GCr15SiMn 钢
GSiMnMoV	0.95~1.10	—	0.75~1.05	0.40~0.65	0.20~0.40	0.20~0.30	—		770~810	165~175	≥62	可代替 GCr15SiMn 钢

注：表中后两种为新钢种，RE 为稀土元素。

5.2.5 合金工具钢与高速钢

在碳素工具钢的基础上加入一定种类和数量的合金元素，称为合金工具钢。与碳素工具钢相比，合金工具钢的硬度和耐磨性更高，而且还具有更好的淬透性、红硬性和回火稳定性。因此常被用来制作截面尺寸较大、几何形状较复杂、性能要求更高的工具。

刃具是用于对机械工程材料进行切削加工的工具；模具是用于对机械工程材料进行变形加工的工具；量具是用于测量和检验零件尺寸精度的工具。所以，合金工具钢按用途可分为合金刃具钢、合金模具钢和合金量具钢。

1. 合金刃具钢

（1）刃具钢的工作条件和性能要求

刃具钢工作条件较差，切削工件时刃具的工作部分只是刃部的一个区域。刃部区域在切削时受到工件很大的压力，并承受强烈的摩擦磨损；由于切削发热，刃部温度可达 500 ℃~600 ℃，局部区域温度可达 800 ℃以上；刃具切削时还承受相当大的冲击和振动。因此对刃具钢的基本性能要求是：

① 高硬度。高硬度是对刃具钢的基本要求，硬度不够时易导致刃具卷刃、变形，切削无法进行。刃具的硬度一般应在 60 HRC 以上。钢淬火后的硬度主要取决于钢的含碳量。

② 高耐磨性。高耐磨性是保证刃具锋利的主要因素，耐磨性的好坏直接影响刀具的使用寿命。更重要的是刃具在高温下应保持高耐磨性。耐磨性不仅与硬度有关，而且与钢中碳化物的性质、数量、大小和分布有关。

③ 高热硬性。热硬性（又称为红硬性或耐热性）是指钢在高温下保持高硬度的能力。通常用保持 60 HRC 硬度时的加热温度来表示。大多数刃具的工作部分都远高于 200 ℃ 以上。热硬性与钢的回火抗力有关。

④ 足够的强度和韧性。切削时刃具要承受弯曲、扭转、冲击和振动等载荷，应保证刃具在这些情况下不发生突然断裂和崩刃。

（2）低合金刃具钢

① 化学成分特点。低合金工具钢的含碳量高，一般为 $w_C = 0.75\% \sim 1.50\%$，以保证钢淬火后获得高硬度（大于等于 62 HRC）并形成适量的合金碳化物，提高耐磨性。加入 Cr、W、Si、Mn、V、Mo 等合金元素，提高淬透性和回火稳定性，可减少变形和开裂倾向。合金元素并能强化基体，细化晶粒。

② 热处理特点。低合金工具钢的预备热处理通常是锻造后进行球化退火，目的是改善锻造组织和切削加工性能。最终热处理为淬火 + 低温回火，其组织为细回火马氏体 + 粒状合金碳化物 + 少量残余奥氏体，具有较高的硬度和耐磨性。

由于合金元素的加入，合金工具钢的导热性较差。因此对形状复杂或截面较大的刃具，淬火加热时应在 600 ℃ ~ 650 ℃ 温度进行预热。一般可采用油淬、分级淬火或等温淬火。

③ 常用钢种。低合金工具钢的热硬性为 300 ℃ ~ 350 ℃。以 9SiCr 钢应用最多，常用于制造几何形状较复杂、要求变形小的薄刃低速切削刃具，如板牙、丝锥、铰刀等。CrWMn 钢淬透性高，淬火变形小，称为微变形钢。适宜制造较细长、要求淬火变形小且耐磨性好的低速切削刃具，如拉刀、长丝锥、长铰刀等。

常用合金刃具钢的牌号、化学成分、性能及用途见表 5 – 14。

表 5 – 14　常用合金刃具钢牌号、成分、热处理、力学性能及用途（摘自 GB/T 1299—2000）

牌号	化学成分 w/%					力学性能				用途举例
	C	Mn	Si	Cr	S、P	淬火温度/℃	HRC	回火温度/℃	HRC	
9SiCr	0.85 ~ 0.95	0.30 ~ 0.60	1.20 ~ 1.60	0.95 ~ 1.25	≤ 0.03	820 ~ 860 油	≥62	180 ~ 200	62 ~ 66	板牙、丝锥、铰刀、搓丝板、冷冲模、齿轮铣刀、拉刀等
8MnSi	0.75 ~ 0.85	0.80 ~ 1.10	0.30 ~ 0.60		≤ 0.03	800 ~ 820 油	≥60			木工凿子、锯条、切削工具等
Cr06	1.30 ~ 1.45	≤ 0.40	≤ 0.40	0.50 ~ 0.70	≤ 0.03	780 ~ 810 水	≥64			外科手术刀、剃刀、刮刀、刻刀、锉刀等
Cr2	0.95 ~ 1.10	≤ 0.40	≤ 0.40	1.30 ~ 1.65	≤ 0.03	830 ~ 860 油	≥62			车刀、插刀、铰刀、钻套、量具、样板、偏心轮、拉丝模、大尺寸冷冲模等
9Cr2	0.80 ~ 0.95	≤ 0.40	≤ 0.40	1.30 ~ 1.70	≤ 0.03	820 ~ 850 油	≥62			木工工具、冷冲模、钢印、冷轧辊等

2. 高速钢

高速钢是含有大量合金元素的刃具钢，具有高的热硬性。高速切削时，切削温度高达 600 ℃ 仍保持刃口锋利，故名"锋钢"；高速钢 Cr 含量较多，淬火后空冷即可得到马氏体，故又称"风钢"；高速钢（刀片）出厂时磨得光亮洁白，俗称"白钢"。

（1）化学成分特点

高速钢按其成分特点可分为钨系、钼系和钨钼系等，这些材料的成分特点是：

高碳：含碳量为 $w_C = 0.7\% \sim 1.65\%$，高的含碳量一方面可保证能与 W、Cr、V 等合金元素形成大量的合金碳化物，另一方面保证淬火得到的马氏体有较高的硬度和耐磨性。含碳量也不宜过高，应与合金元素的含量相适应。

高合金：加入的合金元素主要有 W、Mo、Cr、V 等。W 一部分形成稳定的合金碳化物，提高钢的硬度和耐磨性，另一部分溶于马氏体提高回火稳定性，在 560 ℃ 回火时析出弥散的特殊碳化物，产生"二次硬化"，提高热硬性。Mo 的作用与 W 相似，可以 1.0% 的 Mo 取代 2.0% 的 W，以节省重要的战略物资 W。而且 Mo 可以提高韧性和消除第二类回火脆性。Cr 可以大大提高钢的淬透性，Cr 的含量 $w_{Cr} = 4\%$ 时，空冷即可得到的马氏体。V 与 C 的亲和力很强，在高速钢中形成稳定性很高的碳化物 VC，不但硬度极高（83～85 HRC），并在多次高温回火过程中呈细小颗粒弥散析出，形成"二次硬化"，进一步提高高速钢的硬度、耐磨性和热硬性。

（2）高速钢的锻造和热处理特点

① 高速钢的锻造。高速钢因为加入大量合金元素，使 $Fe-Fe_3C$ 相图中的 E 点左移，出现莱氏体组织，属于莱氏体钢。钢的铸态组织中出现大量的共晶碳化物，这些碳化物呈鱼骨状分布，既硬又脆，如图 5-9 所示。用热处理方法不能消除。必须通过多次镦拔，反复锻造打碎，并使之均匀分布于基体上。因此，高速钢的锻造具有成形和改善碳化物的两重作用，是非常重要的加工工序。高速钢的塑性、导热性较差，锻后必须缓冷，以免开裂。

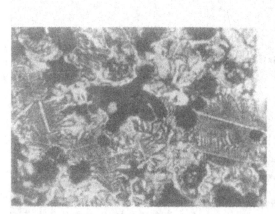
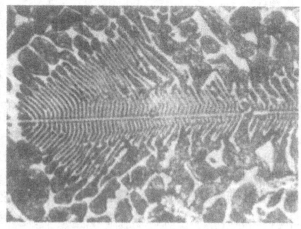

图 5-9　高速钢（W18Cr4V 钢）的铸态组织

② 高速钢的热处理。高速钢锻后进行球化退火，以降低硬度，消除锻造应力，便于切削加工，并为淬火做好组织准备。退火后的组织为索氏体及粒状碳化物，如图 5-10 所示，硬度为 207～255 HBW。为了缩短退火时间，生产中常采用等温退火工艺。

高速钢的淬火工艺比较特殊。高速钢的优越性能只有经正确的淬火、回火后才能获得。

第一，高速钢中有大量的 W、Mo、Cr、V 的难熔碳化物，它们只有在 1 200 ℃ 以上的高温才能充分溶于奥氏体中，淬火后马氏体的强度高、硬度高，且较稳定，回火后得到高热硬性。因此，高速钢淬火加热温度非常高，一般在 1 200 ℃ ~ 1 300 ℃。

第二，高速钢中合金元素多，导热性较差，淬火加热温度高。为减小淬火加热

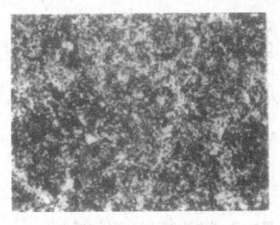

图 5 – 10　高速钢（W18Cr4V 钢）的退火组织

时的热应力，防止变形和开裂，必须在 800 ℃ ~ 850 ℃ 预热，待工件整个截面上温度均匀后，再加热到淬火温度。对大截面、形状复杂的刃具，常采用两次预热（500 ℃ ~ 600 ℃；800 ℃ ~ 850 ℃）。采用油淬或盐浴中分级淬火。淬火后组织为马氏体 + 粒状碳化物 + 残余奥氏体（约 20% ~ 30%）。为了保证得到高硬度和高热硬性，高速钢一般都在二次硬化的峰值温度或较高温度（550 ℃ ~ 570 ℃）下回火，并且进行多次（一般是三次）回火，使残余奥氏体量从 20% ~ 30% 减少到 1% ~ 2%。在回火过程中，马氏体析出弥散的特殊碳化物（W_2C、VC）形成"弥散硬化"；在随后冷却时残余奥氏体转变为马氏体，发生"二次淬火"现象，也使硬度提高。这两个原因造成"二次硬化"。高速钢回火后组织为回火马氏体 + 粒状合金碳化物 + 少量残余奥氏体（小于 1% ~ 2%），硬度为 63 ~ 65 HRC。图 5 – 11 是高速钢（W18Cr4V 钢）的退火、淬火、回火工艺曲线；图 5 – 12 是高速钢（W18Cr4V 钢）的淬火组织；图 5 – 12、图 5 – 13 是高速钢（W18Cr4V 钢）淬火、回火后的组织。

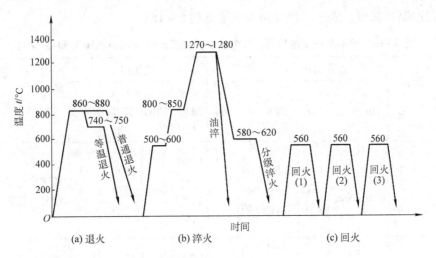

图 5 – 11　高速钢（W18Cr4V 钢）的退火、淬火、回火工艺曲线

（3）常用高速工具钢

我国常用的通用型高速钢中最重要的有两种，钨系高速钢和钨 – 钼系高速钢。

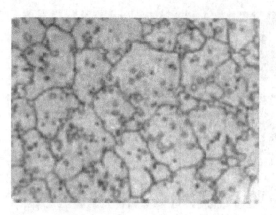

图 5-12 高速钢（W18Cr4V钢）的淬火组织

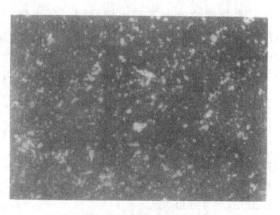

图 5-13 高速钢（W18Cr4V钢）淬火、回火后的组织

① 钨系高速钢。典型牌号是 W18Cr4V 钢。W18Cr4V 钢的发展最早、应用最广，它具有较高的热硬性（工作温度大于 600 ℃），过热和脱碳倾向小。主要用于制作各种精加工刀具，如螺纹车刀、成型车刀、精车刀、宽刃精刨刀等；或制作结构复杂的低速切削刀具，如拉刀、螺纹铣刀、齿轮刀具及各种铣刀等。W18Cr4V 碳化物颗粒较粗大，不适宜制作薄刃刀具和小截面刃具。钨价格较贵，又是重要的战略物资，W18Cr4V 钢的使用量已逐渐减少。

② 钨-钼系高速钢。用适量的钼（1.0%）代替部分钨（2.0%）。典型牌号是 W6Mo5Cr4V2 钢。由于钼的碳化物颗粒比较细小，使钢在 950 ℃～1 100 ℃ 具有良好的塑性，便于压力加工，热处理后也有较好的韧性。此外，W6Mo5Cr4V2 中钒的质量分数较高，耐磨性高于 W18Cr4V，但热硬性略差。它适合制造要求耐磨性和韧性较好的刃具，如铣刀、插齿刀、锥齿轮刨刀等。这种钢尤其适合制作采用热态轧制或扭制成型的薄刃刀具，如丝锥、麻花钻头等。

常用高速钢的牌号、成分、热处理及用途见表 5-15。

表 5-15 常用高速钢的牌号、成分、热处理及用途（摘自 GB/T 9943—88）

牌号	化学成分 w/%							热处理				应用
	C	Mn	V	Cr	W	V	Mo	淬火温度/℃	HRC	回火温度/℃	HRC	
W18Cr4V	0.70~0.80	≤0.40	≤0.40	3.80~4.40	17.50~19.00	1.00~1.40		1 260~1 280 油	≥63	550~570（三次）	63~66	制作中速切削用车刀、刨刀、钻头、铣刀等
9W18Cr4V	0.90~1.00	≤0.40	≤0.40	3.80~4.40	17.50~19.00	1.00~1.40		1 260~1 280 油	≥63	570~580（1 h 次）	67.5	在切削不锈钢及其他硬或韧的材料时，可显著提高刀具寿命和降低加工零件表面粗糙度

续表

牌号	化学成分 w/%							热处理				应用
	C	Mn	V	Cr	W	V	Mo	淬火温度/℃	HRC	回火温度/℃	HRC	
W6Mo5Cr4V2	0.80~0.90	≤0.35	≤0.30	3.80~4.40	5.50~6.75	1.75~2.20	4.50~5.50	1 210~1 230 油	≥64	540~560（三次）	63~66	制作要求耐磨性和韧性相配合的中速切削刀具，如丝锥、钻头等
W6Mo5Cr4V3	1.10~1.25	≤0.35	≤0.30	3.80~4.40	5.75~6.75	2.80~3.30	4.75~5.75	1 200~1 220 油	≥63	540~560（三次）	>65	制作要求较高耐磨性和热硬性，且耐磨性和韧性较好配合的，形状稍复杂的刀具，如拉刀、铣刀等

3. 合金模具钢

主要用来制造各种模具的钢称为模具钢。根据使用状态，用于冷态金属成形的模具钢称为冷作模具钢，模具工作温度一般不超过200 ℃~300 ℃；用于热态金属成形的模具钢称为热作模具钢，模具型腔表面温度可达600 ℃以上；用于塑料制品成形的模具钢称为塑料模具钢，工作温度不高，但对模具型腔表面质量要求较高。

（1）冷作模具钢

冷作模具钢是用于在室温下对金属进行变形加工的模具，包括冷冲模、冷镦模、冷挤压模、拉丝模、落料模等。

① 工作条件和性能要求。冷作模具钢的性能要求与刃具钢相似。冷作模具工作时承受很大的载荷，如压力、弯曲力、剪切、冲击力和摩擦。主要失效形式是磨损和胀裂，也常出现变形、崩刃和断裂等失效现象。因此，冷模具钢应具有高的硬度和耐磨性，以承受很大的压力和强烈的摩擦；足够的强度、韧性和疲劳强度，以承受很大的冲击负荷，保证尺寸的精度并防止胀裂。截面尺寸较大的模具要求具有较高的淬透性，而高精度模具还要求热处理变形小。

② 化学成分特点。目前应用广泛的冷作模具钢是高碳高铬钢，Cr12型钢。含碳量 w_C = 1.0%~2.0%，高含碳量的目的为了获得高硬度（约60 HRC）和耐磨性。加入合金元素 Cr、Mo、W、V 等，提高耐磨性、淬透性和耐回火性，尤其是 Cr 含量高达 w_{Cr} = 11%~13%，主要是提高淬透性和细化晶粒。

③ 常用钢种及热处理特点。制作尺寸较小、形状简单、工作负荷不太大的冷作模具，常用碳素工具钢和低合金工具钢，如 T10A、9Cr2、9SiCr、GCr15 等。

制作截面大、形状复杂、负荷大的冷冲模、挤压模、滚丝模、剪裁模等，用高碳高铬钢。典型牌号是 Cr12 钢、Cr12MoV 钢。

Cr12 型冷作模具钢也属于莱氏体钢，锻造工艺、热处理工艺过程与高速工具钢大体相同。只是 Cr12 钢，一般采用 560 ℃~580 ℃回火二次；Cr12MoV 钢，一般采用 560 ℃回火三次。

常用冷作模具钢的牌号、成分、热处理及用途见表5-16。

表5-16 常用冷作模具钢的牌号、化学成分、热处理及用途（摘自GB/T 1299—2000）

牌号	化学成分 w/%					P	S	交货状态（退火）HBW	热处理		应用
	C	Si	Mn	Cr	其他	不大于			淬火温度/℃	HRC 不小于	
CrWMn	0.90~1.05	≤0.40	0.80~1.10	0.90~1.20	W: 1.20~1.60	0.03	0.03	207~255	800~830 油	62	制作淬火要求变形很小、长而形状复杂的切削刀具，如拉刀、长丝锥及形状复杂、高精度的冷冲模等
Cr12	2.00~2.30	≤0.40	≤0.40	11.50~13.00		0.03	0.03	217~269	950~1000 油	60	制作耐磨性高、不受冲击、尺寸较大的模具，如冷冲模、冲头、钻套、量规、螺纹滚丝模、拉丝模、冷切剪刀等
Cr12MoV	1.45~1.70	≤0.40	≤0.40	11.00~12.50	Mo: 0.40~0.60; V: 0.15~0.30	0.03	0.03	207~255	950~1000 油	58	制作截面较大、形状复杂、工作条件繁重的各种冷作模具及螺纹搓丝板、量具等
Cr4W2MoV	1.12~1.25	0.40~0.70	≤0.40	3.50~4.00	W: 1.20~1.60; Mo: 0.80~1.20; V: 0.80~1.10	0.03	0.03	≤269	960~980 油	60	可代替Cr12MoV钢、Cr12钢，制作冷冲模、冷挤压模、搓丝板等
W6Mo5Cr4V	0.55~0.6	≤0.40	≤0.60	3.70~4.30	Mo: 4.50~5.50; V: 0.70~1.10	0.03	0.03	≤269	1180~1200 油	60	制作冲头、冷作凹模等

(2) 热作模具钢

热作模具钢是用于制造使热态下固体金属或液体金属在压力下成形的模具，如热锻模、热镦模、热挤压模、高速锻模、压铸模等。

① 工作条件和性能要求。热作模具工作时接触炽热的金属，型腔温度很高（大于600 ℃）。被加工的金属在巨大的压力、扩张力和冲击载荷的作用下，与型腔相对运动产生强烈的摩擦。剧烈的急冷急热循环引起不均匀的热应力，模具工作表面出现高温氧化，热疲劳导致出现"龟裂"以至破坏。因此热作模具钢应具备以下性能：高的热硬性和高温耐

磨性；足够的强度和韧性；高的热稳定性，不易氧化；高抗热疲劳性和高淬透性等。

② 化学成分特点。热作模具钢一般是中碳钢，含碳量 $w_C = 0.3\% \sim 0.6\%$，以保证良好的强度、韧性和较高的硬度（35~52 HRC）。加入 Cr、Ni、Mn、Mo、W、V 等合金元素。Cr、Ni、Mn 提高淬透性的主要元素，Cr 同时和 Ni 一起提高钢的回火稳定性。Ni 在强化铁素体的同时还增加钢的韧性。Cr、W、V 提高抗热疲劳性。Mo 主要防止第二类回火脆性，提高高温强度和回火稳定性。

③ 常用钢种。热作模具钢按模具加工的对象不同，大致可分为两类。

a. 将热态固体金属在压力下成形的模具，如热锻模、热挤压模、高速锻模等。$w_C = 0.5\% \sim 0.6\%$。中型热锻模（模具边长 300~400 mm），常用 5CrMnMo 钢；制造大、中型热锻模（模具边长大于 400 mm）选用 5CrNiMo 钢。

b. 将液态金属在压力下成形的模具，如压铸模。$w_C = 0.3\% \sim 0.4\%$。常用 3Cr2W8V 钢、4Cr5MoSiV 钢。4Cr5MoSiV 钢，既可作铝合金压铸模、热挤压模、锻模，还可作耐 500 ℃ 以下的飞机、火箭零件。

④ 热作模具钢的热处理。热作模具钢锻造后的预备热处理是退火，目的是消除锻造应力，降低硬度，改善切削加工性。退火后的组织为细片状珠光体与铁素体，硬度为 190~250 HBW。最终热处理是淬火+高温（或中温）回火。是采用高温回火或是中温回火，应根据模具大小、模面还是模尾来确定。一般来说，截面尺寸较大的模具及模尾部分采用高温回火，组织为回火索氏体，硬度为 30~39 HRC；模面（工作部分）用中温回火，获得回火托氏体组织，硬度为 34~48 HRC。

常用热作模具钢的牌号、成分、热处理及用途见表 5-17。

表 5-17 常用热作模具钢的牌号、化学成分、热处理及用途（摘自 GB/T 1299—2000）

牌号	化学成分 w%					P	S	交货状态（退火）HBW	淬火温度/℃	应用
	C	Si	Mn	Cr	其他	不大于				
5CrMnMo	0.50~0.60	0.25~0.60	1.20~1.60	0.60~0.90	Mo：0.15~0.30	0.03	0.03	197~241	820~850 油	制作中小型热锻模（边长≤300~400 mm）
5CrNiMo	0.50~0.60	≤0.40	0.50~0.80	0.50~0.80	Mo：0.15~0.30	0.03	0.03	197~241	830~860 油	制作形状复杂、冲击载荷大的各种大、中型热锻模（边长>400 mm）
3Cr2W8V	0.30~0.40	≤0.40	≤0.40	2.20~2.79	W：7.50~9.00；V：0.20~0.50	0.03	0.03	270~255	1 075~1 125 油	制作压铸模，平锻机上的凸模和凹模，镶块，铜合金挤压模等
4Cr5W2VSi	0.32~0.42	0.08~1.20	≤0.40	4.50~5.50	W：1.60~2.40；V：0.60~1.00	0.03	0.03	≤229	1 030~1 050 油或空	可用于高速锤用模具与冲头，热挤压用模具及芯棒，有色金属压铸模等

续表

牌号	化学成分 w%					P	S	交货状态（退火）HBW	淬火温度/℃	应用
	C	Si	Mn	Cr	其他	不大于				
4Cr5MoSiV	0.33~0.43	0.08~1.20	0.20~0.50	4.75~5.50	Mo：1.10~1.60 V：0.30~0.60	0.03	0.03	≤235	790 ℃预热，1 100 ℃盐浴或1 010 ℃（炉控气氛）加热，保温5~15 min 空冷550 ℃回火	使用性能和寿命高于3Cr2W8V 钢。用于制作铝合金压铸模、热挤压模、锻模和耐500 ℃以下的飞机、火箭零件等
5Cr4W5Mo2V	0.32~0.42	0.08~1.20	≤0.40	4.50~5.50	Mo：1.50~2.10 V：0.70~1.10	0.03	0.03	≤269	1 100~1 150 油	热挤压模、精密锻造模具钢。常用于制造中、小型精锻模、或代替3Cr2W8V 钢作热挤压模具

(3) 塑料模具钢

① 塑料模具钢工作特点及性能要求。一般来说，塑料制品的强度、硬度、熔点比钢低得多，但塑料制品的表面质量要求很高，塑料的成分又比较复杂。因而，塑料模具失效的主要原因不是模具的磨损和开裂，而是模具表面质量下降。所以，塑料模具钢应具备的性能主要有：良好的加工性，易于蚀刻各种图文符号并且表面易达到高镜面度；足够的强度、韧性和耐磨性；热处理变形很小、变形方向性很小；良好的耐腐蚀性。

② 常用塑料模具钢。一般的中小型、形状简单的塑料模具，通常用碳素工具钢、合金工具钢、合金结构钢或铸铁等材料制造。为了适应塑料制品的发展，提高塑料制品的质量，开发研制了各种用途的塑料模具钢。其中，预硬型塑料模具钢国内外应用较广。所谓预硬型模具钢，这类钢由生产厂预先热处理至25~40 HRC 供货，模具加工成型后不需热处理直接使用，可保证模具使用要求。有的预硬钢还可进行表面渗氮或离子镀。预硬型模具钢，含碳量一般为中碳，钢中合金元素的种类比较多。典型钢种按其性能特点，主要有：

a. 3Cr2Mo 钢。通用型预硬钢，预硬硬度25~32 HRC，工艺性能优良，表面粗糙度 Ra 可达 0.025 μm，具备了塑料模具钢的综合性能。主要用于制作形状复杂、精密、大型塑料模具。

b. 5NiSCa 钢。复合系易切削高韧性预硬钢，预硬硬度30~35 HRC，表面粗糙度 Ra 为 0.10~0.05 μm，易于蚀刻各种图案。适宜制作高精密度、小粗糙度值的塑料模具。

c. PMS 钢。耐磨镜面预硬钢，预硬硬度38~45 HRC，镜面抛光性好，表面粗糙度 Ra 可达 0.008 μm，用于制作精度要求高、高镜面度、高透明度的塑料模具。可进行渗氮处理。

d. PCR 钢。耐蚀预硬钢，预硬硬度32~35 HRC，用于制作含氟、氯、氨成分的塑料制品和高硬耐蚀的塑料模具。

e. 无磁塑料模具钢。制作添加了铁氧体成分的塑料制品，需要在磁场内注射成型，要求模具本身无磁性，一般采用奥氏体钢制作；耐磨性要求高时采用无磁模具钢。

常用塑料模具钢的牌号、成分、性能及用途见表5-18。

表 5-18 常用塑料模具钢的牌号、成分、性能和用途

牌(代)号	化学成分 w/%									力学性能					用途举例
	C	Cr	Ni	Mo	Mn	Si	S	P	其他	试样状态	σ_b/MPa	σ_s/MPa	δ_5/%	φ/%	
3Cr2Mo	0.28~0.40	1.40~2.00		0.30~0.55	0.60~1.00	0.50	≤0.03	≤0.03		预硬硬度 33~55 HRC	1 120	1 020	16	61	制作各种塑料模具和低熔点金属压铸模
3Cr2NiMo	0.36~0.51	1.85	0.80~1.20	0.43	0.85	0.14	≤0.02	≤0.015		预硬硬度 35 HRC	1 200	1 030	15	60	是3Cr2Mo钢的改进型,用途同3Cr2Mo钢
S48C[①]	0.45~0.51	≤0.20	≤0.20		0.50~0.80										制作标准注塑模架和模板
Y55CrNiMnMoV	0.50~0.60	0.80~1.20	1.00~1.50	0.20~1.50	0.80~1.20		4.75~5.50		V0.10~0.30 Ca0.50						制作热塑性模具、线路板冲孔模、热固性塑料模具
5NiCa	0.50~0.60	0.89	0.90~1.30	0.52	1.19		0.028		V0.26 Ca0.003 6	预硬硬度 35~45HRC		1 083~1 392			制作高精度、小粗糙度值的塑料模具,例如录音机磁带门仓、收音机外壳、后盖、齿轮等塑料模具
PMS	0.06~0.16	2.80~3.40		0.20~0.50	1.40~1.70	≤0.35	0.04~0.05或≤0.01		Cu0.8~1.2 Al0.7~1.1	530 ℃时效预硬至 41.4 HRC	1 292.7	1 194.6	15	52.7	制作精度要求高、粗糙度值小、高透明度的塑料模具
718	0.33	1.80	0.90	0.20	0.80	0.30	≤0.008	0.015							制作镜面度高,或有细致刻纹及透明度要求高的塑料模具
PCR	≤0.07	15~17	3~5		<1.00	<1.00	≤0.03	≤0.03	Cu2.50~3.50 Nb0.20~0.40	460 ℃时效预硬至 46 HRC	1 428	1 324	14	38	制作高硬度耐蚀的塑料模具,例如氟氯塑料成形模具或成形机械
40CrMnNiMo	0.40~2.00		1.10~1.50	0.20			4.59~5.50								制作大型电视机外壳,洗衣机面板,厚度>400 mm的塑料模具

注:① S 表示塑料模具类。

常用塑料模具用钢可参考表 5-19。

表 5-19 常用塑料模具用钢

模具类型及工作条件	推荐用钢
中小模具、精度不高、受力不大、生产规模小的模具	45、40Cr、T10、10、20、20Cr
受磨损较大、受较大动载荷、生产批量大的模具	20Cr、12CrNi13、20CMnTi
大型复杂的注射成型模或挤压成型模	4Cr5MoSiV、4Cr5MoSiV1、4Cr3Mo3SiV、5CrNiMnMoVSCa
热固性成型模、高耐磨高强度的模具	9MnV、CrWMn、GCr15、Cr12、Cr12MoV、7CrSiMnMoV
耐腐蚀、高精度模具	2Cr13、4Cr13、9Cr18、Cr18MoV、3Cr2Mo、Cr14MoV、8Cr2MnWMoVS、3Cr17Mo
无磁模具	7Mn15Cr2AlV2WMo

4. 合金量具钢

量具用钢用于制造各种测量工具，如游标卡尺、千分尺、块规、塞规等。

（1）工作条件和性能要求

量具在使用过程中经常与工件接触，受到磨损和碰撞，因此对量具钢的主要性能要求是：工作部分有高硬度（58~64 HRC）和高耐磨性，以防止在使用过程中因磨损而失效；要求组织稳定、尺寸精度高，在使用过程中形状不变，以保证高的尺寸精度；有良好的磨削加工性和耐腐蚀性。

（2）常用钢种及热处理

量具我国目前没有专用钢，通常用弹簧钢、碳素工具钢、合金工具钢、轴承钢制造。

精度要求不高、形状简单的量具，如量规、量块、游标卡尺、套模等，用碳素工具钢 T10A、T12A 制造；使用频繁、精度要求不高的卡板、样板、直尺等，可选用 60、60Mn、65Mn 等经表面热处理。高精度的精密量具或形状复杂的量具，如块规、塞规、极限量规等，应选用热处理变形小的 9SiCr、CrWMn、GCr15 等钢制造。对于在化工、煤矿、野外使用的对耐蚀性要求较高的量具用 4Cr13、9Cr18 等钢制造。

量具的热处理一般是：球化退火，淬火 + 低温回火。为了获得高硬度和高耐磨性，回火温度可以低一些。

量具热处理重要的是保证尺寸稳定性。精度要求高的量具，淬火后立即进行冷处理（-50 ℃ ~ -80 ℃），使残余奥氏体转变成马氏体，然后在 150 ℃ ~ 160 ℃ 下低温回火。低温回火后，尚需进行一次人工时效处理（110 ℃ ~ 150 ℃，24 至 36 h），使马氏体正方度降低、残余奥氏体稳定和消除残余应力。量具精磨后要在 120 ℃ 下人工时效 2 至 3 h，以消除磨削应力。

5.2.6 特殊性能钢

特殊性能钢是指具有特殊物理化学性能并可在特殊环境下工作的钢，这类钢在化学成分、组织和热处理原理上，都与其他钢材不同。这类钢主要有不锈钢、耐热钢及耐磨钢等。

1. 不锈钢

不锈钢是指在自然环境和一定介质中具有耐腐蚀性能的钢种。广泛应用于石油、化工、原子能、航天、航海、医疗等行业，制造要求耐腐蚀的零构件。能够抵抗空气、蒸气和水等弱腐蚀性介质腐蚀的钢称为不锈钢；能够抵抗酸、碱、盐等强腐蚀性介质腐蚀的钢称为耐酸钢。一般来说，不锈钢不一定耐酸，而耐酸钢有良好的耐蚀性能。通常统称为不锈钢。

（1）金属的腐蚀和防护

金属表面受到周围介质作用而逐渐被破坏的现象称为腐蚀。据统计，全世界每年因腐蚀而报废的金属材料和设备，大约相当于全年金属产量的 1/3，且容易造成一些隐蔽性和突发性的严重事故，带来巨大的经济损失。腐蚀通常可分为化学腐蚀和电化学腐蚀。

化学腐蚀是金属与周围介质发生纯化学反应引起的腐蚀。一般发生在干燥的气体或不导电的流体场合。如，钢在高温下的氧化就属于典型的化学腐蚀。化学腐蚀的特点：腐蚀过程不产生微电流；温度越高，腐蚀越快；腐蚀发生于金属表面，一旦形成保护膜，腐蚀会中止。

电化学腐蚀是金属与电解质溶液（如酸、碱、盐）产生电化学作用引起的腐蚀。它是金属腐蚀最主要的形式。如金属在海水中发生腐蚀，地下金属管道在土壤中的腐蚀等。电化学腐蚀实质上是由于原电池作用引起的。图5-14 是 Zn-Cu 原电池示意图。锌和铜在电解质 H_2SO_4 溶液中形成原电池。由于锌的电位低，为阳极，铜的电位高，为阴极。锌（阳极）不断失去电子变为锌离子溶于电解质中，锌被腐蚀；铜（阴极）起传递电子的作用，而不被腐蚀，只发生析氢反应放出氢气。异种金属之间会形成原电池。同样，合金中由于组成相的电极电位不同，也会形成原电池，产生电化学腐蚀。如钢中珠光体，铁素体电位低为阳极，被腐蚀；渗碳体电位高为阴极，不被腐蚀。图5-15 是珠光体腐蚀示意图。电化学腐蚀的特点是：腐蚀过程产生微电流，电位低的失去电子被腐蚀；腐蚀是由表及里并具有选择性，如微孔、细隙、晶界、相界等；腐蚀导致的失效具有突然性。

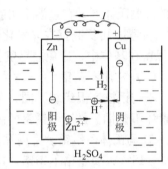

图5-14 Zn-Cu 原电池现象示意图

针对金属腐蚀的机理，特别是电化学腐蚀，可采取相应措施加以防护：

① 金属获得均匀的单相组织，避免形成原电池。如单相铁素体钢，单相奥氏体钢。

② 双相组织可采取提高基体的电极电位，缩小电极电位差，减缓金属的腐蚀速度。如在钢中加入大于 12% 的 Cr，则铁素体的电极电位由 -0.56 V 提高到 +0.20 V。

③ 在金属表面形成致密保护膜（又称钝化膜），不与电解质溶液接触，保护内部不受腐蚀。如 Cr、Al、Si 等合金元素易于在材料表面形成致密的氧化膜 Cr_2O_3、Al_2O_3、SiO_2 等。

（2）不锈钢化学成分特点

不锈钢的耐蚀性要求越高，碳含量越低。大多数不锈钢的 $w_C = 0.10\% \sim 0.20\%$，耐蚀性特别高的奥氏体不锈钢碳含量 $w_C \leq 0.03\%$。

不锈钢中加入的合金元素有，Cr、Ni、Mo、Cu、Ti、Nb、Mn、N 等。Cr 是不锈钢获得耐蚀性的基本合金元素。钢中 $w_{Cr} \geq 12\%$ 时，能提高基体铁素体的电极电位，减少原电池极

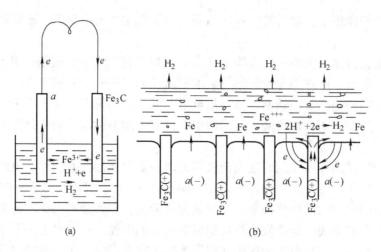

图 5-15 珠光体的电化学腐蚀

间电位差；Cr 在金属表面生成致密的 Cr_2O_3 保护膜；使钢获得单相铁素体组织。Ni 与 Cr 配伍扩大奥氏体区，在室温下可获得单相奥氏体组织，或形成奥氏体 + 铁素体组织。加入 Mo、Cu 等元素，可提高钢在非氧化性酸中的耐蚀能力。Ti、Nb 能优先同碳形成稳定碳化物，使 Cr 保留在基体中，避免晶界贫铬减轻钢的晶界腐蚀倾向。

(3) 常用不锈钢

不锈钢按室温组织不同，分为马氏体不锈钢、铁素体不锈钢、奥氏体不锈钢和奥氏体 + 铁素体不锈钢。常用不锈钢的牌号、成分、性能及用途见表 5-20。

① 马氏体不锈钢。常用马氏体不锈钢的含碳量为 $w_C = 0.1\% \sim 1.20\%$，含铬量为 $w_{Cr} = 12\% \sim 18\%$，属于铬不锈钢。这类钢含碳量比铁素体不锈钢高，淬火后能得到马氏体，故称为马氏体不锈钢。通常指 Cr13 型不锈钢和高碳 Cr17 型不锈钢。

Cr13 型钢。含碳量较低的 1Cr13、2Cr13 等钢类似调质钢。有较好的力学性能，具有抗大气、蒸汽等介质腐蚀的能力，常作为耐蚀的结构钢使用。用来制造力学性能要求较高、有一定耐蚀性的零件，如汽轮机叶片、医疗器械等。为了获得良好的综合性能，进行调质处理，得到回火索氏体组织。含碳量较高的 3Cr13、4Cr13 等钢，硬度为 50 HRC，用来制造耐蚀工具、不锈钢轴承及弹簧等。经淬火 + 低温回火，得到回火马氏体。

高碳 Cr17 型。7Cr17、11Cr17 等钢，类似工具钢。含碳量增加，强度和耐磨性提高，耐蚀性相对差一些。用于制造医疗手术工具、刃具、模具、轴承等。经淬火 + 低温回火，得到回火马氏体，硬度为 50 HRC。

② 铁素体不锈钢。常用铁素体不锈钢的含碳量较低，$w_C < 0.15\%$，含铬量为 $w_{Cr} = 12\% \sim 30\%$，属于铬不锈钢，通常指低碳 Cr17 型钢。因铬含量高，使奥氏体区缩小获得单相铁素体组织。这类钢从室温加热到高温 960 ℃ ~ 1 100 ℃，均不发生相变，其显微组织始终是单相铁素体，称为铁素体不锈钢。铁素体不锈钢不能用热处理方法强化，只能通过冷变形强化。

由于含碳量相应地降低，含铬量相应地提高，其耐蚀性、塑性、焊接性较好，具有良好的高温抗氧化性（700 ℃ 以下），特别是抗应力腐蚀性能较好。力学性能较马氏体不锈钢低。

表 5-20 常用不锈、耐蚀钢的牌号、成分、热处理、力学性能及用途（摘自 GB/T 1299—2000）

类别	牌号	化学成分 w/%						热处理温度/℃			力学性能					用途举例
		C	Si	Mn	Cr	Ni	其他	退火温度	固溶处理温度	淬火温度	回火温度	σ_b /MPa	$\sigma_{r0.2}$ /MPa	δ_5 /%	φ /%	A_k /J	HBW
铁素体型	1Cr17	≤0.12	≤0.75	≤1.00	16.00~18.00			780~850 空冷或缓冷				≥450	≥205	≥22	≥50		≤183	耐蚀性良好的通用不锈钢，用于建筑装潢、家用电器、家庭用具
	00Cr30Mo2	≤0.010	≤0.40	≤0.40	28.50~32.00		Mo: 1.50~2.50			900~1050 快冷		≥450	≥295	≥20	≥45		≤228	耐蚀性很好，用于耐有机酸、苛性碱设备，耐点腐蚀
马氏体型	1Cr13	≤0.15	≤1.00	≤1.00	11.50~13.50	≤0.60		800~900 缓冷		950~1000 油	700~750 快冷	≥540	≥345	≥25	≥55	≥78	≤159	良好的耐蚀性和切削加工性。制作刃具、一般用途零件和螺栓、螺母、日常生活用品等
	3Cr13	0.26~0.40	≤1.00	≤1.00	12.00~14.00	≤0.60		约750 快冷		920~980 油	600~750 快冷	≥735	≥540	≥12	≥40	≥24	≤217	制作硬度较高的耐蚀磨刃具、量具、喷嘴、阀座，医疗器械等
	7Cr17	0.60~0.75	≤1.00	≤1.00	16.00~18.00			800~920 缓冷		1010~1070 油冷	100~180 快冷						≥54 HRC	淬火、回火后，强度、韧性、硬度较好，可制作刃具、量具、轴承等
	11Cr17	0.95~1.20	≤1.00	≤1.00	16.00~18.00			退火		淬火	回火						≥58 HRC	所有不锈钢和耐热钢中，硬度最高。制作喷嘴、轴承等

续表

类别	牌号	化学成分 w/%						热处理温度/℃			力学性能				用途举例
		C	Si	Mn	Cr	Ni	其他	退火温度	固溶处理温度	淬火温度 回火温度	σ_b/MPa	$\sigma_{r0.2}$/MPa	δ_5/%	φ/% A_k/J	HBW	
奥氏体型	1Cr18Ni9	≤0.15	≤1.00	≤2.00	17.00~19.00	8.00~10.00			1050~1150 快冷		≥520	≥205	≥40	≥60	≤187	冷加工后有高的强度,用于建筑装潢材料和生产硝酸、化肥等化工设备零件
奥氏体型	0Cr19Ni9	≤0.08	≤1.00	≤2.00	18.00~20.00	8.00~10.50			1050~1150 快冷		≥520	≥205	≥40	≥60	≤187	应用最广泛的不锈耐蚀钢,制作食品、化工、核能设备的零件
奥氏体型	00Cr19Ni10	≤0.03	≤1.00	≤2.00	18.00~20.00	9.00~13.00			1010~1150 快冷		≥480	≥177	≥40	≥60	≤187	含碳量低,耐晶界腐蚀,制作焊后不热处理的零件
奥氏体铁素体型	0Cr26Ni5Mo2	≤0.08	≤1.00	≤1.50	23.00~28.00	3.00~6.00	Mo:1.00~3.00		950~1100 快冷		≥590	≥390	≥18	≥40	≤277	具有双相组织,抗氧化性及耐点蚀性好,强度高,制作耐海水腐蚀零件
奥氏体型	0Cr18Ni11Ti	≤0.08	≤1.00	≤2.00	17.00~19.00	9.00~13.00	Ti:>0.50		920~1150 快冷		≥520	≥205	≥40	≥50	≤187	加入Ti可提高耐晶界腐蚀性,不宜作装饰材料

典型牌号，Cr17型钢。1Cr17、1Cr17Mo等，耐蚀性良好的通用不锈钢，主要用于力学性能要求不高、耐大气、稀硝酸环境（如化工设备、容器、管道）结构件和建筑家庭装潢。

Cr27-30型钢。00Cr27Mo、00Cr30Mo2等，耐强腐蚀介质的耐酸钢，用于耐有机酸、苛性碱设备。

③ 奥氏体不锈钢。这类钢含碳量很低，平均含铬量 w_{Cr} = 18%，含镍量 w_{Ni} = 8% ~ 11%，属于铬镍不锈钢，通常称为18-8型不锈钢。因镍的加入，扩大了奥氏体区，在室温下得到单相奥氏体组织。有很好的耐蚀性和耐热性，不仅能抗大气、海水、燃气的腐蚀，而且能抗酸的腐蚀，抗氧化温度可达850 ℃。具有抗磁性，用其制造的电器、仪表零件不受周围磁场及地球磁场的影响。铬镍不锈钢为面心立方晶格，具有很好的塑性和韧性。奥氏体不锈钢在固态不发生相变，不能通过热处理强化，强化方式是冷变形强化，强化后的强度由600 MPa提高到1 200 ~ 1 400 MPa，可制作某些结构材料。是目前应用最广，耐蚀性能最好的不锈钢。

奥氏体不锈钢在退火状态下的组织为奥氏体+少量碳化物，碳化物的存在，对钢的耐蚀性有很大损害。为了获得单相奥氏体组织，提高耐蚀性，并使钢软化，应进行固溶处理。即，把钢加热至1 050 ℃ ~ 1 150 ℃，使全部碳化物溶解于奥氏体中，再水淬快冷至室温，获得单相奥氏体组织，称为固溶处理。固溶处理后的钢，不仅耐腐蚀性能好，而且塑性很好 δ = 40%，冷加工性能优良。显然，固溶处理与一般钢的淬火完全不同。

奥氏体不锈钢在450 ℃ ~ 850 ℃加热或焊接时，晶界处析出铬的碳化物 $(Cr,Fe)_{23}C_6$，导致晶界附近的 w_{Cr} < 11.7%，低于耐蚀的极限值，晶界附近就容易引起腐蚀，称为晶间腐蚀。为了防止晶间腐蚀，奥氏体不锈钢的含碳量一般控制在 $w_C \leq 0.10\%$，有时甚至控制在 $w_C \leq 0.03\%$ 左右，使钢中不形成铬的碳化物；加入Ti、Nb，使钢中优先形成TiC、NbC，而不形成铬的碳化物，以保证奥氏体中的含铬量。

为彻底消除晶间腐蚀倾向，固溶处理后再进行稳定化处理，即将钢加热到850 ℃ ~ 880 ℃，保温6 h，使钢中铬的碳化物 $(Cr,Fe)_{23}C_6$ 完全溶解，而钛或铌的碳化物部分溶解。然后缓慢冷却。在缓冷过程中，碳几乎全部稳定于TiC、NbC中，不会再析出 $(Cr,Fe)_{23}C_6$。

为消除冷加工或焊接后的残余应力，防止应力腐蚀，须进行充分的去应力退火处理。一般将钢加热到300 ℃ ~ 350 ℃消除冷加工应力；加热到850 ℃以上，消除焊接残余应力。

奥氏体不锈钢主要用于制作在腐蚀介质中工作的零件，如食品、化工、核工业的耐酸容器、管道、医疗器械、抗磁仪表等。奥氏体不锈钢较软，切削时易粘刀，通常用万能硬质合金刀具切削。典型牌号有，0Cr19Ni9、00Cr19Ni10、1Cr18Ni9Ti等。

近年来，在18-8钢的基础上，提高铬含量减少镍含量，再根据不同用途加入Mn、Mo、Si等元素，形成由铁素体（占20% ~ 60%）+奥氏体两相组成的双相不锈钢。铁素体的存在，提高了奥氏体钢抗晶间腐蚀能力；奥氏体的存在，降低了高铬铁素体钢的脆性。因此，得到了广泛的应用，如0Cr26Ni5Mo2钢。

2. 耐热钢

耐热钢是指在高温下具有热化学稳定性和热强性的特殊性能钢。

(1) 耐热钢工作条件及耐热性要求

在航空、航天、发动机、热能工程、化工及军事工业部门，高温下工作的零件，常常使用具有高耐热性钢。

钢的耐热性包括：高温抗氧化性和高温强度两个方面。

① 高温抗氧化性（又称热化学稳定性）。指金属在高温下对氧化作用的抗力。氧化是一种典型的化学腐蚀，在高温空气、燃烧废气等氧化性气氛中，金属与氧接触发生化学反应，生成的氧化膜就会附在金属的表面。随着氧化的进行，氧化膜的厚度继续增加，氧化腐蚀到一定程度后是否继续氧化，取决于金属表面氧化膜的性能。如果生成的氧化膜致密而稳定与基体金属结合力高，就能阻止氧原子向金属内部的扩散，降低氧化速度。相反，若氧化膜强度低，会加速氧化而使零件过早失效。一般碳钢在高温时表面生成疏松多孔的氧化亚铁（FeO），且易剥落。环境中氧原子不断地通过 FeO 扩散至钢基体，使钢连续不断地被氧化腐蚀。

耐热钢通过合金化方法，如向钢中加入 Cr、Si、Al 等元素后，钢在高温氧化环境下，表面就容易生成高熔点致密的且与基体结合牢固的 Cr_2O_3、SiO_2、Al_2O_3 等氧化膜，或与铁一起形成致密的复合氧化膜，抑制了 FeO 的生成，阻止了氧的扩散；另外为防止碳与 Cr 等抗氧化元素的作用而降低材料耐氧化性，耐热钢一般只含有较低的碳，$w_C = 0.1\% \sim 0.2\%$。

② 高温强度（又称热强性）。指钢在高温下抵抗塑性变形和破坏的能力。金属在高温下承受载荷时的力学性能有两个特点：一是温度升高，原子间结合力减弱，强度下降；二是在再结晶温度以上，即使金属承受的应力不超过该温度下的弹性极限，在恒定应力作用下也会缓慢地发生塑性变形，且变形量随时间的延长而增大，最后导致金属破坏，这种现象称为蠕变。提高钢的高温强度，最重要的是防止蠕变。我们不能指望全部消除蠕变，但可以减缓蠕变的过程。

提高钢的高温强度，通常采用以下几种方法：

a. 提高再结晶温度。在钢中加入合金元素 Cr、Ni、Mo、Mn 等，可提高钢中基体相固溶体的原子间结合力，使原子扩散困难，延缓再结晶过程的进行；

b. 利用析出弥散相而产生强化。在钢中加入 Ti、V、Nb、Mo、W 等合金元素以及 N、Al、B 等，形成稳定且均匀分布的碳化物 NbC、TiC、VC、WC 等或氮化物、硼化物等难熔化合物，它们在较高温度也不易聚集长大，起阻碍位错的运动、提高高温强度的作用。

c. 采用较粗晶粒的钢。高温下长时间使用的耐热钢，一般都是沿晶界断裂。因此，适当"粗化"的粗晶粒钢，其高温强度比细晶粒钢好。

（2）常用耐热钢

① 珠光体型耐热钢。这类钢碳的质量分数较低，合金元素总量 $w_{Me} < 3\% \sim 5\%$，是低合金耐热钢。常用牌号有 15CrMo 钢、12CrMoV 钢等。其工作温度小于 600 ℃。常用于制造锅炉炉管、汽轮机转子、热交换器、耐热紧固件等耐热构件。

② 马氏体型耐热钢。这类钢是在 Cr13 型不锈钢的基础上加入一定量的 W、Mo、V 等合金元素。常用牌号有 1Cr13 钢、1Cr11MoV 钢等。使用温度小于 650 ℃。一般在调质状态下使用，组织为均匀的回火索氏体。主要用于制造承受较大载荷的零件，如汽轮机叶片、增压器叶片、内燃机排气阀、转子、轮盘等，其中 4Cr9Si2 钢称为气阀钢。

③ 奥氏体型耐热钢。这类钢含有较多的 Cr 和 Ni，热强性与高温、室温下的塑性、韧性好，具有较好的冷作成形能力和可焊性，得到广泛应用。用于制造一些比较重要的零件，如燃气轮机轮盘和叶片、排气阀、锅炉用部件、喷气发动机的排气管等。

常用牌号有 1Cr18Ni9Ti 钢，常用作小于 900 ℃ 腐蚀条件下工作的部件、高温用焊接结构件；4Cr14Ni14W2Mo 钢（14-14-2 型钢），热强性、组织稳定性、抗氧化性均高于马氏体气阀钢 4Cr9Si2，常用于制造工作温度≥650 ℃的内燃机重负荷排气阀。这类钢一般要进行固溶处理和时效处理。

④ 铁素体型耐热钢。这类钢主要含有 Cr，以提高钢的抗氧化性。经退火后可制作工作温度小于 900 ℃的耐氧化零件，如散热器、喷嘴等。常用牌号有 1Cr17、2Cr25N 钢等。1Cr17 钢可长期在 580 ℃~650 ℃使用；2Cr25N 钢用于制作工作温度小于 1 080 ℃的高温抗氧化件，如燃烧室等。

选用耐热钢时，必须注意耐热钢允许的工作温度范围以及在该温度下的力学性能指标。

常用耐热钢的牌号、成分、热处理、性能及用途见表 5-21。

3. 高锰耐磨钢

耐磨钢主要是指在强烈冲击载荷或严重磨损下发生表面硬化的高锰钢。高锰耐磨钢在一般器工作条件优越性无法体现。

高锰耐磨钢的主要成分，含碳量高 $w_C = 0.9\% \sim 1.5\%$，以保证钢的耐磨性；含锰量高 $w_{Mn} = 11\% \sim 14\%$，锰是扩大奥氏体区的元素，保证热处理后得到单相奥氏体组织。由于高锰耐磨钢极易冷变形强化，很难进行切削加工，因此大多数高锰耐磨钢件采用铸造成型。

高锰钢的铸态组织是奥氏体 + 碳化物，而碳化物的存在要沿奥氏体晶界析出，降低了钢的韧性和耐磨性。为了使高锰钢具有良好的韧性和耐磨性，必须对其进行"水韧处理"，即将钢加热到 1 000 ℃~1 100 ℃，保温一定时间，使碳化物全部溶解到奥氏体中，然后在水中激冷，碳化物来不及析出，在室温下获得均匀单一的过饱和单相奥氏体组织。水韧处理后，钢的强度、硬度并不高，而塑性、韧性很好（$\sigma_b = 637 \sim 735$ MPa，硬度小于等于 229 HBW，$\delta_5 = 20\% \sim 35\%$，$A_k \geq 118$ J）。当工件在工作中受到强烈冲击或严重磨损时，高锰钢表面层的奥氏体会产生塑性变形出现强烈的加工硬化现象，并且还发生马氏体转变及碳化物沿滑移面析出，使表面层硬度迅速达到 500~600 HBW，耐磨性也大幅度增加，而心部则仍然是奥氏体组织，保持原来的高塑性和高韧性状态。当表面层磨损后，新露出的表面又可在强烈冲击或严重磨损时获得新的硬化层。需要指出的是，高锰钢经水韧处理后，不可再回火或在高于 300 ℃的温度下工作，否则碳化物又会沿奥氏体晶界析出而使钢脆化。

高锰钢通常将锰碳比（Mn/C）控制在 9~11 之间。对于以耐磨性为主、低冲击载荷、形状较简单的零、构件，锰碳比取低限（$w_{Mn} = 11\% \sim 14\%$，$w_C = 1.1\% \sim 1.5\%$），牌号 ZGMn13-1，ZGMn13-2，常用于制作球磨机衬板，破碎机颚板等；对于以高冲击载荷为主、耐磨性稍低、形状较复杂的

高韧性零、构件，锰碳比一般取高限（$w_{Mn} = 11\% \sim 14\%$，$w_C = 0.9\% \sim 1.3\%$），牌号 ZGMn13-3，ZGMn13-4，常用于制作挖掘机斗齿，坦克、拖拉机的履带板，铁路道岔，防弹钢板和保险柜钢板等。

高锰钢是非磁性钢，可用于制造既耐磨又抗磁化的零件，如吸料器的电磁铁罩等。

常用高锰耐磨钢的牌号、成分、热处理、性能及用途见表 5-22。

表 5-21 常用耐热钢的牌号、成分、热处理、力学性能及用途（摘自 GB/T 1221—2007）

类别	牌号	化学成分 w/%						热处理温度/℃				力学性能					用途举例
		C	Mn	Si	Ni	Cr	其他	退火温度	固溶处理温度	淬火温度	回火温度	σ_b/MPa	$\sigma_{r0.2}$/MPa	δ_5/%	φ/%	A_k/J	HBW
珠光体型	15CrMo	0.12~0.18	0.40~0.70	0.17~0.37		0.8~1.10	Mo: 0.4~0.55 W: 0.8~1.10			900~950 空冷	630~700 空冷	≥440	≥295	≥22	≥60	≥12	≥179	≤550 ℃ 锅炉受热管子、垫圈等
珠光体型	12CrMoV	0.08~0.15	0.40~0.70	0.17~0.37		0.40~0.60	Mo: 0.25~0.35 V: 0.15~0.30			960~980 空冷	700~760 空冷	≥440	≥225	≥22	≥50	≥10	≥241	≤570 ℃ 汽轮机叶片、过热器管、导管等
马氏体型	1Cr13	≤0.15	≤1.00	≤1.00	≤0.60	11.50~13.50		800~900 缓冷或约 750 快冷		950~1 000 油冷	700~750 快冷	≥540	≥345	≥25	≥55	≥78	≥159	用于 <800 ℃ 抗氧化件
马氏体型	4Cr9Si2	0.35~0.50	≤0.70	2.00~3.00	≤0.60	8.00~11.00				1 020~1 040 油冷	700~780 油冷	≥885	≥590	≥19	≥50			有较高的热强性，用于 <700 ℃ 内燃机进气阀或轻载荷发动机排气阀
马氏体型	1Cr11MoV	0.11~0.18	≤0.60	≤0.50	≤0.60	10.0~11.50	Mo:0.50~0.70 V:0.25~0.40			1 050~1 100 空冷	720~740 空冷	≥685	≥490	≥16	≥55	≥47		兼有热强性、组织稳定性和减震性。用于制作汽轮机叶片和导向叶片
马氏体型	1Cr12WMoV	0.12~0.18	0.50~0.90	≤0.50	0.40~0.80	11.0~13.0	W: 0.70~1.70 Mo: 0.5~0.7			1 000~1 050 油	680~700 空冷	≥735	≥585	≥15	≥40	≥47		较好的热强性，组织稳定性和减震性。用作汽轮机叶片、轮盘和紧固件
奥氏体型	1Cr18Ni9Ti	≤0.12	≤2.00	≤1.00	8.00~11.00	17.0~19.0	Ti: 0.5~0.8		1 000~1 100 快冷			≥520	≥205	≥40	≥50		≤187	良好的耐热和抗蚀性。制作加热炉管、燃烧室筒体、退火炉罩等。也是不锈耐蚀钢
奥氏体型	0Cr25Ni20	≤0.08	≤2.00	≤1.50	19.0~22.0	24.0~26.0			1 030~1 180 快冷			≥520	≥205	≥40	≥60		≤187	抗氧化钢，可承受 1 035 ℃ 加热。可制作炉用材料，汽车净化装置耐蚀材料

续表

类别	牌号	化学成分 w/%							热处理温度/℃				力学性能				用途举例
		C	Mn	Si	Ni	Cr	其他		退火温度	固溶处理温度	淬火温度	回火温度	σ_b/MPa	$\sigma_{-0.2}$/MPa	δ_5/%	φ/%	A_k/J	HBW	
奥氏体型	0Cr18Ni11Ti	≤0.08	≤2.00	≤1.00	9.00~13.00	17.0~19.0			920~1150 快冷			≥520	≥205	≥40	≥50		≤187	用作400 ℃~900 ℃腐蚀介质中材料。高温焊接件
	4Cr14Ni14W2Mo	0.40~0.50	≤0.70	≤0.80	13.00~15.00	13.00~15.00	Mo:0.25~0.40 W:2.00~2.75			820~850 快冷			≥705	≥315	≥20	≥35		≤248	用作500 ℃~600 ℃锅炉和汽轮机零件,内燃机重载荷排气阀
	3Cr18Mn12Si2N	0.22~0.30	10.50~12.50	1.40~2.20		17.0~19.0	N:0.22~0.33			1100~1150 快冷			≥685	≥390	≥35	≥45		≤248	有较高的热强性,有抗氧化性、抗渗碳和抗碳化作用。用作渗碳炉构件,加热炉传送带、料盘、炉爪等。最高使用温度1 000 ℃
铁素体型	0Cr13Al	≤0.08	≤1.00	≤1.00		11.50~14.50	Al:0.10~0.30		780~830 空冷或缓冷				≥410	≥175	≥20	≥60		≥183	燃气轮机、压缩机叶片,淬火台架,退火箱
	1Cr17	≤0.12	≤1.00	≤0.75		16.0~18.0			780~850 空冷或缓冷				≥450	≥205	≥22	60		≥183	用于<900 ℃的抗氧化部件,如散热器、喷嘴、炉用部件
	00Cr12	≤0.03	≤1.00	≤0.75		11.0~13.0			退火				≥365	≥195	≥22	≥60		≥183	用于要求焊接的部件,如汽车排气净化装置、燃烧室、喷嘴
	2Cr25N	≤0.20	≤1.50	≤1.00	≤0.60	23.00~27.00	N:≤0.25		780~880 快冷				≥510	≥275	≥20	≥40		≤201	用于1 080 ℃以下抗高温氧化件,如燃烧室等

表 5-22 常用耐磨钢铸件牌号、化学成分、热处理、力学性能及用途（摘自 GB/T 5680-1998）

牌号	化学成分 w/%					热处理		力学性能				用途举例
	C	Si	Mn	S	P	淬火温度/℃	冷却介质	σ_b/MPa	δ_5/%	A_k/J	HBW	
								不小于			不小于	
ZGMn13-1	1.00~1.50	0.30~1.00	11.00~14.00	≤0.05	≤0.09	1060~1100	水	637	20		229	用于结构简单、要求以耐磨为主的低冲击铸件，如衬板、齿板、辊套、铲齿等
ZGMn13-2	1.00~1.40	0.30~1.00	11.00~14.00	≤0.05	≤0.09	1060~1100	水	637	20	118	229	
ZGMn13-3	0.90~1.30	0.30~0.80	11.00~14.00	≤0.05	≤0.08	1060~1100	水	686	25	118	229	用于结构复杂、要求以韧性为主的高冲击铸件，如履带板等
ZGMn13-4	0.90~1.20	0.30~0.80	11.00~14.00	≤0.05	≤0.07	1060~1100	水	735	35	118	229	

5.3 项目小结

钢种	成分特点	热处理	组织	主要性能	典型牌号	用途
碳素结构钢	低碳、含S、P较多	一般不用	F+P	强度较低，塑性、韧性、冷变形性好	Q235-AF	多制成型材，用于铁道、桥梁、各类建筑工程
优质碳素结构钢	含S、P较少，既保证化学成分，又保证力学性能	根据所需性能选用不同的热处理	由热处理决定	由含碳量和热处理决定	08F、20、45、65Mn	大多数用于制造机械零件
碳素工具钢	高碳	淬火+低温回火	高碳M回火+碳化物	强度、硬度较高，耐磨性好	T8、T8A T10、T10A T12、T12A	制造受热程度较低尺寸较小的手工工具及低速、小走刀量的机加工工具，以及尺寸较小的模具和量具

续表

钢种	成分特点	热处理	组织	主要性能	典型牌号	用途
铸造碳钢	中、低碳	正火 + 高温回火	F+S 回火	良好的铸造性、一定的强度、韧性	ZG200-400 ZG310-570	形状复杂、力学性能要求较高的难以锻压成形的机械零件，如箱体、齿轮
低合金高强度结构钢	低碳低合金	一般不用	F+P	高强度、良好塑性和焊接性	Q345	桥梁、船舶、车辆、管道、压力容器等
低合金耐候性钢	低碳低合金	一般不用	F+P	良好耐大气腐蚀能力	12MnCuCr	要求高耐候的结构件
合金调质钢	中碳合金	调质	S 回火	良好的综合力学性能	40Cr 35CrMo	齿轮、轴等零件
合金渗碳钢	低碳合金	渗碳+淬火 + 低温回火	表层：高碳 M 回火+碳化物 心部：低碳 M 回火	表面硬、耐磨，心部强而韧	20Cr 20CrMnTi	齿轮、轴等耐磨性要求高，且受冲击的重要零件
合金弹簧钢	高碳合金	淬火 + 中温回火	T 回火	高的弹性极限	60Si2Mn 50CrVA	大尺寸重要弹簧
滚动轴承钢	高碳铬钢	淬火 + 低温回火	高碳 M 回火 + 碳化物	高硬度、高耐磨性	GCr15 GCr15SiMn	滚动轴承元件
低合金刃具钢	高碳低合金	淬火 + 低温回火	高碳 M 回火 + 碳化物	高硬度、高耐磨性	9SiCr 9Mn2V	低速刃具，如丝锥、板牙、铰刀等
冷作模具钢	高碳低合金	淬火 + 低温回火	高碳 M 回火 + 碳化物	高硬度、高耐磨性	CrWMn	制作截面较大、形状复杂的各种冷作模具。采用二次硬化法的模具还适用于在 400 ℃ ~ 450 ℃条件下工作
	高碳高铬	高温淬火 +多次高温回火		热硬性好、硬耐磨	Cr12 Cr12MoV	
热作模具钢	中碳合金	淬火+高温回火或淬火 + 中温回火	S 回火或 T 回火	较高的强度和韧性，良好的导热性、耐热疲劳性	5CrNiMo 5CrMnMo	500 ℃热作模具

续表

钢种	成分特点	热处理	组织	主要性能	典型牌号	用途
高速钢	高碳高合金	高温淬火+多次回火	高碳M回火+碳化物	高硬度、高耐磨性、好的热硬性	W18Cr4V W6Mo5Cr4V2	铣刀、拉刀等热硬性要求高的刃具、冷作模具
不锈钢	低碳高铬或低碳高铬高镍	（以奥氏体不锈钢为例）高温固溶处理	A	优良的耐蚀性、好的塑性和韧性	1Cr18Ni9	用作耐蚀性要求高及冷变形成形的受力不大的零件。
耐热钢	低中碳高铬或低中碳高铬高镍	（以铁素体耐热钢为例）800 ℃退火	F	具有高的抗氧化性	1Cr17	作 900 ℃以下耐氧化部件，如炉用部件、油喷嘴等
高锰耐磨钢	高碳高锰	高温水韧处理	A	在巨大压力和冲击下，才发生硬化	ZGMn13－3	高冲击耐磨零件，如坦克履带板等

思考题与练习题

一、判断题

1. 低合金钢是指含碳量低于 0.25% 的合金钢。
2. GCr15SiMn 钢属于高合金钢。
3. 溶入奥氏体中的所有合金元素，都能降低钢的淬火临界冷却速度。
4. T12 钢与 20CrMnTi 钢比较，淬透性和淬硬性都较低。
5. 3Cr2W8V 的平均含碳量为 0.3%，所以它是合金结构钢。
6. 30CrMnSi 和 3Cr2W8V 的含碳量基本相同，它们都是合金结构钢。
7. 合金钢只有经过热处理，才能显著提高其力学性能。
8. 合金钢不经过热处理，其力学性能也比碳钢高得多。
9. 合金弹簧钢的热处理是：渗碳＋淬火＋中温回火，得到的是回火托氏体组织。
10. GCr15 钢是滚动轴承钢，但又可制造量具、刃具和冷冲模具等。
11. Cr12MoV 钢是不锈钢。
12. 9SiCr 钢适宜制造要求热处理变形小、形状复杂和低速薄刃刀具，如板牙、铰刀。
13. 合金工具钢都是高级优质钢。
14. 红硬性高的钢，必定有较高的回火稳定性。
15. T12A 和 CrWMn 钢的含碳量基本相同，所以它们的红硬性、耐磨性也相同。
16. 不锈钢中的含碳量越高，其耐腐蚀性越好。
17. 铬镍不锈钢的耐蚀性比铬不锈钢的耐蚀性要好。
18. 高锰耐磨钢和合金工具钢一样，均具有优良的耐磨性，耐磨原理也是相同的。

二、问答题

1. 合金钢中经常加入的合金元素有哪些？按其与碳的作用如何分类？
2. 合金元素对 Fe–Fe_3C 合金状态图有什么影响？这种影响有什么重要意义？
3. 为什么碳钢在室温下不存在单一的奥氏体或单一的铁素体组织；而合金钢中有可能存在这类组织？
4. 为什么含 Ti、Cr、W 等合金钢的回火稳定性比碳素钢的高？
5. 合金渗碳钢中常加入哪些合金元素？它们对钢的热处理、组织和性能有何影响？
6. 说明合金调质钢的最终热处理的名称及目的。
7. 为什么合金弹簧钢把 Si 作为重要的主加合金元素？弹簧淬火后为什么要进行中温回火？
8. 为什么滚动轴承钢的含碳量均为高碳？而又限制钢中含 Cr 量不超过 1.65%？滚动轴承钢预备热处理和最终热处理的特点是什么？
9. 一般刃具钢要求什么性能？高速钢要求什么性能？为什么？
10. 高速钢经铸造后为什么要经过反复锻造？锻造后切削前为什么要进行退火？淬火温度选用高温的目的是什么？淬火后为什么需进行三次回火？
11. 什么叫热硬性（红硬性）？它与"二次硬化"有何关系？W18Cr4V 钢的二次硬化发生在哪个回火温度范围？如何避免与预防？
12. 模具钢分几类？各采用何种最终热处理工艺？为什么？
13. 不锈钢通常采取哪些措施来提高其性能？说明不锈钢的分类及热处理特点。
14. 影响耐热钢热强性的因素有哪些？如何解决？
15. ZGMn13 钢为什么具有优良的耐磨性和良好的韧性？
16. 用 20CrMnTi 钢制作的汽车变速齿轮，拟改用 40 钢和 40Cr 钢经高频淬火是否可以？为什么？
17. 为什么一般钳工用锯条烧红后置于空气中冷却即变软，并可进行加工；而机用锯条烧红后（约 900 ℃）置于空气中冷却，仍有高的硬度？
18. 下列钢材的组织是用什么热处理工艺获得？
    (1) 40Cr 表面是回火马氏体，心部是回火索氏体；
    (2) 20CrMnTi 钢表面是回火马氏体和碳化物，心部是低碳马氏体；
    (3) 60Si2Mn 钢获得回火托氏体；
    (4) 9SiCr 钢获得细回火马氏体和碳化物；
    (5) W18Cr4V 钢获得索氏体和粒状碳化物。
19. 指出下列牌号的钢种，并说明其数字和符号的含义，每个牌号的用途各举实例 1~2 个。

　　Q345、20CrMnTi、40Cr、60Si2Mn、GCr15、9SiCr、W18Cr4V、W6Mo5Cr4V2、1Cr18Ni9Ti、1Cr13、7Cr17、Cr12MoV、5CrNiMo。

项目六 铸 铁

➤ 知识目标

（1）了解铸铁的石墨化。
（2）熟悉各种铸铁的特点、性能及应用。
（3）了解合金铸铁的性能及应用。

➤ 能力目标

（1）能根据金相组织图，分辨出铸铁的种类。
（2）能根据常见工件的要求合理选用铸铁材料。

➤ 引言

通过前面内容的学习，我们已经知道了铸铁虽然硬度很高，但脆性很大，并且强度、韧性也远低于钢。截止到目前，铸铁仍广泛使用，甚至某些场合还代替了钢，到底什么原因使得力学性能较差的铸铁得以广泛使用，它究竟还具备了哪些钢所不及的特点？

铸铁是以铁、碳、硅为组元的多元合金，是工业生产中最重要的工程材料之一。在$Fe-Fe_3C$相图中是含碳量大于2.11%的铁碳合金。铸铁与钢的主要区别是铸铁中碳、硅含量较高，杂质元素S、P含量较多，在加工手段上铸铁制成零件毛坯只能用铸造方法，不能用锻造或轧制方法。工业上实际应用的常用铸铁的成分范围是：w_C = 2.3% ~ 4.0%，w_{Si} = 1.0% ~ 3.0%，w_{Mn} = 0.3% ~ 1.4%，w_P = 0.05% ~ 1.0%，w_S = 0.05% ~ 0.15%。有时还加入一些合金元素，如：Cr、Mo、V、Cu、Al等，获得耐高温、耐热、耐蚀、耐磨、无磁性等各类特殊性能的铸铁。

铸铁中的碳除极少量固溶于铁素体外，主要以化合态（渗碳体，Fe_3C）或游离态（石墨，G）的形式存在。根据碳在铸铁中存在的形式不同，铸铁可分为：

①白口铸铁。碳主要以渗碳体的形式存在，断口呈银白色。这类铸铁的组织中都存在共晶莱氏体。因此，白口铸铁硬度高，脆性大，工业上很少直接用于制造机械零件。主要作

为炼钢原料（通常称为生铁）和生产可锻铸铁的坯料。有时利用它的高硬度和高耐磨的特性，制作一些耐磨工件，如犁铧、轧辊、球磨机的磨球等。

② 灰口铸铁。碳大部分或全部以石墨的形式存在，断口呈暗灰色。按石墨的形态不同，又可分为灰铸铁（石墨以片状形态存在）、球墨铸铁（石墨以球状形态存在）、可锻铸铁（石墨以团絮状形态存在）、蠕墨铸铁（石墨以蠕虫状形态存在）等。这类铸铁，尤其是灰铸铁，在机械制造、冶金、石油、化工、交通和国防工业等部门应用很广。若按整机质量计算，在各类机械中铸铁件约占 40%～70%，在机床和重型机械中可达 60%～90%。

③ 麻口铸铁。碳一部分以渗碳体的形式存在，一部分以石墨的形式存在，断口呈灰白色相间。这类铸铁硬脆性较大，故工业上应用很少。

6.1 铸铁的石墨化

6.1.1 铁碳合金双重相图

1. 石墨的特性

石墨（G），$w_C \approx 100\%$，具有简单六方晶格，如图 6-1 所示。碳原子呈层状排列，同一层面上的原子间距较小为 0.142 nm，原子间结合力较强。两层面之间的距离较大为 0.340 nm，原子间结合力较弱。由于石墨晶体具有这样的结构特点，从液态中结晶时，沿六方晶格每个原子层面方向上的生长速度大于原子层间方向上的生长速度，即层的扩大较快，而层的加厚慢，使其易形成片状，导致层面之间容易相对滑动。因此，石墨的强度不高（抗拉强度约为 20 MPa），塑性、韧性接近于零，硬度仅为 3 HBW。石墨的存在相当于铸铁完整的基体上出现孔洞和裂缝一样，分割、破坏了基体的连续性，它的形状、数量、大小及分布是决定铸铁组织和性能的关键。

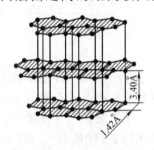

图 6-1 石墨的晶体结构

2. 铁碳合金双重相图

熔融状态的铁液在冷却过程中，由于碳、硅的含量和冷却条件的不同，既可以从液相或奥氏体中直接析出渗碳体，也可以从液相或奥氏体中直接析出石墨。因此，描述铁碳合金结晶过程和组织转变的相图实际上就有两个，一个是 Fe-Fe$_3$C 相图，描述 Fe$_3$C 的析出规律；另一个是 Fe-G 相图，描述 G 的析出规律。为了便于比较和应用研究铸铁，通常把两者叠合在一起，称为铁碳合金双重相图，如图 6-2 所示。图中的实线表示 Fe-Fe$_3$C 相图，虚线表示 Fe-G 相图。虚线均位于实线上方或左上方，说明 Fe-G 相图比 Fe-Fe$_3$C 相图更为稳定。石墨是稳定相，渗碳体是亚稳定相，在一定条件下渗碳体将分解为铁素体和石墨（Fe$_3$C→3Fe+G）。根据合金的成分和结晶条件不同，铁碳合金的石墨化可以全部和部分地按照其中的一个相图进行。

6.1.2 铸铁的石墨化

铸铁中碳原子析出和形成石墨的过程称为石墨化。

按 Fe-G 相图，可将铸铁结晶时石墨化过程分为三个阶段。

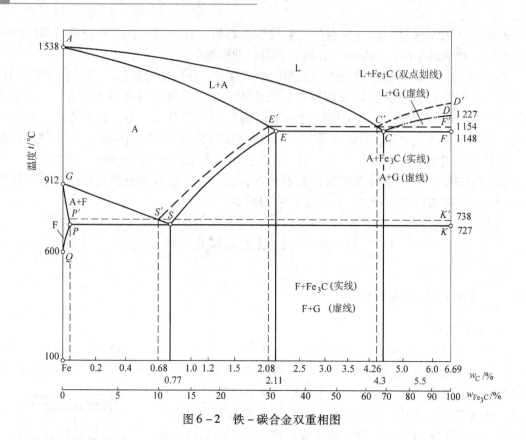

图 6-2 铁-碳合金双重相图

第一阶段（高温阶段）石墨化：包括从铸铁液中结晶出一次石墨 G_I 和 1 154 ℃ 发生共晶转变析出共晶石墨 $G_{共晶}$。共晶反应式：$LC' \rightarrow AE' + G_{共晶}$。

第二阶段（中温阶段）石墨化：在共晶温度和共析温度之间（1 154 ℃ ~ 738 ℃），奥氏体沿 ES 线析出二次石墨 G_{II}。

第三阶段（低温阶段）石墨化：在 738 ℃，发生共析转变析出共析石墨 $G_{共析}$。共析反应式：

$$AS' \rightarrow FP' + G_{共析}$$

上述成分的铁液若按 Fe-Fe_3C 相图进行结晶，然后由渗碳体分解出石墨，石墨化过程同样可分为三个阶段。

第一阶段：一次渗碳体和共晶渗碳体在高温下分解析出石墨；

第二阶段：二渗碳体分解析出石墨；

第三阶段：共析渗碳体分解析出石墨。

按石墨化程度的不同，可获得不同类型的铸铁。如果三个阶段石墨化均被抑制，碳以 Fe_3C 形式存在于铸铁中，则称为白口铸铁；如果三个阶段石墨化均充分进行，碳主要以 G 形式存在于铸铁中，则称为灰口铸铁；如果第一、第二阶段石墨化过程部分进行，而第三阶段石墨化过程没有进行，碳以 G 和 Fe_3C 两种形式存在于铸铁中，则称为麻口铸铁。

铸铁的最终组织同样取决于石墨化程度。在第一、第二阶段温度高，碳原子的扩散能力强，石墨化过程比较容易进行，石墨化也主要发生于此；在第三阶段温度低，碳原子的扩散能力较弱，石墨化过程进行困难。在铸铁的全部冷却过程中，若三个阶段石墨化过程均充分进行，则形成铁素体+石墨的组织；若第一、第二阶段石墨化过程充分进行，第三阶段石墨化过程部分进行，则形成铁素体+珠光体+石墨的组织；若第一、第二阶段石墨化过程充分进行，第三阶段石墨化过程全部未进行，则形成珠光体+石墨的组织。

6.1.3 影响石墨化的因素

影响铸铁石墨化的因素虽然很多，但主要因素是铸铁的化学成分和冷却速度。

1. 化学成分的影响

碳、硅、锰、硫、磷对石墨化有不同影响。其中碳和硅是强烈促进石墨化的元素。铸铁中碳、硅含量越高，石墨化越容易进行，越容易得到灰口组织，因此，灰口铸铁中碳和硅的含量都比较高（一般含碳量为2.7%~3.6%，含硅量为1.0%~2.3%）。

锰是阻碍石墨化的元素。但锰与硫结合生成MnS，减弱硫的有害影响，又可间接促进石墨化。铸铁中的含锰量要适当，过高的含锰量易产生游离渗碳体，增加铸铁的脆性，一般在0.5%~1.4%范围内。

硫是强烈阻碍石墨化的元素，强烈促进形成白口组织，而且降低铁液的流动性，恶化铸造性能。应严格控制硫的含量，一般铸铁中$w_S \leqslant 0.15\%$以下。

磷是微弱促进石墨化的元素。磷可以提高铁液的流动性和耐磨性，但增加铸件的冷裂倾向。一般铸铁中$w_P < 0.3\%$。

2. 冷却速度的影响

一定成分的铸件，石墨化程度取决于冷却速度。铸件冷却速度越缓慢，原子扩散越充分，越有利于石墨化过程的充分进行。冷却速度越快，原子扩散更加困难，析出渗碳体的可能性就越大。

影响铸铁冷却速度的因素主要有浇注温度、铸件壁厚、铸型材料等。当其他条件相同时，提高浇注温度可使铸型温度升高，冷却速度减慢；铸件壁厚越大、铸型材料导热性越差，冷却速度越慢。

由图6-3可知，铸件壁越薄，碳、硅含量越低，越易形成白口组织。因此，调整碳、硅含量及冷却速度是控制铸铁组织和性能的重要措施。

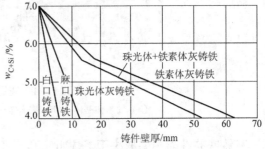

图6-3 铸铁的成分和冷却速度对铸铁组织的影响

6.2 灰铸铁

灰铸铁是价格最便宜、应用最广泛的铸铁，在各类铸铁的总产量中，灰铸铁占80%以上。灰铸铁中的碳主要以片状石墨形态析出。

6.2.1 灰铸铁的成分、组织和性能

灰铸铁的成分大致范围为：$w_C = 2.5\% \sim 4.0\%$，$w_{Si} = 1.0\% \sim 2.5\%$，$w_{Mn} = 0.5\% \sim 1.4\%$，$w_S \leqslant 0.15\%$，$w_P \leqslant 0.3\%$。在铸铁中，灰铸铁的碳当量接近共晶成分。

灰铸铁的组织是钢的基体＋片状石墨。灰铸铁的金属基体和碳钢的组织相似，依化学成分、工艺条件和热处理状态不同，可以分为铁素体基体、铁素体＋珠光体基体和珠光体基体三种，它们的显微组织如图6－4所示。

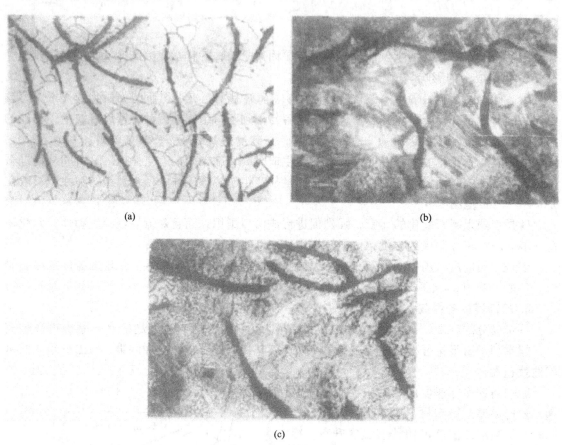

图6－4　灰铸铁的显微组织
（a）铁素体基体；（b）铁素体——珠光体基体；（c）珠光体基体

灰铸铁的性能主要取决于基体组织和石墨的形态。当基体组织一定时，灰铸铁的性能主要取决于石墨的形态、数量、大小及分布；当石墨存在的形态一定时，灰铸铁的性能取决于基体组织。灰铸铁中存在的片状石墨，长厚比大于50。就力学性能而言，由于石墨的特点，在铸铁中相当于在钢的基体上分布了许多裂缝和孔洞，分割、破坏了基体的连续性，减小了基体的有效承载面积。在外力作用下片状石墨尖角处易引起应力集中。因此，灰铸铁的抗拉强度比相应基体的钢低得多，特别是塑性、韧性极低。石墨片数量越多越粗大，石墨片的长度越长，石墨的两端越尖锐，分布越不均匀，其抗拉强度越低。灰铸铁的抗压强度、硬度与耐磨性主要取决于基体，石墨的存在对其影响不大，灰铸铁的抗压强度一般是其抗拉强度的3～4倍。故灰铸铁的抗压强度、硬度与耐磨性与相应基体的钢相似。珠光体基体比铁素体基体灰铸铁的抗压强度、硬度与耐磨性都高，而塑性、韧性低；铁素体＋珠光体基体灰铸铁的性能介于前二者之间。

石墨虽然降低了铸铁的强度、塑性和韧性，但也使铸铁获得了一些优良性能：

① 铸造性能好。灰铸铁的含碳量接近共晶成分，熔点低，流动性好。结晶过程中析出石墨，部分补偿了基体的收缩，故收缩率较小。灰铸铁能够铸造形状复杂或较薄壁的铸件。

② 切削加工性好。由于石墨分割、破坏了基体的连续性，切削加工时切屑易脆断。石墨对刀具有润滑作用。所以，灰铸铁的可切削加工性优于钢。

③ 减磨、消振性好。石墨本身是良好的润滑剂，石墨从基体上剥落后形成的显微孔洞有吸附和储存润滑油的作用，可起减磨作用。石墨比较疏松，能吸收振动能，阻隔振动传播。其减振能力比钢高10倍左右。

④ 缺口敏感性低。铸铁中石墨的存在就相当于许多缺口，致使外来缺口（如刀痕、键槽、油孔等）的作用相对减弱，对缺口敏感性低。

6.2.2 灰铸铁的孕育处理

因片状石墨导致灰铸铁的力学性能较低，为了提高灰铸铁的力学性能，生产中常采用孕育处理。即，在浇注前向铁液中加入一定量的孕育剂，以获得大量的、高度弥散的人工晶核，从而获得细珠光体+细小均匀分布的片状石墨组织，减小石墨片对基体组织的割裂作用，使灰铸铁的力学性能得到提高。经孕育处理的灰铸铁，称为孕育铸铁。

生产中常用的孕育剂为 $w_{Si}=75\%$ 的硅铁或 $w_{Si}=60\%\sim65\%$，$w_{Ca}=40\%\sim35\%$ 的硅钙合金。其原因是除了价格便宜外，主要是它在孕育后的短时间内（约5~6 min）有良好的孕育效果。加入量为铁液质量的0.3%~0.7%。孕育剂加入铸铁液内（采用包底冲入法），立即形成大量的、高度弥散的 SiO_2、CaO 的难熔质点，成为非自发晶核。铸铁中的碳以这些非自发晶核为核心形成细小的片状石墨，均匀地分布在基体中。结晶过程几乎是在整个铁液中同时进行，使铸铁各部位截面上都能得到均匀一致的组织与性能，具有断面缺口敏感性小的特点。

孕育铸铁不仅强度有较大提高，而且塑性和韧性也有所改善。常用来制造力学性能要求较高、截面尺寸变化大的铸件。如汽缸、曲轴、凸轮、机床床身等。

6.2.3 灰铸铁的牌号与应用

我国灰铸铁的牌号用"HT"（"灰铁"二字的汉语拼音字首）和一组数字来表示，数字表示最低抗拉强度值（MPa）。例如HT200，表示最低抗拉强度为200 MPa的灰铸铁。灰铸铁铸造性能好，收缩率较小，主要用于铸造承受耐压、形状复杂或壁厚较薄的铸件。选择铸铁牌号时，应注意同一牌号中随铸件壁厚的增加，其抗拉强度降低，应使铸件受力处的主要壁厚或平均壁厚与其抗拉强度相一致。

灰铸铁的牌号、不同壁厚铸件的力学性能和用途见表6-1（摘自GB/T 9439—88）。

表6-1 灰铸铁牌号、不同壁厚铸件的力学性能和用途（摘自GB 9439—88）

铸铁类别	牌号	铸件壁厚/mm	力学性能 σ_b/MPa≥	HBW	用途举例
铁素体灰铸铁	HT100	2.5~10	130	110~166	适用于载荷小、对摩擦和磨损无特殊要求的不重要零件，如防护罩、盖、油盘、手轮、支架、底板、重锤、小手柄等
		10~20	100	93~140	
		20~30	90	87~131	
		30~50	80	82~122	

续表

铸铁类别	牌号	铸件壁厚/mm	力学性能 σ_b/MPa ≥	HBW	用途举例
铁素体—珠光体灰铸铁	HT150	2.5~10 10~20 20~30 30~50	175 145 130 120	137~205 119~179 110~166 105~157	承受中等载荷的零件，如机座、支架、箱体、刀架、床身、轴承座、工作台、带轮、端盖、泵体、阀体、管路、飞轮、电机座等
珠光体灰铸铁	HT200	2.5~10 10~20 20~30 30~50	220 195 170 160	157~236 148~222 134~200 129~192	承受较大载荷和要求一定的气密性或耐蚀性等较重要的零件，如气缸、齿轮、机座、飞轮、床身、气缸体、气缸套、活塞、齿轮箱、刹车轮、联轴器盘、中等压力阀体等
	HT250	4.0~10 10~20 20~30 30~50	270 240 220 220	175~262 164~247 157~236 150~225	
孕育铸铁	HT300	10~20 20~30 30~50	290 250 230	182~272 168~251 161~241	承受高载荷、耐磨和高气密性的重要零件，如重型机床、剪床、压力机、自动车床的床身、机座、机架、高压液压件、活塞环、受力较大的齿轮、凸轮、衬套、大型发动机的曲轴、气缸体、缸套、气缸盖等
	HT350	10~20 20~30 30~50	340 290 260	199~298 182~272 171~257	

6.2.4 灰铸铁的热处理

热处理只能改变灰铸铁的基体组织，不能改变石墨的形态、数量、大小和分布，对提高灰铸铁整体力学性能作用不大。因此灰铸铁热处理的目的，主要用来消除铸件内应力、改善切削加工性能、稳定尺寸、提高表面硬度和耐磨性等。

1. 去应力退火

对于一些形状复杂、壁厚不均匀以及尺寸稳定性要求较高的重要铸件，如机床床身、柴油机汽缸等，浇注时因各个部位的冷却速度不同而存在温度差，从而产生内应力，可能导致铸件翘曲和开裂。内应力在随后的机械加工过程中，发生重新分布，也会进一步引起变形。为了防止变形和开裂，必须进行消除内应力退火。

消除内应力退火，通常是将铸件以 60 ℃/h ~ 120 ℃/h 速度加热到 500 ℃ ~ 600 ℃，保温一段时间后以 20 ℃/h ~ 40 ℃/h 的冷却速度缓冷至 200 ℃ 左右出炉空冷，铸件内应力基本消除。

2. 消除铸件白口组织的退火

灰铸铁件表层和薄壁处冷却速度较快，容易产生白口组织，使铸件硬度和脆性加大，难以切削加工，需要退火以降低硬度。退火在共析温度以上进行，将铸件加热到 850 ℃ ~

900 ℃，保温 2～5 h，使渗碳体分解，然后随炉冷至 500 ℃～400 ℃再出炉空冷。消除白口，降低硬度，改善切削加工性能。又称高温退火或软化退火。

3. 正火

正火的目的是增加铸铁基体的珠光体组织，提高铸件的强度、硬度和耐磨性，并可作为表面热处理的预先热处理，改善基体组织。通常把铸件加热到 850 ℃～900 ℃，若有游离渗碳体时应加热到 900 ℃～960 ℃。保温时间根据加热温度、铸铁化学成分和铸件大小而定，一般为 1～3 h。冷却方式一般采用空冷、风冷或喷雾冷却。冷却速度越快，基体组织中珠光体量越多，组织越弥散，强度、硬度越高，耐磨性越好。

4. 表面淬火

有些铸件如机床导轨、缸体内壁等，因需要提高硬度和耐磨性，可进行表面淬火处理，常用方法有高频感应淬火、火焰淬火和接触电阻加热淬火。机床导轨采用高频感应淬火，淬硬层深度在 1.1～2.5 mm，硬度可达 50 HRC。

接触电阻加热淬火法的原理如图 6-5 所示。石墨棒或紫铜滚轮电极与机床导轨表面紧密接触，通以 2～5 V 的低电压、400～750 A 的强电流，利用接触电阻将导轨表面迅速加热到淬火温度，电极以一定速度移动，靠工件本身导热使已被加热的表面迅速淬硬。淬硬层深度在 0.2～0.3 mm，组织为极细马氏体 + 片状石墨，硬度可达 55～61 HRC。机床导轨经接触电阻加热淬火后，寿命提高约 1.5 倍。这种表面淬火方法工件变形小、设备简单、操作方便。

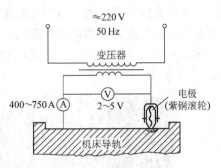

图 6-5 接触电阻加热淬火法示意图

6.3 球墨铸铁

改变石墨的形态，减小石墨对金属基体有效承载能力的损害，是大幅度提高铸铁力学性能的根本途径，而球状石墨则是最为理想的一种石墨形态。球墨铸铁是二十世纪 30 年代发明，50 年代迅速发展起来的优良的铸铁材料。另外，球墨铸铁还可以像钢一样进行各种热处理以改善金属基体组织，进一步提高力学性能。

6.3.1 球墨铸铁的生产工艺

通过在浇注前向铁水中加入一定量的球化剂进行球化处理，球化剂可使石墨呈球状结晶。并在球化处理的同时进行孕育处理，以防止铸铁出现白口。常用球化剂有镁、稀土和稀土镁合金。我国稀土资源丰富，普遍采用的是稀土镁合金。国外则以纯镁及镁合金球化剂为主。镁是良好的促进石墨球化的元素，当铁液中含 $w_{Mg}=0.04\%\sim0.08\%$ 时，石墨就能完全球化。但镁的沸点低（1 120 ℃）、密度小（1.738 g/cm³），若直接加入铁液中镁会立即沸腾气化，其回收率只有 5%～10%。通常采用包底冲入法，如图 6-6 所示。在包底部设置堤坝，将破碎成小块的球化剂放在堤坝内，然后在球化剂上面覆盖孕育剂，再在上面覆盖草木灰等，然后冲入 1/2～2/3 铁液，待铁液沸腾结束时，再冲入其余铁液。处理完毕后搅拌、扒渣。冲入时要求处理包要预热到 600 ℃～800 ℃，铁液温度应高于 1 400 ℃。冲入法的优

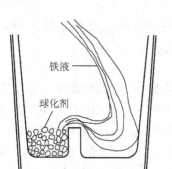

图6-6 包底冲入法

点是设备及操作简单。常用孕育剂为 $w_{Si}=75\%$ 的硅铁合金。

6.3.2 球墨铸铁的成分、组织和性能

球墨铸铁的成分与灰铸铁相比,碳、硅质量分数较高。因为镁和稀土元素都强烈阻碍石墨化,并使共晶点右移,为提高铁液石墨化能力,避免产生白口组织,碳、硅的质量分数要高,可促进石墨化并细化石墨、改善铁液的流动性。锰可稳定和细化珠光体,S、P质量分数限制很严,以防造成球化元素的烧损,降低塑性和韧性。其成分为 $w_C=3.6\% \sim 4.0\%$,$w_{Si}=2.0\% \sim 2.8\%$,$w_{Mn}=0.6\% \sim 0.8\%$,$w_S \leqslant 0.07\%$,$w_P<0.1\%$,$w_{Re}=0.02\% \sim 0.04\%$,$w_{Mg}=0.03\% \sim 0.05\%$。

球墨铸铁的组织特征是在钢的基体上分布着球状石墨。球状石墨是各种石墨形态中对钢的基体割裂作用最小的。石墨球越细小,分布越均匀,越能充分发挥基体组织的作用。通过合金化和热处理后球墨铸铁可获得不同的基体组织,常见的有铁素体、铁素体+珠光体、珠光体、下贝氏体、托氏体、马氏体和索氏体等基体组织的球墨铸铁。球墨铸铁的显微组织如图6-7所示。

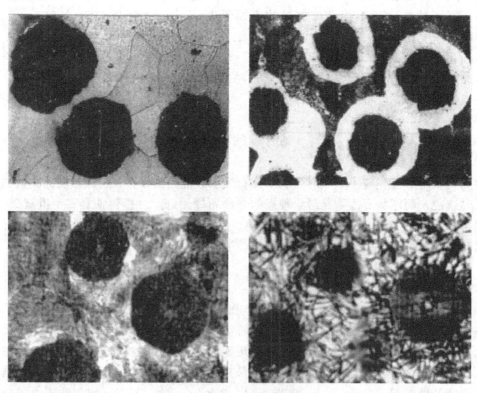

图6-7 球墨铸铁的显微组织
(a)铁素体基体;(b)铁素体—珠光体基体;(c)珠光体基体;(d)贝氏体基体

在石墨球的数量、形状、大小及分布一定的条件下,基体组织的性能对铸铁的性能起决定作用。珠光体球墨铸铁的抗拉强度比铁素体球墨铸铁高50%以上,而铁素体球墨铸铁的

伸长率是珠光体球墨铸铁的 3~5 倍。铁素体 + 珠光体基体的球墨铸铁性能介于二者之间。经热处理后以马氏体为基体的球墨铸铁具有高硬度、高强度，但韧性很低。而以下贝氏体为基体的球墨铸铁具有优良的综合力学性能。

球墨铸铁同样具有灰铸铁的某些优点，并且球墨铸铁中的石墨球球径越小，形状越圆整，分布均匀，对其力学性能的改善越显著。其基体强度利用率从灰铸铁的 30%~50% 提高到 70%~90%。同其他铸铁相比，球墨铸铁屈服强度、塑性、韧性高。球墨铸铁的屈强比比钢约高 1 倍，疲劳强度可接近一般中碳钢和中碳合金钢，耐磨性优于非合金钢，铸造性能优于铸钢，开辟了以铁代钢的途径，因此，球墨铸铁在工农业生产中得到越来越广泛的应用。但球墨铸铁凝固时的收缩率较大，容易产生缩孔、缩松等缺陷，对铁水的成分要求较严格，对熔炼工艺和铸造工艺要求较高，也不适于用来制作薄壁和小型铸件。

6.3.3 球墨铸铁的牌号与应用

球墨铸铁的牌号由 QT（"球铁"汉语拼音字首）+ 数字 - 数字组成。第一组数字表示最低抗拉强度（MPa），第二组数字表示最低伸长率（%）。球墨铸铁的牌号、力学性能和用途见表 6-2（摘自 GB/T1348—88）。

表 6-2 球墨铸铁的牌号、力学性能和用途（摘自 GB1348—88）

牌号	基体组织	力学性能			HBW	用途举例
		σ_b/MPa	$\sigma_{0.2}$/MPa	δ/%		
		不大于				
QT400-18	铁素体	400	250	18	130~180	承受冲击、振动的零件，如汽车、拖拉机的轮毂、驱动桥壳、差速器壳、拨叉、农机具零件，中低压阀门，上、下水及输气管道，压缩机上高低压气缸，电机机壳，齿轮箱，飞轮壳等
QT400-15	铁素体	400	250	15	130~180	
QT450-10	铁素体	450	310	10	160~210	
QT500-7	铁素体+珠光体	500	320	7	170~230	机器座架、传动轴、飞轮、电动机架、内燃机的机油泵齿轮、铁路机车车辆轴瓦等
QT600-3	铁素体+珠光体	600	370	3	190~270	载荷大、受力复杂的零件，如汽车、拖拉机的曲轴、连杆、凸轮轴、气缸套，部分磨床、铣床、车床的主轴，机床蜗杆、蜗轮，轧钢机轧辊、大齿轮，小型水轮机主轴，气缸体，桥式起重机大小滚轮等
QT700-2	珠光体	700	420	2	225~305	
QT800-2	珠光体或回火组织	800	480	2	245~335	
QT900-2	贝氏体或回火马氏体	000	600	2	280~3 600	高强度齿轮，如汽车后桥螺旋锥齿轮，大减速器齿轮，内燃机曲轴、凸轮轴等

球墨铸铁应用广泛，可代替铸钢、锻钢、可锻铸铁用来制造受力复杂、性能要求高、负荷较大和耐磨的重要铸件。如，具有高强度与耐磨性的珠光体球墨铸铁可代替45钢、35CrMo。

钢制造内燃机曲轴、连杆、凸轮轴、轧钢机轧辊、齿轮及蜗杆；具有高韧性和塑性的铁素体球墨铸铁可代替铸钢制造汽车驱动桥壳、机座、阀门等。

6.3.4 球墨铸铁的热处理

钢在热处理时的基本原理在理论上对球墨铸铁也适用，球状石墨不易引起应力集中，因此具有较好的热处理工艺性，而且淬透性比碳钢好。但球墨铸铁中的碳、硅含量比钢高，所以热处理时需要较高的加热温度和较长的保温时间。常用的热处理方法主要有：

1. 退火

① 去应力退火。球墨铸铁的铸造应力较大，铸件正火后也有较大应力，为消除应力，对不再进行其他热处理的球墨铸铁进行去应力退火。将铸件缓慢加热到500 ℃~600 ℃，保温2~8 h，然后随炉缓冷。

② 低温退火。当球墨铸铁的铸态组织为铁素体和珠光体而无自由渗碳体时，为了获得单一的铁素体基体，提高铸件的塑性、韧性，可进行低温退火。将铸件加热到720 ℃~760 ℃，保温3~6 h，使珠光体中的渗碳体分解为铁素体和石墨，然后随炉缓冷至600 ℃左右出炉空冷。

③ 高温退火。当球墨铸铁的铸态组织中白口倾向较大，出现自由渗碳体时，为了获得单一的铁素体基体，可进行高温退火。将铸件加热到900 ℃~950 ℃，保温2~5 h，使自由渗碳体石墨化，然后随炉缓冷至600 ℃左右出炉空冷。

2. 正火

正火的目的是为了获得珠光体型的基体组织，增加基体中珠光体数量、细化晶粒，提高球墨铸铁的强度、硬度和耐磨性。正火方法有两种：

① 高温正火（完全奥氏体化正火）。将铸件加热到880 ℃~950 ℃，保温1~3 h，使基体组织完全奥氏体化，然后出炉空冷，获得珠光体球墨铸铁。为增加基体中珠光体数量，还可采用风冷、喷雾冷却等加快冷速的方法，以保证铸件的强度。

② 低温正火（不完全奥氏体化正火）。将铸件加热到820 ℃~860 ℃，保温1~4 h，使基体部分转变为奥氏体，部分保留为铁素体，然后出炉空冷，获得珠光体和少量破碎状铁素体的基体组织。获得较高的塑性、韧性与一定的强度。

由于正火冷却速度较快，球墨铸铁导热性差，正火后铸件内有较大应力，因此还要进行去应力退火。

3. 调质处理

对于受力比较复杂，要求综合力学性能较高的球墨铸铁件，如连杆、曲轴以及内燃机车万向轴等。可采用淬火加高温回火，即调质处理。其工艺为：加热到860 ℃~920 ℃，使基体转变为奥氏体，在油中淬火得到马氏体，然后经550 ℃~600 ℃回火（保温4~6 h），获得回火索氏体+球状石墨组织。回火索氏体基体不仅强度高，而且塑性、韧性比正火得到的珠光体基体好。故球墨铸铁经调质处理后，可代替部分铸钢和锻钢制造一些重要的结构零件。

4. 等温淬火

等温淬火是目前获得高强度和超高强度球墨铸铁的重要热处理方法。经等温淬火后，球墨铸铁的抗拉强度可达 1 200 ~ 1 500 MPa，硬度 ~ 50 HRC，韧性 A_k = 24 ~ 64 J。对于形状复杂，热处理易变形或开裂，要求强度高、塑性、韧性好的零件，如齿轮、曲轴、凸轮轴等，常采用贝氏体等温淬火。球墨铸铁等温淬火工艺与钢相似，即把铸件加热到 860 ℃ ~ 900 ℃，经一定时间保温，使基体组织转变为化学成分均匀的奥氏体，然后将铸件迅速淬入 250 ℃ ~ 350 ℃ 左右的盐浴中，等温停留 30 ~ 90 min，使过冷奥氏体等温转变成下贝氏体组织，然后取出空冷，获得下贝氏体和球状石墨组织。由于等温盐浴的冷却能力有限，一般只适用于截面尺寸不大的零件。

6.4 其他铸铁

6.4.1 可锻铸铁

可锻铸铁俗称玛钢、马铁，它是白口铸铁经石墨化退火，使渗碳体分解成团絮状的石墨而获得的。由于石墨呈团絮状，相对于片状石墨而言，减轻了对基体的割裂作用和应力集中，因而可锻铸铁相对于灰铸铁有较高的强度，塑性和韧性也有很大的提高。

1. 可锻铸铁的组织与性能

可锻铸铁的获得首先要先浇注成白口铸铁，然后再进行长时间的石墨化退火。为了保证在一般冷却条件下获得白口铸铁件，又要在退火时使渗碳体易分解，并呈团絮状石墨析出，就要严格控制铁水的化学成分。与灰铸铁相比，碳和硅的含量要低一些，以保证铸件获得白口组织。但也不能太低，否则退火时难以石墨化。

可锻铸铁的成分一般为：w_C = 2.3% ~ 2.8%，w_{Si} = 1.0% ~ 1.6%，w_{Mn} = 0.3% ~ 0.8%，$w_P \leq 0.1\%$，$w_S \leq 0.2\%$。

根据白口铸铁件退火的工艺不同，可形成铁素体基体的可锻铸铁和珠光体基体的可锻铸铁（图 6 – 8）。其中铁素体基体的可锻铸铁，因其断口心部呈灰黑色，表层呈灰白色，故又称为黑心可锻铸铁。

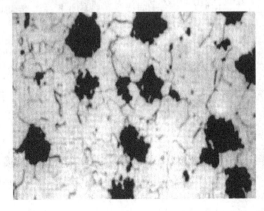 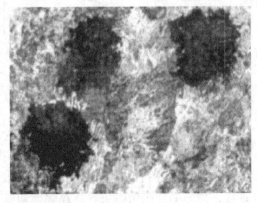

图 6 – 8　可锻铸铁的显微组织
（a）黑心可锻铸铁；（b）珠光体可锻铸铁

可锻铸铁的基体组织不同,其性能也不同,黑心可锻铸铁具有一定的强度及一定的塑性与韧性,而珠光体可锻铸铁则具有较高的强度、硬度和耐磨性,塑性与韧性则较低。

2. 可锻铸铁的牌号与应用

可锻铸铁的牌号由三个字母及两组数字组成。前两个字母"KT"是"可铁"的汉语拼音字首,第三个字母代表可锻铸铁的类别,后面两组数字分别代表最低抗拉强度和伸长率数值。如 KTH300-06 表示黑心可锻铸铁,其最低抗拉强度为 450 MPa,最低伸长率为 6%。

可锻铸铁具有铁水处理简单、质量稳定、容易组织流水生产、低温韧性好等优点,广泛应用于管道配件和汽车、拖拉机制造行业,常用于制造形状复杂、承受冲击载荷的薄壁、中小型零件。

表 6-3 列举了黑心可锻铸铁与珠光体可锻铸铁的牌号、力学性能与用途。

表 6-3 黑心可锻铸铁与珠光体可锻铸铁的牌号、力学性能与用途(摘自 GB 9440—88)

种类	牌号	试样直径/mm	力学性能				用途举例
			σ_b/MPa	$\sigma_{0.2}$/MPa	δ/%	HBW	
			不大于				
黑心可锻铸铁	KTH300-06	12 或 5	300		6	≤150	制作弯头、三通管件、中低压阀门
	KTH330-08*		330		8		制作机床扳手、犁刀、犁柱、车轮壳、钢丝绳扎头等
	KTH350-10		350	200	10		汽车、拖拉机前后轮壳、后桥壳,减速器壳、转向节壳、制动器、铁道零件等
	KTH370-12*		370		12		
珠光体可锻铸铁	KTH450-06		450	270	6	150~200	载荷较高和耐磨损零件,如曲轴、凸轮轴、连杆、齿轮、活塞环、摇臂、轴套、耙片、万向接头、棘轮、扳手、传动链条、犁刀、矿车轮等
	KTH550-04		550	340	4	180~250	
	KTH650-02		650	430	2	210~260	
	KTH700-02		700	530	2	240~290	

注:1. 试样直径 12 mm 只适用主要壁厚小于 10 mm 的铸件;
2. 带 * 号为过渡牌号。

6.4.2 蠕墨铸铁

蠕墨铸铁是 20 世纪 80 年代发展起来的一种新型铸铁材料。它是在高碳、低硫、低磷的铁水中加入蠕化剂(目前采用的蠕化剂有镁钛合金、稀土镁钛合金或稀土镁钙合金),经蠕化处理后,使石墨变为短蠕虫状的高强度铸铁。

1. 蠕墨铸铁的组织与性能

蠕墨铸铁中的蠕虫状石墨介于片状石墨和球状石墨之间,金属基体与球墨铸铁相近。

图6-9所示为蠕墨铸铁的显微组织。在金相显微镜下观察，蠕虫状石墨像片状石墨，但较短而厚，头部较圆，形似蠕虫。因此，这种铸铁的性能介于优质灰铸铁与球墨铸铁之间，抗拉强度和疲劳强度相当于铁素体球墨铸铁，减震性、导热性、耐磨性、切削加工性及铸造性近似于灰铸铁。

2. 蠕墨铸铁的牌号与应用

表6-4列举了蠕墨铸铁的牌号、力学性能与应用。牌号中"RuT"表示"蠕铁"，牌号后面数字表示最低抗拉强度（MPa）。

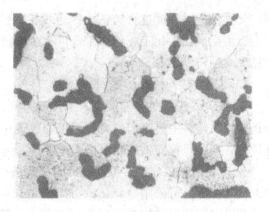

图6-9 蠕墨铸铁的显微组织

表6-4 蠕墨铸铁的牌号、力学性能及用途（摘自 JB 4403—1999）

牌号	力学性能				用途举例
	σ_b/MPa	$\sigma_{0.2}$/MPa	δ/%	HBW	
	不大于				
RuT260	260	195	3	121~197	增压器废气进气壳体、汽车底盘零件等
RuT300	300	240	1.5	140~217	排气管、变速箱体、气缸盖、液压件、纺织机零件、钢锭模等
RuT340	340	270	1.0	170~249	重型机床件、大型齿轮箱体、盖、座，飞轮、起重机卷筒等
RuT380	380	300	0.75	193~274	活塞环、气缸盖、制动盘、钢珠研磨盘、吸淤泵体等
RuT420	420	335	0.75	200~280	

由于蠕墨铸铁的组织介于灰铸铁与球墨铸铁之间，因此性能也介于二者之间，即强度和韧性高于灰铸铁，但低于球墨铸铁。蠕墨铸铁的耐磨性较好，适用于制造重型机床的床身、机座、活塞环、液压件等。蠕墨铸铁的导热性比球墨铸铁要高得多，几乎接近于灰铸铁，它的高温强度、热疲劳性大大优于灰铸铁，适用于制造承受交变热负荷的零件，如钢锭模、结晶器、排气管和汽缸盖等。蠕墨铸铁的减振能力优于球墨铸铁，铸造性能接近于灰铸铁，铸造工艺简单，成品率高。

6.4.3 合金铸铁

在普通铸铁中加入一定量的合金元素，使之具有某些特殊性能的铸铁称为合金铸铁。通常加入的合金元素有 Si、Mn、P、Ni、Cr、Mo、W、Ti、V、Cu、Al、B 等。合金元素能使铸铁基体组织发生变化，从而使铸铁获得特殊的耐热、耐磨、耐腐蚀、无磁和耐低温等物理、化学性能，因此这种铸铁也称为"特殊性能铸铁"。目前，合金铸铁被广泛应用于机器制造、冶金矿山、化工、仪表工业以有冷冻技术等部门。合金铸铁主要包括耐磨铸铁、耐热铸铁和耐蚀铸铁。

1. 耐磨铸铁

① 高磷铸铁。在润滑条件下工作的零件，如机床导轨、气缸套、活塞环等，可采用高磷铸铁。在铸铁中提高磷的含量，可形成磷化物共晶体，呈网状分布在珠光体基体上，形成坚硬的骨架，可使铸铁的耐磨能力比普通灰铸铁提高一倍以上。

② 冷硬铸铁。在干摩擦及抗磨料磨损条件下工作的零件，如犁铧、轧辊、球磨机磨球、抛丸机叶片等，可采用冷硬铸铁。生产中常采用"激冷"方法制造冷硬铸铁。"激冷"，即在造型时在铸件要求抗磨的部位（通常是表面）采用金属型，其余部位采用砂型，并适当调整化学成分，利用高碳低硅，使要求抗磨的部位得到白口组织，而其余部位得到有一定强度和韧性的灰口组织（片状石墨或球状石墨），具有"外硬内韧"的特性，可承受一定的冲击。

③ 中锰耐磨球墨铸铁。这种铸铁具有较高的耐磨性和较好的强度及韧性。它不需要贵重的合金元素，可用冲天炉熔炼，设备简单，成本低。中锰耐磨球墨铸铁可代替高锰钢或锻钢制造承受冲击的抗磨铸件。

④ 高铬抗磨铸铁。在白口铸铁中加入较多的铬（13% ~ 15%），所形成的 Cr_7C_3 团块硬度高于 Fe_3C，并明显改善铸铁的韧性。高铬抗磨铸铁可用于生产球磨机的磨球、衬板，轧钢机的导向辊、轧辊等。

2. 耐热铸铁

普通铸铁只能在 400 ℃ 左右的温度下工作，耐热铸铁是指在高温下具有良好的抗氧化能力的铸铁。可代替耐热钢制造在高温下工作的加热炉底板、换热器、粉末冶金用坩埚及钢锭模等。

为提高铸铁的耐热性，在铸铁中加入 Al、Si、Cr 等元素，使铸件表面形成致密的氧化膜，保护内层不被氧化。此外，还可提高铸铁的临界相变温度，不发生石墨化过程和由此而产生的体积变化及防止显微裂纹的产生。

3. 耐蚀铸铁

耐蚀铸铁具有较高的耐蚀性能，耐蚀措施与不锈钢相似，一般加入 Si、Al、Cr、Ni、Cu 等合金元素，在铸件表面形成牢固的、致密而又完整的保护膜，阻止腐蚀继续进行，并提高铸铁基体的电极电位，提高铸铁的耐蚀性。

耐蚀铸铁广泛应用于化工部门，制作管道、阀门、泵类、容器及反应锅等。耐蚀铸铁有许多种类，其中最常用的是高硅耐蚀铸铁。这种铸铁在含氧酸（如硝酸、硫酸）中的耐蚀性不亚于 1Cr18Ni9 不锈钢，在盐类介质中也有良好的耐蚀性。

6.5 项目小结

1. 铸铁的分类与石墨化

$$\text{分类}\begin{cases}\text{白口铸铁}(Fe_3C)\begin{cases}\text{炼钢}\\\text{可锻铸铁坯料}\end{cases}\\\text{麻口铸铁}(Fe_3C+\text{石墨})\\\text{灰口铸铁}(\text{石墨})\begin{cases}\text{灰铸铁}\\\text{球墨铸铁}\\\text{可锻铸铁}\\\text{蠕墨铸铁}\end{cases}\end{cases}$$

石墨化途径
- 液态石墨化：铁水→直接从铁水中结晶出石墨（一般结晶出的石墨呈曲片状，若浇注前经球墨化处理或蠕化处理可呈球状或蠕虫状）
- 固态石墨化：铁水→先结晶出 Fe_3C→石墨化退火（$Fe_3C→3Fe+C$）（析出的石墨呈团絮状）

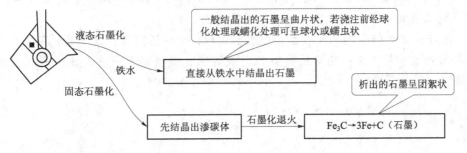

2. 灰口铸铁分类及应用

名称	石墨形态	代表牌号	性能特点及应用
灰铸铁	片状	HT150	强度、塑性和韧性远不如钢，但抗压强度和硬度与钢相近。具有良好的铸造性、切削性，良好的减磨性、消震性和较低的缺口敏感性。主要用于制造承受简单载荷特别是承受压应力的工件，如机床床身、齿轮箱、轴承座、油缸、阀壳、活塞等
球墨铸铁	球状	QT600-3	性能远好于灰铸铁，强度和硬度与同基体的钢接近，但韧性较低。主要用于制造承受低冲击、大应力工件，如柴油机曲轴、凸轮轴、部分机床主轴等
可锻铸铁	团絮状	KTZ450-06	性能介于灰铸铁与球墨铸铁之间。主要用于制造截面较薄且形状复杂、工作中受到振动而强度要求较高的零件，如汽车、拖拉机后桥壳、轮壳等，也可制造曲轴、连杆等强度要求较高的零件
蠕墨铸铁	蠕虫状	RuT420	性能优于普通灰铸铁。主要用于制造承受循环载荷、要求组织致密、强度较高、形状复杂的零件，如气缸盖、进排气管、液压件和钢锭模等

思考题与练习题

一、判断题

1. 石墨是简单六方晶格，其强度、塑性和韧性极低，几乎都为零。
2. 同一牌号的普通灰铸铁铸件，薄壁和厚壁处的抗拉强度值是相等的。
3. 可锻铸铁由于具有较好的塑性，故可以进行锻造。
4. 铸铁组织中分布有团絮状或球状石墨时，可获得较高的塑性。
5. 白口铸铁由于硬度很高，故可用来制造各种刀具。

二、问答题

1. 何谓石墨化？石墨化的影响因素有哪些？
2. 铸铁的抗拉强度和硬度主要取决于什么？如何提高铸铁的抗拉强度和硬度？
3. 为什么相同基体的球墨铸铁的力学性能比灰铸铁高得多？
4. 试述球墨铸铁的组织及热处理特点。
5. 可锻铸铁和球墨铸铁，哪种适宜制作薄壁铸件？为什么？
6. 说明下列牌号表示何种铸铁？符号和数字表示什么含义？

    HT150、HT350、KTH300–06、KTZ450–06、QT400–15、QT600–3、RuT340

7. 下列工件宜选择何种铸铁制造？并说明理由。

    机床床身；加热炉底板；气缸套；内燃机曲轴；硝酸盛贮器；缝纫机机架；污水管。

8. 现有形状、尺寸完全相同的白口铁、灰铸铁、低碳钢各一块，试问用什么简便方法可迅速将它们区分开来？

项目七 有色金属及粉末冶金材料

知识目标

(1) 了解铝、铜及其合金的分类、牌号、性能及用途。
(2) 了解轴承合金的分类、牌号、性能及用途。
(3) 掌握常用硬质合金的分类、牌号、性能及用途。

能力目标

(1) 能根据常见工件的工作特点、性能要求,合理选用铝合金、铜合金材料。
(2) 能根据不同工件的加工要求,正确选择硬质合金材料。

引言

随着航空工业的发展,飞机的飞行速度越来越快。速度越快,飞机与空气摩擦产生的表面温度就越高,当速度达到2.2倍音速时,铝合金外壳将不能胜任。火箭、人造卫星和宇宙飞船在宇宙中航行时,飞行速度要比飞机快得多,并且工作环境变化也很大,这就对材料提出的要求也越高、越严格。无论是超音速飞机,还是火箭、人造卫星和宇宙飞船,所用的材料都必须是重量轻,比强度大,并且还要耐高温。那么什么材料才能满足这些要求呢?

金属材料按颜色可分为黑色金属和有色金属两大类。除铁、铬、锰之外的其他金属均属有色金属。世界已发现112种元素中有色金属,占2/3以上。有色金属及其合金具有钢铁材料所没有的许多特殊的力学性能、物力性能,从而决定了有色金属及其合金在国民经济中占有十分重要的地位。如Al、Mg、Ti及其合金密度小于4.5 g/cm^3,比强度又高,在航天航空工业、汽车制造、船舶制造等方面应用十分广泛;Cu、Ag及其合金导电性好,是电器工业和仪表工业不可缺少的材料;Ni、Mo、Nb、Co及其合金能耐高温,是制造在1 300 ℃以上使用的高温零件及电真空元件的理想材料;而Cu、Ti及其合金还具有优良的抗蚀性能等。

7.1 铝及铝合金

铝是一种具有良好的导电传热性及延展性的轻金属。1 g 铝可拉成 37 m 的细丝,它的直径小于 2.5×10^{-5} m;也可展成面积达 50 m² 的铝箔,其厚度只有 8×10^{-7} m。铝的导电性仅次于银、铜,具有很高的导电能力。被大量用于电气设备和高压电缆。如今铝已被广泛应用于制造金属器具、工具、体育设备等。

铝中加入少量的铜、镁、锰等,形成坚硬的铝合金,它具有坚硬美观、轻巧耐用、长久不锈的优点,是制造飞机的理想材料。据统计,一架飞机大约有 50 万个用硬铝做的铆钉。用铝和铝合金制造的飞机元件质量占飞机总质量的 70%。每枚导弹的用铝量约占其总质量的 10%~15%。国外已有用铝材铺设的火车轨道。铝及铝合金的应用如图 7-1 所示。

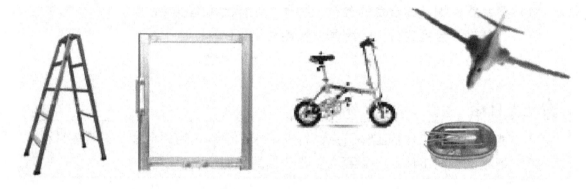

图 7-1 铝及铝合金的应用

7.1.1 铝及铝合金的性能特点

1. 密度小,熔点低,导电性好,磁化率低

纯铝的密度为 2.7 g/cm³,仅为铁的 1/3 左右,熔点为 660 ℃,导电性仅次于铜、金、银。铝合金的密度也很低,但导电性、导热性不如纯铝。铝及铝合金的磁化率极低,属于非铁磁材料。

2. 抗大气腐蚀性能好

铝和氧的化学亲和力大,在空气中铝及铝合金表面会很快形成一层致密的氧化膜,可防止内部继续氧化。但在碱和盐的水溶液中,氧化膜易破坏,因此不能用铝及铝合金制作的容器盛放盐溶液和碱溶液。

3. 加工性能好

纯铝具有较高的塑性($A=30\%\sim50\%$,$Z=80\%$),易于压力成形加工,并有良好的低温性能,纯铝的强度低,虽经冷变形强化,但也不能直接用于制造受力的结构件,而铝合金通过冷成形和热处理,具有低合金钢的强度。

因此,铝及铝合金被广泛应用于电气工程、航空航天、汽车制造及生活等各个领域。

7.1.2 工业纯铝

工业中使用的纯铝是银白色的轻金属,具有面心立方晶格,无同素异构转变;熔点为 660 ℃;密度为 2.7 g/cm³,仅为铁的 1/3;具有良好的导电性和导热性;铝能与空气中的氧生成致密的氧化膜,防止铝进一步氧化,故具有良好的耐蚀性。

纯铝的强度很低(σ_b 为 80~100 MPa),但塑性很好(δ 为 30%~50%)。可通过冷变形强化将纯铝的强度提高。

工业纯铝的纯度为 w_{Al} = 98.0%~99.0%,含有铁、硅等杂质,杂质含量越多,其导电性、导热性、耐蚀性及塑性越差。

工业纯纯铝按纯度分为高纯铝、工业高纯铝及工业纯铝三类。

高纯铝:99.93%~99.996%,用于科研,代号 L01~L04。

工业高纯铝:99.85%~99.9%,用做铝合金的原料、特殊化学器械等,代号 L00、L0。

工业纯铝:98.0%~99.0%,用做管、线、板材及棒材,代号 L1~L6。

高纯铝代号后的编号数字越大,纯度越高;工业纯铝代号后的编号数字越大,纯度越低。

7.1.3 铝合金

纯铝的强度低,不适宜作承受较大载荷的结构件,而加入合金元素后形成的铝合金,不仅保持纯铝的熔点低、密度小、导热性好、耐大气腐蚀以及良好的塑性、韧性,且由于合金化,使铝合金的强度大大提高。广泛应用于建筑业、交通运输业、容器和包装、电气工业和航空工业中。

1. 铝合金的分类

铝合金按其成分和工艺特点不同可分为:变形铝合金和铸造铝合金。

铝合金一般都具有如图 7-2 所示的相图。合金元素含量小于 D 点的合金,平衡组织以固溶体为主,加热时可得到均匀单相固溶体,塑性变形很好,适于锻造、轧制和挤压,称为变形铝合金。合金元素含量在 D 点右侧的合金,有共晶组织存在,塑性、韧性差,但流动性好,且高温强度也比较高,适于铸造,称为铸造铝合金。

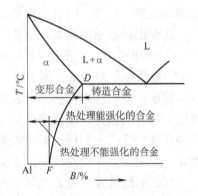

图 7-2 铝合金相图的一般形式

变形铝合金又分为不能热处理强化的变形铝合金和能热处理强化的变形铝合金:合金成分低于 F 的固溶体其成分不随温度的变化而改变,所以,这类合金不能进行热处理强化,称之为不能热处理强化的变形铝合金;合金成分介于 F 和 D 之间的固溶体,其成分随温度的变化而改变,可进行热处理强化,因此,称之为能热处理强化的变形铝合金。

2. 铝合金的强化

① 固溶强化。在纯铝中加入合金元素,形成铝基固溶体,造成晶格畸变,阻碍位错的运动,起到固溶强化的作用,可使其强度提高。形成无限固溶体或高浓度的固溶体型合金时,不仅能获得高的强度,而且还能获得优良的塑性与良好的压力加工性能。Al-Cu、Al-

Mg、Al-Si、Al-Zn、Al-Mn 等二元合金都能形成有限固溶体。

② 时效强化。将适于热处理的铝合金加热到 α 单相区某一温度获得单相固溶体 α，随后进行水冷，得到单相过饱和固溶体，这种热处理称固溶处理（俗称淬火）。这种过饱和固溶体是不稳定的，在室温放置或在低于固溶线某一温度下加热时，其强度、硬度会随时间的延长而增高，塑性、韧性会下降，这个过程称之为时效。时效过程中使铝合金强度、硬度增高的现象称时效强化。在室温下进行的时效称为自然时效，在加热条件下进行的时效称人工时效。

③ 过剩相强化。当铝中加入的合金元素含量超过其极限溶解度时，淬火加热时便有一部分不能溶入固溶体的第二相出现，称之为过剩相。这些过剩相多为金属间化合物，它们在合金中阻碍位错运动，使铝合金强度、硬度升高，而塑性、韧性下降，这种强化称为过剩相强化。实际生产中常采用这种方式来强化铸造铝合金和耐热铝合金。但过剩相太多，则会使强度降低，合金变脆。

④ 细晶强化。对于不能进行时效强化或时效强化效果不好的铝合金：在浇注时，常采用加入微量合金元素（如 Ti、Zr、Be 或稀土等元素）进行变质处理，通过提高形核率，获得细小均匀的组织，可显著提高合金的强度和塑性。

3. 常用铝合金

（1）变形铝合金

变形铝合金包括防锈铝合金、硬铝合金、超硬铝合金及锻造铝合金等。

① 防锈铝合金。主要为 Al-Mg、Al-Mn 系合金，代号采用"铝"和"防"的汉语拼音字首"LF"加顺序号表示，如 LF5、LF21。因其具有很好的耐蚀性而得名。此外，防锈铝合金还具有良好塑性和焊接性，主要用于受力不大，经冲压或焊接而成的结构件，如各种容器、油箱、管道、线材及窗框、灯具等。

防锈铝合金不能热处理强化，只能通过冷变形强化的方法来提高其强度。

② 硬铝合金。主要为 Al-Cu-Mg 系合金，代号采用"铝"和"硬"的汉语拼音字首"LY"加顺序号来表示，如 LY1、LY11、LY12 等。硬铝经淬火、自然时效后具有较高的强度和硬度。硬铝应用广泛，可轧成板材、管材和型材等。LY1 称为铆钉硬铝，有较高的剪切强度，较好的塑性，主要用于制作铆钉；LY11 称为标准硬铝，强度较高，塑性较好，退火后冲压性能好，主要用于形状较复杂、载荷较低的结构件；LY12 是高强度硬铝，强度、硬度高，但塑性、焊接性较差，主要用于高强度的结构件。

硬铝的耐蚀性较差，尤其不耐海水腐蚀。因此硬铝板材表面常包有一层纯铝，以增加其耐蚀性。

③ 超硬铝合金。主要为 Al-Cu-Mg-Zn 系合金，其代号用"LC"（"铝"、"超"的汉语拼音字首）加顺序号来表示，如 LC4、LC6 等。超硬铝合金是变形铝合金中强度最高的一类铝合金。但耐蚀性也较差，通常也要包覆纯铝。主要用作要求结构轻、受力较大的结构件，如飞机的大梁、桁架、翼肋、起落架等。

④ 锻造铝合金。主要为 Al-Cu-Mg-Si 系合金，其代号用"LD"（"锻"、"铝"的汉语拼音字首）加顺序号来表示，如 LD5、LD7、LD10 等。其力学性能与硬铝相近，但热塑性及耐蚀性较高，适于锻造，故称锻铝。主要用于承受载荷的锻件、模锻件，如各种叶轮、框架等。

常用变形铝合金的主要牌号、化学成分与力学性能见表7-1。

表7-1 常用变形铝合金的主要牌号、化学成分、力学性能及用途

类别		牌号	旧牌号	化学成分 w/%					力学性能			用途举例
				Si	Cu	Mn	Mg	Zn	σ_b /MPa	δ /%	HBW	
不能热处理强化合金	防锈铝合金	5A05	LF5	0.50	0.10	0.30~0.60	4.8~5.5	0.20	280	20	70	焊接油箱、油管、铆钉、焊条、中载零件及制品等
		3A21	LF21	0.60	0.20	1.0~1.60	0.05	0.10	130	20	20	焊接油箱、油管、焊条、轻载零件及制品等
能热处理强化铝合金	硬铝合金	2A11	LY11	0.70	3.8~4.8	0.4~0.8	0.4~0.8	0.30	420	15	100	中等强度结构零件,如整流罩、螺旋桨叶片、骨架、局部镦粗零件、螺栓、铆钉等
		2A12	LY12	0.50	3.8~4.9	0.3~0.9	1.2~1.8	0.30	480	11	131	高强度构件及150℃以下工作的零件,如骨架、梁、铆钉等
	超硬铝合金	7A04	LC4	0.50	1.4~2.0	0.2~0.6	0.8~2.8	5.0~7.0	600	12	150	主要受力构件,如飞机大梁、桁架、加强框、起落架、蒙皮接头、翼肋等
	锻铝合金	2A50	LD5	0.7~1.2	1.8~2.6	0.4~0.8	0.4~0.8	0.30	420	13	105	形状复杂、中等强度的锻件或模锻件等
		2A70	LD7	0.35	1.9~2.5	0.20	1.4~1.8	0.30	440	12	120	内燃机活塞和在高温下工作的复杂锻件、板材、风扇轮等

(2) 铸造铝合金

铸造铝合金具有良好的铸造性能,可进行各种成形铸造,生产形状复杂的零件。其力学性能可通过变质处理及固溶时效强化热处理来提高。

铸造铝合金种类很多,主要有Al-Si系、Al-Cu系、Al-Mg系和Al-Zn系四大类,其代号用"ZL"+三位数字表示。第一位数字代表合金系(1为Al-Si系,2为Al-Cu系,3为Al-Mg系,4为Al-Zn系);后两位代表顺序号,顺序号不同,化学成分也不同。如ZL102表示2号Al-Si系铸造铝合金。

① Al-Si系铸造铝合金。俗称硅铝明,是一种应用最广泛的铸造铝合金。它具有良好

的铸造性、抗蚀性、耐热性和焊接性。加入铜、镁、锰等元素可使合金强化，并通过热处理进一步提高其力学性能。这类合金可用作内燃机活塞、发动机缸盖、风扇机叶片、形状复杂的薄壁零件，如电动机、仪表的外壳等。

② Al－Cu系铸造铝合金。铝铜合金的强度较高，但铸造性和耐蚀性较差。加入镍、锰更可提高耐热性，用于高强度或高温条件下工作的零件，如内燃机气缸头、活塞等。

③ Al－Mg系铸造铝合金。铝镁合金具有强度高、比重小及良好的耐蚀性，但铸造性和耐热性较差。主要用于制造在腐蚀性介质下工作的铸件，如氨用泵体、海轮配件等。

④ Al－Zn系铸造铝合金。铝锌合金具有较高的强度，优良的铸造性，是最廉价的一种铸造铝合金，用于制造形状复杂的汽车、飞机仪表零件及日用品等。

部分铸造铝合金的牌号、代号、成分、热处理、力学性能及用途见表7－2。

表7-2 部分铸造铝合金的牌号、代号、成分、热处理、力学性能及用途

类别	牌号	代号	主要特点	用途举例
铝硅合金	ZAlSi12	ZL102	熔点低，密度小，流动性好，收缩和热倾向小，耐蚀性、焊接性好，可切削性差，不能热处理强化，有足够的强度，但耐热性低。	适合铸造形状复杂，耐蚀性和气密性高，强度不高的薄壁零件，如飞机仪器零件船舶零件等
铝硅合金	ZAlSi5Cu1Mg	ZL105	铸造工艺性能好，不需变质处理，可热处理强化，焊接性、切削性好，强度高，塑韧性低	形状复杂工作温度≤250℃的零件如气缸体、气缸盖、发动机箱体等
铝铜合金	ZAlCu5Mn	ZL201	铸造性能差，耐蚀性能差，可热处理强化，室温强度高，韧性好，焊接性能、切削性能好，耐热性好	承受中等载荷，工作温度≤300℃的飞行受力铸件、内燃机气缸头
铝铜合金	ZAlRE5Cu3Si2	ZL207	铸造性能好，耐热性高，可在300℃～400℃下长期工作室温力学性能较低，焊接性能好。	适合铸造形状复杂，在300℃～400℃下长期工作的液压零部件
铝镁合金	ZAlMg10	ZL301	铸造性能差，耐热性不高，焊接性差，切削性能好，能耐大气和海水腐蚀。	承受高静载荷、冲击载荷，工作温度≤200℃、长期在大气和海水中工作的零件如船舰配件等
铝镁合金	ZAlMg5Si1	ZL303	铸造性能比ZL301好，热处理不能明显强化，但切削性能好，焊接性好，耐蚀性一般，室温力学性能较低。	承受中等载荷，工作温度≤200℃的耐蚀零件，如轮船、内燃机配件
铝锌合金	ZAlZn11Si7	ZL401	铸造性能优良，需变质处理，不经热处理可以达到高的强度，焊接性和切削性能优良，耐蚀性低。	承受高静载荷、形状复杂工作温度≤200℃的铸件，如汽车、仪表零件

续表

类别	牌号	代号	主要特点	用途举例
铝锌合金	ZAlZn6Mg	ZL402	铸造性能优良，耐蚀性能好，可加工性能好，有较高的力学性能；但耐热性能低，焊接性一般；铸造后能自然失效。	承受高的静载荷或冲击载荷，不能进行热处理的铸件，如活塞、精密仪表零件等

7.2 铜及铜合金

由于铜及铜合金具有良好的导电性、导热性、抗磁性、耐蚀性和工艺性，故在电气工业、仪表工业、造船业及机械制造业中得到了广泛应用。铜及铜合金的应用如图7-3所示。

图7-3 铜及铜合金的应用

7.2.1 工业纯铜

工业上使用的纯铜其纯度为99.50%~99.95%，呈玫瑰红色。表面生成氧化膜后就呈紫红色，故俗称紫铜。纯铜的密度为8.9 g/cm³，熔点为1 083 ℃，具有良好的导电性、导热性，并具有抗磁性。纯铜的强度不高，塑性很好，适于进行冷、热压力加工，在大气及淡水中有良好的耐蚀性，但纯铜在含有二氧化碳的潮湿空气中表面会产生绿色铜膜，称为铜绿。

纯铜中常含有0.05%~0.30%杂质（主要有铅、铋、氧、硫和磷等），它们对铜的力学性能和工艺性能影响很大，一般不用于受力的结构零件。常用冷加工方法制造电线、电缆、铜管，配制铜合金，制造抗磁干扰仪器，如罗盘、航空仪表等。纯铜和铜合金的低温力学性能很好，是制造冷冻设备的主要材料。

我国工业纯铜的代号有T1、T2、T3、T4，顺序号越大，纯度越低，导电性越差。纯铜的牌号、化学成分及用途见表7-3。

表7-3 纯铜的牌号、化学成分及用途

牌号	化学成分 $w_{Cu}/\%$	力学性能 σ_b/MPa	力学性能 $\delta/\%$	用途
T1	99.95	230~240	40~50	电线、电缆、导电螺钉
T2	99.90			电线、电缆、导电螺钉
T3	99.70			电器开关、垫圈、铆钉、油管等
T4	99.50			电器开关、垫圈、铆钉、油管等

7.2.2 铜合金

铜合金是以铜为主要元素，加入少量的其他元素形成的合金。不仅强度高，而且还具有许多优良的物理化学性能，常用作工程结构材料。

1. 铜合金的分类

① 按化学成分不同可分为：黄铜、青铜和白铜。

② 按生产方法不同可分为：压力加工铜合金和铸造铜合金。

2. 铜合金的强化方法

① 固溶强化：最常用的固溶强化元素为 Zn、Si、Al、Ni 等，形成置换固溶体。

② 热处理强化：Be、Si 等元素在铜中的溶解度随温度的降低而减小。因而，合金元素加入铜中后，可使合金具有时效强化的性能。

③ 过剩相强化：当合金元素超过最大溶解度后，便会出现过剩相。过剩相多为硬而脆的金属间化合物。数量少时，可使强度提高，塑性降低；数量多时，会使强度和塑性同时降低。

3. 常用的铜合金

（1）黄铜

黄铜是以锌为主要添加元素的铜合金，具有优良的力学性能，易于加工成形，并对大气有相当好的耐蚀性，且色泽美观，因而在工业上应用广泛。

① 普通黄铜，是铜和锌组成的二元合金，其力学性能与含锌量有关。当 $w_{Zn} < 39\%$ 时，Zn 完全溶解于 Cu 形成单相固溶体，和为单相黄铜，其塑性很好，适宜于冷、热压力加工。当 $w_{Zn} > 39\%$ 时，会形成双相组织，称为双相黄铜，其强度随锌量增加而升高，只适宜热压力加工。当 $w_{Zn} > 45\%$ 时，强度、塑性急剧下降，脆性很大，无实用意义。

普通加工黄铜的牌号用"黄"字汉语拼音字首"H"加数字表示。数字表示合金中铜的平均含量。普通黄铜的常用牌号有 H70、H68、H62、H59 等，如 H68 表示平均 $w_{Cu} = 68\%$，其余为 Zn 的普通黄铜。其中 H70 和 H68 是单相黄铜，又称之为三七黄铜。其强度高，冷、热塑性变形能好，适宜用冲压法制造形状复杂、又耐蚀的零件，如弹壳、冷凝器等；H62 和 H59 是双相黄铜，又称之为六四黄铜。其强度高，但只适宜热变形加工，用于制作热轧、热压零件。

② 特殊黄铜。在普通黄铜中加入 Si、Sn、Al、Mn、Fe、Pb 等合金元素所形成的合金称为特殊黄铜。相应的称这些特殊黄铜为硅黄铜、锡黄铜、铝黄铜等；加入的合金元素可以提高强度，锡、铝、锰、硅可提高耐蚀性和减少应力腐蚀；铅可改善切削性能和提高耐磨性；铁可细化晶粒；硅可改善铸造性能。

特殊黄铜的牌号依次由 H + 添加元素符号 + 铜的平均质量分数、添加元素的平均含量。例如：HSn62 - 1 表示平均 $w_{Sn} = 1\%$，平均 $w_{Cu} = 62\%$，其余为 Zn 的锡黄铜。

③ 铸造黄铜。将上述黄铜熔化，进行铸造加工，则称之为铸造黄铜。其牌号有：ZCuZn38、ZCuZn31Al2、ZCuZn16Si4 等。铸造黄铜的力学性能虽不如相应牌号的黄铜，但可以直接获得形状复杂的零件毛坯，可减少机械加工的工作量，因此仍获得广泛应用。常用黄铜的牌号、成分、力学性能及用途见表 7 - 4。

表 7-4 常用黄铜的牌号、成分、力学性能及用途

类别	牌号	化学成分 w/%			加工状态或铸造方法	力学性能			用途举例
		Cu	其他	Zn		σ_b /MPa	δ /%	HBW	
						不小于			
普通黄铜	H68	67.0~70.0		余量	软	320	55		复杂的冷冲件和深冲件、散热器外壳、导管及波纹管等
					硬	660	3	150	
	H62	60.5~63.5		余量	软	330	49	56	销钉、铆钉、螺母、垫圈、导管、夹线板、环形件、散热器等
					硬	600	3	164	
特殊黄铜	HPb59-1	57~60	Pb 0.8~1.9	余量	硬	650	16	HRB 140	销子、螺钉等冲压件或加工件
	HMn58-1	57~60	Mn 1.0~2.0	余量	硬	7 000	10	175	船舶零件及轴承等耐磨零件
铸造黄铜	ZCuZn16Si4	79~81	Si 2.5~4.5	余量	S	345	15	88.5	接触海水工作的配件以及水泵、叶轮和在空气、淡水、油、燃料以及工作压力在 4.5 MPa 和 250 ℃ 以下蒸汽中工作的零件
					J	390	20	98.0	
	ZCuZn40Pb2	58~63	Pb 0.5~2.5 Al 0.2~0.8	余量	S	220	15	78.5	一般用途的耐磨、耐蚀零件,如轴套、齿轮等
					J	280	20	88.5	

注:铸造黄铜力学性能中的两项指标分别为砂型和金属型铸造的性能指标。

(2) 青铜

三千多年以前,我国就发明并生产了锡青铜(Cu-Sn 合金),并用此制造钟、鼎、武器和铜镜。春秋晚期,人们就掌握了用青铜制作双金属剑的技术。以韧性好的低锡黄铜作中脊合金,硬度很高的高锡青铜制作两刃。制成的剑两刃锋利,不易折断,克服了利剑易断的缺点。故青铜原指铜锡合金,目前已将铝、硅、铅、铍、锰等合金元素的铜合金都包括在青铜内,统称为无锡青铜(又称特殊青铜)。因此,常见的青铜有锡青铜、铝青铜、铍青铜等。青铜的编号方法:Q + 主加元素符号及其含量 + 其他元素含量。如 QSn4-3 表示含 $w_{Sn}=4\%$、$w_{Zn}=3\%$,其余为铜的锡青铜;QBe2 表示含 $w_{Be}=2\%$ 的铍青铜。

① 锡青铜。以锡为主要添加元素的铜基合金称为锡青铜。锡青铜是我国历史上使用得最早的有色合金,也是最常用的有色合金之一。锡青铜对大气、淡水、海水等的耐蚀性高于纯铜和黄铜,且无磁性、无冷脆现象,但在氨水和酸中的耐蚀性较差。按生产方法,锡青铜可分为压力加工锡青铜和铸造锡青铜两类。

a. 压力加工锡青铜。压力加工锡青铜含锡量一般小于 10%,具有较好的塑性和适当的强度,适宜冷热压力加工。经形变强化后,强度、硬度提高,但塑性有所下降。适于制造仪表上耐磨、耐蚀零件、弹性元件、抗磁零件及滑动轴承、轴套等。

b. 铸造锡青铜。铸造锡青铜含锡量一般为 10%~14%,由于塑性差,只适于铸造。因

其流动性差，又易产生缩松、成分偏析，使铸件致密性不高，一般适宜制造形状复杂、对致密性要求不高的耐磨、耐蚀件，如阀、齿轮、蜗轮、轴瓦、轴套等。锡青铜在大气及海水中的耐蚀性好，广泛用于制造耐蚀零件。另外，在锡青铜中可加入 P、Zn、Pb 等元素，可改善其耐磨性、铸造性及切削加工性，使其性能更佳。

锡的含量对铸态青铜的力学性能影响很大。含锡量较小时，随含锡量的增加，青铜的强度、塑性增加。当含锡量超过 5%～6% 时，塑性急剧下降，但强度仍很高；当含锡量超过 10% 时，塑性已显著降低；当超过 20% 后，强度显著下降，合金变得硬而脆，已无使用价值，故工业用锡青铜的含锡量一般为 3%～14%。

② 特殊青铜（无锡青铜）。

a. 铝青铜。以铝为主要添加元素的铜合金称为铝青铜，是无锡青铜中用途最为广泛的一种，一般含铝 8.5%～11%。其强度、韧性、耐磨性、耐蚀性、耐热性均高于黄铜、锡青铜，且价格低，还可热处理（淬火、回火）强化。常用于制造齿轮、摩擦片、蜗轮等要求高强度、高耐磨的零件。

b. 铍青铜。以铍为主要添加元素的铜合金称为铍青铜，一般为 1.7%～2.5%。铍青铜经过固溶、时效处理后，具有很高的强度、硬度，而且耐蚀性、耐磨性、疲劳极限和弹性极限也都较高。另外，还具有良好的导电性、导热性、耐寒、抗磁性及受冲时不产生火花等优点。但价格昂贵，主要用于制造重要的弹性元件、耐蚀、耐磨件等。例如：仪表齿轮、弹簧、航海罗盘、电焊机电极以及防爆工具等。

c. 硅青铜。硅青铜具有较高的力学性能及耐腐蚀性能，并具有良好的铸造性能和冷、热变形加工性能，常用于制造耐蚀和耐磨零件。

表 7–5 为常用青铜的牌号、成分、力学性能及用途。

表 7–5 常用青铜的牌号、成分、力学性能及用途

类别		代号（或牌号）	主要成分 w/%			状态	力学性能 不小于		用途举例
			Sn	Cu	其他		σ_b /MPa	δ_5 /%	
锡青铜	压力加工	QSn4-3	3.5～4.5	余量	Zn 2.7～3.3	软	290	40	弹簧、管配件和化工机械中的耐磨及抗磁零件
						硬	635	2	
		QSn6.5-0.4	6.0～7.0	余量	P 0.26～0.40	软	295	40	耐磨及弹性零件。
						硬	665	2	
		QSn6.5-0.1	6.0～7.0	余量	P 0.1～0.25	软	290	40	弹簧、接触片、振动片、精密仪器中的耐磨零件
						硬	640	1	
	铸造	ZCuSn10Zn2	9.0～11.0	余量	Zn 1.0～3.0	砂型	240	12	在中等及较高载荷下工作的重要管配件，如阀、泵体。
						金属型	245	6	
		ZCuSn10P1	9.0～11.5	余量	P 0.5～1.0	金属型	310	2	重要的轴瓦、齿轮、轴套、轴承、蜗轮、机床丝杠螺母

续表

类别		代号（或牌号）	主要成分 w/%			状态	力学性能 不小于		用途举例
			Sn	Cu	其他		σ_b /MPa	δ_5 /%	
特殊青铜	压力加工	QAl7	Al 6.0~8.5	余量	Zn 0.20 Fe 0.50	硬	635	5	重要的弹簧和弹性零件。
		QBe2	Be 1.8~2.1	余量	Ni 0.2~0.5	—	—	—	重要仪表的弹簧、齿轮等。耐磨零件，高速、高压、高温下的轴承
	铸造	ZCuAl10Fe3Mn2	Al 9.0~11.0	余量	Fe 2.0~4.0 Mn 1.0~2.0	金属型	540	15	耐磨耐蚀重要铸件。
		ZCuPb30	Pb 27.0~33.0	余量	—	金属型	—	—	高速双金属轴瓦、减磨件，如柴油机曲轴及连杆轴承、齿轮、轴套

（3）白铜

白铜是以镍为主要添加元素的铜合金，有普通白铜和特殊白铜两类。

普通白铜只含铜和镍，其牌号为 B + 镍的平均含量如 B19 表示 w_{Ni} = 19% 的普通白铜。普通白铜强度高、塑性好，适于冷、热变形加工，此外，其抗蚀性好、电阻率高。主要用于医疗器械、化工机械零件等。特殊白铜是白铜中加入其他元素，以获得其他的特殊性能和用途。如 Mn 含量高的锰白铜可制作热敏元件。

7.3 轴承合金

轴承是用来支承轴进行工作的零件。机械设备中所用的轴承主要有滚动轴承和滑动轴承两大类。虽然滚动轴承应用广泛，但由于滑动轴承具有承压面大，工作平稳，无噪声，维修更换方便等优点，因此常用于重载、高速的场合，如磨床主轴轴承、连杆轴承、发动机轴承等。

7.3.1 滑动轴承的性能与组织特征

1. 对滑动轴承的性能要求

① 较高的抗压强度和疲劳强度，以承受轴颈施加的交变压力。
② 高的耐磨性，良好的磨合性和小的摩擦系数，并能储存润滑油。
③ 良好的耐蚀性和导热性，较小的热膨胀系数以防咬合。

④ 足够的塑性和韧性，以耐冲击和振动。
⑤ 良好的工艺性，且价格低廉。

2. 滑动轴承的组织特征

为了满足上述性能要求，既不能选高硬度的金属，以免轴颈受到磨损；也不能选用软的金属，防止承载能力过低。故轴承合金的组织应当是软硬兼顾。常见的组织有以下两种：

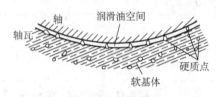

图 7-4 轴和轴瓦配合的理想示意图

（1）软基体上分布着硬质点的组织

轴在旋转时，软的部分较快磨损呈凹陷，而硬质点相应地突出，如图 7-4 所示。这使其接触面积大大减少，有利于保存润滑油，因而摩擦系数减小，减少摩擦和磨损。软基体还能承受冲击和振动，并使轴颈和轴瓦很好地磨合，属于这一类组织的合金有锡基和铅基轴承合金（称巴氏合金）。

（2）硬基体上分布着软质点的组织

这种组织的合金摩擦系数低，能承受较大的载荷，但磨合性差。属于这一类组织的合金有铜基和铝基轴承合金。

7.3.2 常用轴承合金、牌号及应用

1. 锡基轴承合金

锡基轴承合金（锡基巴氏合金）是 Sn–Sb–Cu 系合金，其组织实际是由锑溶入锡中形成的固溶体为软基体，以锡与锑、锡与铜形成的化合物为硬质点组成的。这类合金与其他轴承材料相比膨胀系数小，嵌藏性和减磨性较好；另外，还具有优良的韧性、导热性和耐蚀性。适宜用作汽车、拖拉机、汽轮机的高速轴承。其缺点是疲劳强度较低、熔点低、工作温度不能超过 150 ℃。

2. 铅基轴承合金

铅基轴承合金（铅基巴氏合金）Pb–Sn–Cu 系合金，实质上是一种铅合金，它的性能略低于锡基轴承合金，铅基轴承合金可用于低速、低载荷或中静载荷设备的轴承，可作为锡基轴承合金的部分代用品。铅的价格仅为锡的 1/10，因此，铅基轴承合金得到了广泛应用。

3. 铜基轴承合金

ZCuPb30 是典型的铜基轴承合金，其组织特征为在硬的铜基体上分布有软的铅质点。将 ZCuPb30 浇注在钢管或钢板上，形成一层薄而均匀的内衬，使钢的强度和减磨合金的耐磨性很好地结合起来。铅青铜与钢套的粘合性很好，使承载能力好、疲劳强度好、导热性好、摩擦系数小，其工作温度可达 250 ℃。故铜基轴承合金适宜用作在高温、高速、重载荷下工作的轴承（如柴油机、汽轮机或航空发动机上的轴承）。

4. 铝基轴承合金

目前应用较多的有高锡铝基轴承合金（ZAlSn6Cu1Ni1）和铝锑镁轴承合金。铝基轴承合金密度小，导热性、耐热性、耐蚀性好，疲劳强度高，价格低，但膨胀系数大，易发生咬合现象。

高锡铝基轴承合金（ZAlSn6Cu1Ni1）是以硬的铝基体上分布着软的粒状锡点。这种合金常以 08 钢为衬背，轧制成双合金带使用。可替代上述多种合金，适用于高速、重载的轴

承,在车辆、内燃机车上得到广泛的应用。

表7-6列举了各种铸造轴承合金的牌号、成分及用途。

表7-6 铸造轴承合金的牌号、成分及用途

类别	牌号	化学成份 w/%				硬度/HBW	主要用途
		Sb	Cu	Pb	Sn	不小于	
铅基轴承合金	ZPbSb16SnCu2	15.0~17.0	1.5~2.0	其余	15.7~17.0	30	工作温度小于120℃,无显著冲击载荷,重载高速的轴承,如汽车拖拉机曲柄轴承,750 kW以内的电动机轴承
	ZPbSb15Sn10	14.0~16.0	0.7	其余	9.0~11.0	24	中等载荷、中速、冲击载荷的机械轴承,如汽车、拖拉机的曲轴轴承,连杆轴承。也适用于高温轴承
锡基轴承合金	ZSnSb8Cu4	7.0~8.0	3.0~4.0	0.35	其余	24	用于一般大机器轴承及轴衬
	ZSnSb12Pb10Cu4	11.0~13.0	2.5~5.0	9.0~11.0	其余	29	适用于中等速度和受压的机器主轴衬,但不适用于高温部分
	ZSnSb11Cu6	10.0~12.0	5.5~6.5	0.35	其余	27	适用于1 471 kW以上的高速蒸汽机和368 kW的涡轮压缩机、涡轮泵及高速内燃机等

7.4 粉末冶金材料

粉末冶金材料是将几种金属粉末或金属与非金属粉末混合在一起,通过配料、压制、烧结等工艺过程而制成的材料。这种工艺过程称之为粉末冶金。

通常情况下,经烧结好的制品就能直接使用,但对要求高的制品则需进行精压处理,也可以对制品进行淬火处理或表面淬火处理,以改善力学性能。

粉末冶金工艺是制造工具材料的重要手段。常用的粉末冶金材料有硬质合金、超硬材料、陶瓷工具材料、粉末冶金减摩材料、粉末冶金摩擦材料等。

7.4.1 硬质合金

硬质合金是以碳化钨、碳化钛等高熔点、高硬度的碳化物粉末与起黏结作用的金属钴粉末经混合、压制成型,再烧结而成的粉末冶金制品。

1. 硬质合金的性能特点与应用

① 高硬度、高耐磨性,常温下硬度可达86~93 HRA(相当于69~81 HRC)。

② 高的热硬性(可达900 ℃~1 000 ℃),其切削速度比高速工具钢高4~7倍,刀具寿命高5~80倍。可切削硬度在50 HRC左右的硬质材料及较难加工的奥氏体耐热钢和不锈

钢等韧性材料。

③ 较高的抗压强度，可达 6 000 MPa。但抗弯强度较低（约为高速钢的 1/3～1/2），韧性差（约为淬火钢的 1/3～1/2）。

④ 抗蚀性和抗氧化性好。

⑤ 线膨胀系数小，但导热性差。

硬质合金主要用于制作各种刀具、量具、某些冷作模具以及不受冲击的高耐磨零件，如精轧辊、无心磨床导板。由于硬质合金的硬度很高，不能用一般的切削方法加工，只能采用电火花、线切割等方法加工或用砂轮磨削。因此，不宜制作形状复杂的刀具，如拉刀、滚刀等。使用时，通常是将硬质合金制品焊接、粘接或机械夹固在刀体或模具体上。

2. 常用硬质合金

常用硬质合金按成分和性能特点可分为三类，其牌号、主要成分及性能特点见表 7-7。

表 7-7　硬质合金的牌号、成分、性能特点及用途

类别	牌号	化学成分 w/%				性能特点	用途
		WC	TiC	TaC	Co		
钨钴类硬质合金	YG6	94.0	—	—	6	耐磨性较高，冲击韧性较好	适于铸铁、有色金属及其合金、非金属材料连续切削时的粗加工，简单切削时的半精加工、精加工、小断面精加工，粗加工螺纹、旋风车丝、孔的粗扩与精扩
	YG8	92.0	—	—	8	使用强度较高，抗冲击、抗震性较好，耐磨性较差切削速度较低	适于铸铁、有色金属及其合金、非金属材料的加工，不平整断面和间断切削时的粗加工，一般孔和深孔的钻孔及扩孔
钨钴钛类硬质合金	YT5	85.0	5		10	钨钴钛类强度最高，抗冲击和抗振性最好，不易崩刃，但耐磨性较差	适于碳钢与合金钢（钢锻件及铸件）的加工，不平整断面与间断切削的粗加工与钻孔
	YT15	79.0	15		6	耐磨性优于 YT5，但抗冲击较之差，耐磨性较差，切削速度较低	适于碳钢与合金钢中连续切削时的粗加工，间断切削时的半精加工与精加工，铸孔的钻孔与粗扩
	YT30	66.0	30		4	耐磨性和切削速度较 YT15 高但使用强度、抗冲击和抗振性较差	适于碳钢与合金钢工件的精加工，如小断面的精加工、精镗、精扩
通用硬质合金	YW1	84.0	6	4	6	热硬性较好，能承受一定的冲击	适于耐热钢、高锰钢、不锈钢等难加工钢材及普通钢材和铸铁的加工

续表

类别	牌号	化学成分 w/%				性能特点	用　途
		WC	TiC	TaC	Co		
通用硬质合金	YW2	82.0	6	4	6	耐磨性仅次于YW1，使用强度高，能承受较大冲击	适于耐热钢、高锰钢、不锈钢及合金钢等特殊难加工钢材的粗加工、半精加工，普通钢材和铸铁的加工

（1）钨钴类硬质合金

主要成分为WC和Co。其牌号用"硬"、"钴"两字的汉语拼音字首"YG" +数字表示，数字为合金中平均含Co量。如YG6表示平均$w_{Co}=6\%$，其余为WC的钨钴类硬质合金。常用的牌号有YG3、YG6、YG8等。这类合金制造的刀具主要用于切削铸铁、青铜等脆性材料。

（2）钨钛钴类硬质合金

主要成分为WC、TiC和Co。其牌号用"硬"、"钛"两字的汉语拼音字首"YT" +数字表示，数字为合金中TiC的平均含量。如YT15表示平均$w_{TiC}=15\%$，其余为WC和Co的钨钛钴类合金。常用的牌号有YT5、YT15、YT30等。这类合金制造的刀具主要用于切削韧性材料。

硬质合金中，碳化物的质量分数越多，钴的质量分数越少，则合金的硬度、热硬性和耐磨性越高，但强度、韧性越低。并且同类硬质合金中，钴的质量分数越高，韧性越好，适宜制造粗加工的刀具；反之，适宜制造精加工的刀具。

（3）通用硬质合金（又称万能硬质合金）

主要成分为WC、TiC、TaC（或NbC）和Co。其牌号用"硬"、"万"两字的汉语拼音字首"YW" +序号表示。如YW1，表示1号通用硬质合金。常用的牌号有YW1、YW2。这类合金的刀具尤其适合于奥氏体不锈钢、耐热钢和高锰钢等难于加工的材料。它也可以代替YG类硬质合金来加工铸铁等脆性材料。

（4）钢结硬质合金

钢结硬质合金是一种新型的硬质合金材料，主要成分为TiC、WC、VC粉末，并以合金钢粉末（如铬钼钢或高速钢，含量为50%~65%）作为黏结剂。其牌号为"YE" +合金钢粉末百分含量。它可以像钢一样进行锻造、热处理、焊接和切削加工。钢结硬质合金经退火后，可进行切削加工，经淬火、回火后，有相当于硬质合金的高硬度和耐磨性，一定的耐热、耐蚀和抗氧化性。适于制造形状复杂的刀具，如麻花钻头、铣刀、滚刀等，也可用作在较高温下工作的模具和耐磨零件等。如高速钢结硬合金钢可制成滚刀、圆锯片等刀具。

7.4.2　粉末冶金减摩材料

粉末冶金减摩材料具有多孔性，主要用来制造滑动轴承。用这种材料制成的轴承放在润滑油中，可吸附润滑油，故称含油轴承。轴承工作时，发热膨胀，使孔隙变小，同时轴旋转时带动轴承间隙中的空气层，降低了摩擦表面的静压力，在孔隙内外形成压力差，使润滑油被抽到工作表面。轴承停止工作时，润滑油又重新渗入孔隙中，因此，含油轴承有自动润滑的作用。常用的含油轴承材料有铁基和铜基两种。它们的牌号由粉末冶金滑动轴承的"粉"

"轴"两字的汉语拼音字首"FZ" + 主加元素序号（铁基为1，铜基为2）+ 辅加元素序号 + 含油密度组成。例如 FZ1360 表示辅加元素为碳、铜，含油密度为 5.7~6.2 g/cm³ 的铁基粉末滑动轴承用减摩材料。

1. 铁基减摩材料

常用的是铁 – 石墨（w_G = 0.5% ~ 3%）粉末合金和铁 – 硫（w_S = 0.5% ~ 1%）– 石墨（w_G = 1% ~ 2%）粉末合金。前者的组织为珠光体（大于40%）基体 + 铁素体 + 渗碳体（小于5%）+ 石墨 + 孔隙，其硬度为 30 ~ 110 HBW。后者的组织除了有与前者相同的几种组织外，还含有硫化物。硫化物起固体润滑的作用，故可进一步提高减摩性能，但硬度有所下降，为 35 ~ 70 HBW。

2. 铜基减摩材料

常用的是青铜粉末与石墨粉末制成的合金，硬度为 20 HBW ~ 40 HBW。它的成分与 QSn6 – 6 – 3 青铜相似，但其中有 0.5% ~ 2% 的石墨，组织是固溶体 + 石墨 + 铅 + 孔隙，有较好的导热性、耐蚀性、抗咬合性，但承压能力差。

粉末冶金减摩材料一般用于中速、轻载荷的轴承，特别适用于不能常加油的轴承，如纺织机械、食品机械、家用电器等的轴承，在汽车、拖拉机、电机中也得到广泛的应用。

7.4.3 粉末冶金摩擦材料

粉末冶金减摩材料通常是以强度高、导热性好、熔点高的金属（如铁、铜）为基体，加入能提高摩擦系数的摩擦组元（如 Al_2O_3、SiO_2 及石棉等）及能抗咬合的润滑组元（Pb、Sn、石墨等）经烧结制成，能较好地满足摩擦材料性能的要求。其牌号由"粉摩"两字的汉语拼音字首"FM" + 主加元素序号（铜基为1，铁基为2）+ 顺序号 + 工作条件（干式"G"或湿式"S"）组成。如 FM101S 表示顺序号为 01 的铜基湿式粉末冶金摩擦材料。

铜基粉末冶金摩擦材料常用于汽车、拖拉机、锻压机床的离合器与制动器；铁基粉末冶金摩擦材料常用于各种高速重载机器的制动器，如飞机、工程机械等。

7.4.4 粉末冶金铁基结构材料

粉末冶金铁基结构材料一般是以碳钢或合金钢粉末为主要成分，用粉末冶金法制成的粉末合金钢。这类钢制成的结构零件的优点是精度较高，表面粗糙度小，不需或只需少量加工，并且还可通过淬火 + 低温回火和渗碳提高强度和耐磨性。也可浸入润滑油来减少摩擦，并有减震、消音的作用。其牌号由"粉"、"铁"、"构"三字的汉语拼音的字首"FTG" + 化合碳含量的万分数 + 合金元素符号及其含量的百分数 + 抗拉强度组成。如 FTG60Cu3Mo – 40 表示化合碳含量为 0.4% ~ 0.7%，合金元素铜的含量为 2% ~ 4%、钼的含量为 0.5% ~ 1.0%，σ_b = 400 MPa 的粉末冶金铁基结构材料，FTG60Cu3Mo – 40（55R）表示该材料热处理后的 σ_b = 550 MPa。

粉末冶金铁基结构材料中含碳量低的，可用来制造受力小的零件或渗碳件、焊接件；含碳量较高的，可制造淬火后有一定强度或耐磨的零件。加入的合金元素有铜、钼、硼、锰、镍、铬、硅、磷等，这些元素可强化基体，提高淬透性，铜可以提高耐蚀性。合金钢粉末冶金结构材料淬火后，其强度 500 ~ 800 MPa，硬度可达 40 ~ 50 HRC，可制造受力较大的构件，如油泵齿轮、电钻齿轮等。对于长轴类、薄壳类及形状较复杂的零件，则不宜采用粉冶金结构材料。

7.5 项目小结

名称	性能特点（组织特点）	分类		代表牌号	应用场合
Al 及 Al 合金	密度小，单位质量强度高；导电、导热性好，抗大气腐蚀性好；易冷成形、易切削铸造性好，有些铝合金可热处理	变形 Al 合金	防锈 Al 合金	5A05、5A21（LF5、LF21）	容器、管道、铆钉
			硬 Al 合金	2A11（LY11）	叶片、航空模锻件
			超硬 Al 合金	7A04（LC4）	航空构件、飞机大梁、起落架
			锻 Al 合金	1A50、2A70（LD5、LD7）	重载锻件
		铸造 Al 合金	Al – Si 系	ZL102、ZL103	水泵、电机壳体、气缸体
			Al – Cu 系	ZL201、ZL203	内燃机活塞、气缸
			Al – Mg 系	ZL301、ZL302	舰船配件、氨用泵体
			Al – Zn 系	ZL401、ZL402	汽车发动机零件
Cu 及 Cu 合金	优异物理化学性：导电、导热性极好耐蚀能力好；好的加工性：易冷热加工成形、铸造 Cu 合金的铸造性好；特殊力学性能：减磨耐磨；高弹性极限及疲劳极限	黄铜	普通黄铜（Cu + Zn）	H70、H62（$w_{cu} \approx 70\%$）	电气零件、螺钉、螺母、散热器
			特殊黄铜 Cu + Zn + 元素	Sn 黄铜、Pb 黄铜、Al 黄铜	钟表零件、船舶零件、蜗轮
		青铜	锡青铜（Cu + Sn）	QSn 4 – 3	轴承、弹簧
			无锡青铜 铝青铜	QAl 9 – 4	耐磨抗腐蚀零件、齿轮、轴承
			无锡青铜 铍青铜	Qbe2	弹性元件、钟表仪表零件
		白铜	普通白铜（Cu + Ni）	B19	医疗机械、化工机械零件
			特殊白铜	BMn40 – 1.5	热敏元件
轴承合金	组织特点：软基体 + 硬质点硬基体 + 软质点	巴氏合金	锡基轴承合金	ZSnSb11Cu6	汽轮机、发动机的高速轴承
			铅基轴承合金	ZPbSb16Sn16Cu2	汽车、拖拉机曲轴的轴承
		Cu 基轴承合金		ZCuPb30	航空发动机、高速柴油机轴承
		Al 基轴承合金		ZAlSn6Cu1Ni1	高速重载工作下的轴承
硬质合金	高硬度、高耐磨、高红硬性；良好的耐蚀、抗氧化性；小的线膨胀性；但抗弯强度低，韧性差	硬质合金	钨钴类硬质合金	YG8、YG15 数字为 w_{Co} 数字↑韧性↑	加工脆性材料的刀具或冷作模具、量具、耐磨零件
			钨钛钴类硬质合金	YT15、YT30 数字为 w_{TiC} 数字↑韧性↓	加工韧性材料的刀具
			通用硬质合金	YW1、YW2 数字为顺序号	加工不锈钢、耐热钢、耐磨钢的刀具
		钢结硬质合金		YE35、数字为 w_{TiC} TE50、数字为 w_{WC}	形状复杂刀具、模具及耐磨零件

思考题与练习题

1. 铝及铝合金是如何分类的？
2. 纯铝有何性能特点？其牌号如何表示？
3. 变形铝合金和铸造铝合金可分为哪几种，其牌号如何表示？
4. 举例说明铝及铝合金的主要用途。
5. 纯铜的性能有何特点？其牌号如何表示？
6. 铜合金有哪几类，它们是根据什么来区分的？
7. Zn 对黄铜的性能有何影响？
8. 青铜按生产方式可分为哪两类，它们的牌号如何表示？
9. 铜及铜合金有哪些主要用途？试举例说明。
10. 什么是硬质合金？通常分为哪几类？如何选用？
11. 指出下列材料牌号或代号的含义：
H59；ZQSn10；QBe2；ZChSnSb11-6；LF21；LC6；ZL102。

项目八 非金属材料

知识目标

（1）了解塑料、橡胶、陶瓷的组成、分类、性能与用途。
（2）了解复合材料的性能特点及应用。

能力目标

（1）能认知金属材料以外的其他材料的性能及应用。

引言

长期以来，机械工程材料一直以金属材料为主，这是因为金属材料具有许多优良的性能，如强度高、热稳定性好、导电导热性好等。但金属材料也存在着密度大、耐腐蚀性差、电绝缘性不好等缺点。而非金属材料有着金属材料所不及的某些性能，且原料来源广泛，自然资源丰富，成形工艺简单、多样，因此广泛应用于航空、航天等许多工业部门以及高科技领域，甚至已经深入到人们的日常生活用品中，正在改变着人类长期以来以金属材料为中心的时代。通常，非金属材料是指金属材料以外的其他一切材料。而机械工程上使用的非金属材料主要有三大类：高分子材料、工业陶瓷和复合材料。

8.1 高分子材料

高分子材料是以高分子化合物为主要组分的材料。高分子化合物是指分子量很大的化合物，其分子量一般在 5 000 以上，低分子化合物分子量小于 1 000。高分子化合物的分子量虽然很大，但它的化学组成并不复杂，它们一般都是由一种或几种简单的低分子化合物重复连接而成。低分子化合物聚合起来形成高分子化合物的过程叫聚合反应。因此，高分子化合物也叫高聚物或聚合物。通常高分子化合物具有较高的强度、塑性、弹性等力学性能，而低分子化合物不具备这些性能。

高分子化合物分有机高分子化合物和无机高分子化合物（如石棉、云母等）两类。有机高分子化合物又分天然的和合成的两种,由人工合成方法制成的有机高分子化合物称为合成有机高分子化合物。机械工程上使用的高分子材料,如塑料、合成橡胶、合成纤维、涂料和胶粘剂等均是合成有机高分子化合物。

8.1.1 工程塑料

塑料是指以合成树脂高分子化合物为主要成分,加入某些添加剂之后且在一定的温度、压力下塑制成形的材料和制品的总称。塑料按用途可分为工程塑料、通用塑料、特种塑料。

工程塑料是指具有类似金属性能,可以替代某些金属用来制造工程构件或机械零件的一类塑料。它们一般有较好的稳定的力学性能,耐热耐蚀性较好,且尺寸稳定性好,如 ABS、尼龙、聚甲醛等。

1. 工程塑料的分类

工程塑料的品种很多,按照其热行为可以分为有热塑性塑料和热固性塑料两种。

① 热塑性塑料。该类材料加热后软化或熔化,冷却后硬化成形并保持既得形状,而且该过程可反复进行。常用的材料有聚乙烯、聚丙烯、ABS 塑料等。这类塑料加工成形简便,具有较高的力学性能,能够反复使用,但热硬性和刚性比较差。较后开发的氟塑料、聚酰亚胺具有较突出的特殊性能,如优良的耐蚀性、热硬性、绝缘性、耐磨性等,是塑料中较好的高级工程塑料。

② 热固性塑料。初加热时软化,可塑造成形,但固化后再加热将不再软化,也不溶于溶剂,故只可一次成形或使用。这类塑料有酚醛塑料、环氧塑料、氨基塑料、聚氨酯塑料、有机硅塑料等。它们具有耐热性高,受压不易变形等优点,但力学性能不好,不能反复使用。

2. 工程塑料的性能

塑料相对于金属来说,具有重量轻(如常用塑料中的聚丙烯密度为 0.9 g/cm^3 ~ 0.91 g/cm^3,而泡沫塑料的密度为 0.02 g/cm^3 ~ 0.2 g/cm^3)、比强度高、化学稳定性好、电绝缘性好、耐磨、减摩和自润滑性好等优点。此外,如透光性、消音吸振性、防潮性、绝热性等也是一般金属所不及的。

通常热塑性塑料强度在 50 ~ 100 MPa,热固性塑料强度一般 30 ~ 60 MPa,强度较低;弹性模量只有金属材料的 1/10,但承受冲击载荷的能力与金属一样。虽然塑料的硬度低,但其摩擦、磨损性能优良,摩擦系数小,有些塑料有自润滑性能,很耐磨,可制作在干摩擦条件下使用的零件。

热塑性塑料的最高允许使用温度多数在 100 ℃以下,而热固性塑料一般高于热塑性塑料,如有机硅塑料高达 300 ℃。塑料的导热性很差,而膨胀系数较大,约为金属的 3 ~ 10 倍。

3. 常用工程塑料的特点和用途

常用热塑性塑料的特点和用途见表 8 - 1;常用热固性塑料的特点和用途见表 8 - 2。

表 8-1　常用热塑性塑料的特点和用途

塑料名称	符号	性能 抗拉强度/MPa	性能 使用温度/℃	主要特点	用途举例
聚乙烯	PE	3.9~38	-70~100	加工性能、耐蚀性好，优良的电绝缘性，热变形温度较低，力学性能较差。低密度聚乙烯质轻、透明，吸水性小，化学稳定性较好。高密度聚乙烯具有良好的耐热、耐磨和化学稳定性，表面硬度高，尺寸稳定性好。	低密度聚乙烯一般用于耐腐蚀材料，如小载荷齿轮、轴承材料，还用于工业薄膜、农用薄膜、包装薄膜、中空容器及电线电缆包皮等。高密度聚乙烯适用于中空制品、电气及通用机械零部件等，如机器罩盖、手柄、手轮、坚固件、衬套、密封圈、轴承及小载荷齿轮，耐腐蚀容器涂层、管道以及包装薄膜等。
聚丙烯	PP	40~49	-35~120	无毒、无味、无臭、半透明蜡状固体，密度小，几乎不吸水，具有优良的化学稳定性和高频绝缘性，但低温脆性大，不耐磨，易老化。	化工管道、容器、医疗器械、家用电器部件及汽车工业、中等负荷的轴承元件、密封等制件，如套盒、风扇罩、车门、方向盘等，还可用于电器、防腐、包装材料。
聚苯乙烯	PS	50~80	-30~75	无毒、无味、无臭、无色的透明状固体，具有良好的化学稳定性和介电性能、优良的电绝缘性，着色性好，易于成型。但脆性大，耐热性低，耐油和耐磨性差。	用于日用品、装潢、包装及工业制品；用于各类外壳、汽车灯罩、玩具及电讯零件等。
丙烯腈—丁二烯—苯乙烯	ABS	21~63	-40~90	具有较好的抗冲击性和尺寸稳定性，良好的耐寒、耐热、耐油及化学稳定性；成型性好，可用注射、挤出等方法成型。	用于汽车、机器制造、电器工业等方面制作齿轮、轴承、泵叶轮、把手、电机外壳、仪表壳等。经表面处理可作为金属代用品，如铭牌、装饰品等。
聚四氟乙烯，俗称"塑料王"（F—4）	PTFE	21~63	-180~260	使用温度范围广泛，化学稳定性好，电绝缘性、润滑性、耐候性好；摩擦系数和吸水性小；但强度低，尺寸稳定性差。	用于耐腐蚀件、减摩耐磨件、密封件、绝缘件及化工用反应器、管道等。在机械工业中常用于无油润滑材料，如轴承、活塞环等。

续表

塑料名称	符号	性能		主要特点	用途举例
		抗拉强度/MPa	使用温度/℃		
聚酰胺（尼龙）	PA	47~120	<100	具有较高的强度和韧性、耐磨、耐水、耐疲劳、减摩性好并有自润滑性、抗霉菌、无毒等综合性能。但吸水性大，尺寸稳定性差；耐热性不高。	常用的有尼龙6、尼龙66、尼龙610、尼龙1010等。主要用于制作一般机械零件，减摩、耐磨件及传动件，如轴承、齿轮、螺栓、导轨贴合面等。还可作高压耐油密封圈，喷涂金属表面作防腐耐磨涂层。其多采用注射、挤出、浇注等方法成形，并可用车、钻、胶接等方法进行二次加工成型。
聚氯乙烯	PVC	10~50	-15~55	聚氯乙烯具有较高的机械强度，较大的刚性；良好的绝缘性，较好的耐化学腐蚀性；不燃烧、成本低、加工容易；但耐热性差，冲击强度较低，有一定的毒性。其可根据加入增塑剂用量的不同分为硬质和软质两种。	硬质聚氯乙烯主要用于工业管道、给排水管、建筑及家用防火材料；化工耐蚀的结构材料，如输油管、容器等；软质聚氯乙烯主要用于电线、电缆的绝缘包皮，农用薄膜、工业包装等，但因有毒，不适于食品包装。
聚甲醛	POM	58~75	-40~100	聚甲醛具有较高的疲劳强度、耐磨性和自润滑性，具有很高的硬度、刚性和抗拉强度；吸水性小，尺寸稳定性、化学稳定性及电绝缘性好；但其耐酸性和阻燃性比较差，密度较大。	用于汽车、机床、化工、电气仪表及农机等行业的各种结构零部件，如汽车零部件、制造减摩、耐磨及传动件等。同时可代替金属制作各种结构零件，如轴承、齿轮、汽车面板、弹簧衬套等。
聚碳酸酯	PC	65~70	-100~130	聚碳酸酯是无毒、无味、无臭、微黄的透明状固体，具有优良的透光性，极高的冲击性和耐热耐寒性（可在-100℃~130℃范围内使用），具有良好的电绝缘性、尺寸稳定性好，吸水性小，阻燃性好。但摩擦系数大，高温易水解，且有应力开裂倾向。	在机械工业中多用于耐冲击及高强度零部件；在电气工业中可制作电动工具外壳、收录机、电视机等元器件。广泛应用于仪表、电讯、交通、航空、光学照明、医疗器械等方面。其不但可代替某些金属和合金，还可代替玻璃、木材等广泛进行使用。

续表

塑料名称	符号	性能		主要特点	用途举例
		抗拉强度 /MPa	使用温度 /℃		
聚砜	PSF	70~84	-100 ~ 160	聚砜具有良好的综合性能，突出的耐热、抗氧化性能、较高的强度，抗蠕变性好，良好的耐辐射性、尺寸稳定性能和优良的电绝缘性能，但加工性不太好。	广泛应用于电器、机械设备、医疗器械、交通运输等。可用于制作强度高、耐热且尺寸较准确的结构传动件，如小型精密的电子、电器和仪表零件等。

表8-2 常用热固性塑料的特点和用途

塑料名称	符号	性能		主要特点	用途举例
		抗拉强度 /MPa	使用温度 /℃		
酚醛树脂（电木）	PF	35~62	<140	多由填料的不同，性能具有较大差异。一般酚醛塑料具有一定机械强度和硬度，具有高的耐热性、耐磨性、耐蚀性和良好的绝缘性；化学稳定性、尺寸稳定性和抗蠕变性良好。	广泛应用于机械、汽车、航空、电器等工业部门，用来制造各种电气绝缘件（电木），较高温度下工作的零件，耐磨及防腐蚀材料，并能代替部分有色金属（铝、铜、青铜等）制作零件。如用于制作齿轮、刹车片、滑轮以及插座、开关壳等电器零件。
环氧树脂	EP	28~137	-89~155	具有较高的强度、较好的韧性、耐热性、耐蚀性、绝缘性及加工成型性好，优良的耐酸、碱及有机溶剂的性能，耐热、耐寒，能在苛刻的热带条件下使用，具有突出的尺寸稳定性等。	主要用于制作模具、精密量具、电气及电子元件等重要零件，也用于化工管道和容器、汽车、船舶和飞机等的零部件。还可用于修复机械零件等。环氧树脂是很好的胶黏剂，俗称"万能胶"。
氨基塑料（电玉）	UF			具有良好的绝缘性、耐磨性、耐蚀性，硬度高，着色性好且不易燃烧。	可作一般机械零件、绝缘件和装饰件。如仪表外壳、电话机壳、插座、开关、玩具等制品。

续表

塑料名称	符号	性能		主要特点	用途举例
		抗拉强度/MPa	使用温度/℃		
有机硅塑料			<250	电绝缘性良好，耐电弧，使用温度高达200 ℃～250 ℃，耐水性好，防潮性强。但力学性能和成形工艺性较差。	主要用于电气（电子）元件和线圈的灌封与固定、耐热零件、绝缘零件、耐热绝缘漆和密封件等。

8.1.2 橡胶

橡胶是一种具有高弹性的高分子的材料，分子量一般在几十万以上，甚至达到百万，是由许多细长而柔软的分子链组成，分子间的作用力很大，其主链通常是柔性链，容易发生链的内旋转，使分子卷曲成团状，互相缠绕，不易结晶。

1. 橡胶的分类

橡胶的品种很多，按其来源可分天然橡胶和合成橡胶两种。

（1）天然橡胶

天然橡胶是橡树上流出的胶乳，经凝固、干燥、加压等工序制成的生胶片，再经硫化工艺制成的弹性体。是以异戊二烯为主要成分的不饱和状态的天然高分子化合物。天然橡胶具有很好的弹性，弹性模量为3～6 MPa，较好的力学性能，良好的耐碱性及电绝缘性。缺点是不耐强酸、耐油、不耐高温，用来制造轮胎。

（2）合成橡胶

合成橡胶种类繁多，按用途分有通用合成橡胶和特种合成橡胶两种。

① 通用合成橡胶常见的有：丁苯橡胶（代号SBR）；顺丁橡胶（代号BR），由丁二烯聚合而成；氯丁橡胶（代号CR），由氯丁二烯聚合而成，有"万能橡胶"之称；乙丙橡胶（代号EPDM），由乙烯和丙烯共聚而成。

② 特种合成橡胶常见的有：丁腈橡胶（代号NBR），由丁二烯和丙烯共聚而成；硅橡胶由二基硅氧烷与其他有机硅单体共聚而成；氟橡胶（代号FPM），是一种以碳原子为主链，含有氟原子的聚合物。

2. 橡胶的性能

橡胶在很宽的温度范围内（-50 ℃～150 ℃）保持明显的高弹性，某些特种橡胶在-100 ℃的低温和200 ℃高温下都保持高弹性。橡胶在外力的作用下能产生很大的变形，其弹性模量值很低，变形量一般在100%～1 000%之间，外力去除又很快恢复原状。除了高弹性外，橡胶还具有良好的电绝缘性，储能能力、耐磨性、隔音、密封性以及能很好地与金属、线织物、石棉等材料黏结等性能。橡胶的这些特性都与其有大分子链的结构有关。

3. 橡胶的特点和用途

对于橡胶材料可以从不同的使用要求提出或规定一系列的性能指标，其中最主要的是高弹性性能和力学性能。常见橡胶的特点和用途见表8-3。

表 8-3 常见橡胶的特点和用途

类别	名称	代号	性能 δ /%	性能 σ_b /MPa	回弹性	使用温度 /℃	主要特点	用途
通用橡胶	天然橡胶	NR	650~900	25~30	好	-55~100	天然橡胶是橡树的胶乳通过一定的过程生成片状生胶再经过硫化后制成的橡胶制品。这种橡胶有较高的弹性、耐磨性和加工性,其综合力学性能优于多数合成橡胶,但耐氧、耐油、耐热性差,容易老化变质。	广泛用于制造轮胎、胶带、胶管、胶鞋及各种通用橡胶制品等。
	丁苯橡胶	SBR	500~800	15~21	中	-50~140	丁苯橡胶由丁二烯、苯聚乙烯共聚而成。丁苯橡胶与天然橡胶相比,具有良好的耐热性、耐磨性、耐油性、绝缘性和抗老化性,且价格低廉;能与 NR 以任意比例混用。在大多数情况下可代替 NR 使用。缺点是生胶强度低,黏性差,成型困难,硫化速度慢。制成的轮胎在使用中发热量大,弹性差。	丁苯橡胶种类很多,主要有丁苯-10,丁苯-30,丁苯-50。主要用于制造轮胎、胶带、胶布、胶管、胶鞋等。是天然橡胶理想的代用品。
	顺丁橡胶	BR	450~800	18~25	好	-70~100	顺丁橡胶的性能接近天然橡胶,且弹性、耐磨性和耐寒性好,但抗撕裂性及加工性能差。	顺丁橡胶多与其他橡胶混合使用,制造轮胎、胶管、耐寒制品、减振器制品等。
	氯丁橡胶	CR	800~1 000	25~27	中	-35~130	由氯丁二烯聚合而成。氯丁橡胶力学性能好,且有优良的耐油性、耐热性、耐酸性、耐老化、耐燃烧等。但它电绝缘性差,密度大,加工难度大,价格较贵。	主要用于制作运输带、胶管、胶带、胶粘剂、电缆护套以及耐蚀管道、各种垫圈和门窗嵌条等。
	丁基橡胶	HR	650~800	17~21	中	-40~130	丁基橡胶由异丁烯和少量烯戊二烯低温共聚而成。其耐热性、绝缘性、抗老化性较高;透气性极小,耐水性好,但强度低、加工性差,硫化速度慢。	主要用于轮胎内胎、水坝衬里、绝缘材料、防水涂层及各种气密性要求高的橡胶制品等。
	丁腈橡胶	NBR	300~800	15~30	中	-10~170	丁腈橡胶是丁二烯与丙烯腈的弹性共聚物。其具有高的耐油、耐燃烧性、耐热性、耐磨性和耐老化性,且对某些有机溶剂具有很好的抗腐蚀能力。但电绝缘性和耐臭氧性差。	主要用作耐油制品,如输油管、燃料桶、油封、耐油垫圈等。

续表

类别	名称	代号	性能				主要特点	用途
			δ /%	σ_b /MPa	回弹性	使用温度 /℃		
特种橡胶	聚氨酯橡胶	UR	300~800	20~35	中	-30~70	其具有较高的强度和弹性,优异的耐磨性、耐油性,但其耐水、酸、碱性较差。	主要用于制造胶轮、实心轮胎、耐磨件和特种垫圈等。
	氟橡胶	FBM	100~500	20~22	中	-10~280	其具有突出的耐腐蚀性和耐热性,能抵御酸、碱、油等多种强腐蚀介质的侵蚀。但低温性和加工性相对较差。	主要用于国飞行器的高级密封件、胶管以及耐腐蚀材料等。
	硅橡胶	Q	50~500	4~10	差	-100~250	其具有独特的耐高温和低温性,电绝缘性好,抗老化性强。但强度低,耐油性差,价格高。	主要用于耐高、低温零件、绝缘件以及密封、保护材料等。

高分子材料的主要弱点是老化。对于塑料的老化表现为褪色、失去光泽和开裂;对于橡胶老化的表现是变脆、龟裂、变软、发黏。老化的原因是大分子链发生了降解或交联。降解使大分子变成小分子,甚至单体,因而其强度、弹性、熔点、黏度等降低。最常见的降解是炭化,如烧焦的食物和木头。交联是分子链生成化学键,形成网状结构,从而使性能变硬、变脆。橡胶的老化的主要原因是被氧化而进一步交联,由于交联的增加,使橡胶变硬。影响老化的外因有热、光、辐射、应力等物理因素(使其失去弹性);氧、臭氧、水、酸、碱等化学因素(使其变脆、变硬和发粘)。

8.2 陶瓷材料

传统意义上的"陶瓷"是指使用天然材料(长石和石英等)经烧结成形的陶器和瓷器的总称。现今意义上的陶瓷材料已有了巨大变化,许多新型陶瓷已经远远超出了硅酸盐的范畴,陶瓷材料是指各种无机非金属材料的通称。所谓现代陶瓷材料是指用人工合成的高纯度粉状原料(如氧化物、氮化物、碳化物、硅化物、硼化物、氟化物等)用传统陶瓷工艺方法制造的新型陶瓷。它具有高硬度、高熔点、高的抗压强度、耐磨损、耐氧化、耐蚀等优点。作为结构材料在许多场合是金属材料和高分子材料所不能替代的。

1. 陶瓷的分类

(1) 普通陶瓷

普通陶瓷也叫传统陶瓷,它产量大,应用广,可分为日用陶瓷和工业陶瓷两大类。日用陶瓷主要用作日用器皿和瓷器,一般具有良好的光泽度、透明度,热稳定性和力学强度较高。工业陶瓷包括建筑用瓷,用于装饰板、卫生间装置及器具等,通常尺寸较大,要求强度和热稳定性好。

（2）特种陶瓷

特种陶瓷也叫现代陶瓷、精细陶瓷，包括特种结构陶瓷和功能陶瓷两大类。工程上最重要的是高温陶瓷，包括氧化物陶瓷、硼化物陶瓷、氮化物陶瓷和碳化物。

2. 陶瓷的结构和性能

（1）陶瓷的结构

陶瓷的显微结构主要由晶相、玻璃相和气相组成。各相的组成结构、数量、几何形态及分布不同，直接影响到陶瓷材料的性能特点。

① 晶相。陶瓷主要由取向各异的晶粒构成，它是陶瓷材料最基本的、最重要的显微组织。晶相的性能往往能表征材料的特性。陶瓷制品的原料是细颗粒，但由于烧结过程中发生晶粒长大的现象，烧结后的成品不一定获得细晶粒。因而陶瓷生产中控制晶粒大小十分重要。保温时间越短晶粒尺寸越小，强度越高。

② 玻璃相。玻璃相是陶瓷烧结时各组成物及杂质发生一系列物理、化学反应后形成的一种非晶态物质，它的作用是黏结分散的晶相，降低烧结温度，抑制晶粒长大和填充气孔。由于玻璃相熔点低、热稳定性差，导致陶瓷在高温下产生蠕变，因此一般控制其含量为20%~40%。

③ 气相。气相是指陶瓷孔隙中的的气体，是在陶瓷生产过程中形成并被保留下来的。气孔对陶瓷性能的影响是双重的，它使陶瓷密度减小，并能减震，这是有利的一面；不利的是它使陶瓷强度降低，介电耗损增大，电击穿强度下降，绝缘性降低。因此，生产上要控制气孔数量、大小及分布。一般气孔体积分数占5%~10%，力求气孔细小均匀分布，呈球状。

（2）陶瓷微观的结构对其性能的影响

结构陶瓷的机械强度和断裂韧性对其应用非常重要，其强度的大小通常用抗弯强度、抗拉强度和抗压强度来表示。

陶瓷材料的机械强度与其成分、结构、和制造工艺都有密切的关系，但陶瓷材料的微观结构对其性能却有很大的影响。晶粒细的陶瓷具有较高的机械强度，而晶粒粗的材料则由于存在较多的缺陷，容易产生裂纹，使其强度下降。对于多晶陶瓷材料，晶界强度比晶粒内部的要弱，所以破坏往往是沿晶断裂。晶粒越细，晶界越多，沿晶破坏是道路更加迂回曲折，材料的强度越高。此外，多晶陶瓷材料中初始裂纹尺寸与晶粒大小相当，晶粒越细，初始裂纹越小，这样就提高了断裂临界应力。气孔是陶瓷材料强度下降的另一原因，其强度随气孔率的增加而降低。这是因为气孔不仅减少负荷面积，而且在其周围有应力集中，降低了其承载的能力。通常气孔存在于晶界上，它往往就是裂纹源。

从机械强度本质来讲，是由其内部结合力所决定的。实际强度比理论强度低得多的原因就在于材料内部有大量的气孔和裂纹的存在，而应力就集中在这些地方，在外力作用下就会导致陶瓷的破裂。因此，陶瓷材料的强韧化措施大多是从消除缺陷和阻止其发展着手。

（3）陶瓷材料的性能特点

由于陶瓷材料原子结合主要是离子键和共价键，因此陶瓷材料总的性能特点是高强度、高硬度、高熔点、优良的抗蚀性、线胀系数小，且多为绝缘体；相应地其塑韧性和可加工性较差。

3. 常用的结构陶瓷材料及其用途（见表8-4）

结构陶瓷是指作为工程结构材料使用的陶瓷材料，主要利用其高的机械强度、耐高温、耐腐蚀、耐摩擦以及高硬度等性能。

表8-4 常用结构陶瓷材料性能及用途

陶瓷名称	性 能	用 途
氧化铝陶瓷	主要组成物为 Al_2O_3，一般含量大于45%。具有优良的耐高温性，高温下长期使用，蠕变很小，无氧化。强度大大高于普通陶瓷，硬度很高，仅次于金刚石。优良的电绝缘性能和强的耐酸碱侵蚀性，高纯度的氧化铝陶瓷还能抵抗金属或玻璃熔体的侵蚀。	广泛用来制备耐磨、抗蚀、绝缘和耐高温材料。如用作坩埚、发动机火花塞、高温耐火材料、热电偶套管、密封环等，也可作刀具和模具。
氧化锆陶瓷	呈弱酸性或惰性，耐侵蚀，耐高温，但抗热震性差。能抗熔融金属的侵蚀，且作添加剂可大大提高陶瓷材料的强度和韧性。	主要用作坩埚（铂、铑等金属的冶炼）、高温炉子和反应堆的隔热材料、金属表面的防护涂层等，也常常是陶瓷增韧的材料。
氧化镁陶瓷	氧化镁陶瓷是通过加热白云石（镁的碳酸盐）矿石，除去 CO_2 而制成的，其特点是能抗各种金属碱性渣的腐蚀作用，但机械强度低、热稳定性差，容易水解。	氧化镁陶瓷是典型的碱性耐火材料，常用作炉衬的耐火砖。也可用于制作坩埚、炉衬和高温装置等。
氧化铍陶瓷	除了具备一般陶瓷的特性外，氧化铍陶瓷最大的特点是导热性极好，和铝相近；具有很高的热稳定性。虽然其强度性能不高，但抗热冲击性较高。	常用于制造坩埚、真空陶瓷和原子反应堆陶瓷等。还可以用作激光管、晶体管散热片、集成电路的外壳和基片等。
氮化硅陶瓷	主要组成物是 Si_3N_4，具有优异的化学稳定性和良好的电绝缘性能。除氢氟酸外，能耐各种酸和碱的腐蚀，也能抵抗熔融有色金属的浸蚀。有良好的耐磨性，摩擦系数小，是一种优良的耐磨材料；热膨胀系数小，抗热震性高。	常用于耐高温、耐磨、耐蚀和绝缘的零件。如高温轴承、燃气轮机叶片在腐蚀介质中使用的密封环、热电偶套管、输送铝液的管道和阀门、炼钢生产的铁水流量计、农药喷雾器的零件以及金属切削刀具等。
氮化硼陶瓷	氮化硼晶结构与石墨相似，性能也有很多相似之处，故又称"白石墨"。它有良好的耐热性、热稳定性、导热性、高温介电强度，是理想的散热材料和高温绝缘材料。并能抵抗大部分熔融金属的浸蚀，且具有良好的自润滑性。硬度较低，可与石墨一样进行各种切削加工。	常用于主要用于高温耐磨材料和电绝缘材料、耐火润滑剂等。如制造熔炼半导体的坩埚及冶金用高温容器、半导体散热绝缘零件、高温轴承、热电偶套管及玻璃成型模具等。

续表

陶瓷名称	性　能	用　途
碳化硅陶瓷	主要组成物是 SiC。碳化硅具有很高的热传导能力，抗热震性高，抗蠕变性能好，化学稳定性好，且热稳定性、耐蚀性、耐磨性也很好。是一种具有高强度、高硬度的耐高温陶瓷，也是目前高温强度最高的陶瓷。	常用于加热元件、石墨表面保护层以及砂轮和磨料等。如火箭尾喷管的喷嘴、浇注金属中的喉嘴以及炉管、热电偶套管等。还可用作高温轴承、高温热交换器、核燃料的包封材料以及各种泵的密封圈等。

8.3　复合材料

复合材料是由两种以上不同化学成分或不同组织结构的物质，经人工合成而得到的多相材料。它不仅具有各组成材料的优点，而且还能获得单一材料无法具备的优良综合性能。人类在生产和生活中创造了许多人工复合材料，如钢筋混凝土、轮胎、玻璃钢等。复合材料的应用如图 8-1 所示。

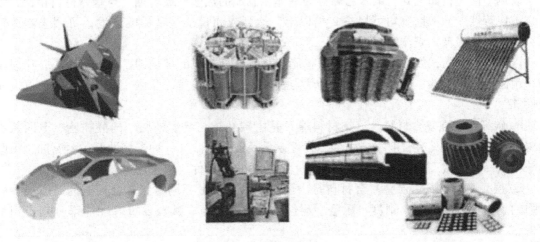

图 8-1　复合材料的应用

1. 复合材料的性能

① 比强度、比模量高。比强度大，可减小零件自重；比模量（弹性模量/密度）大，可提高零件刚度。这对宇航、交通运输工具、要求保证性能的前提下减轻自重具有重大的实际意义。

② 抗疲劳性好。碳纤维增强复合材料的疲劳极限可达其抗拉强度的 70%～80%，而金属材料的疲劳极限只有其抗拉强度的 40%～50%。

③ 减振性、减摩性好。

④ 高温性能好。

2. 复合材料的组成与分类

① 复合材料的组成

复合材料的组成一般由基体和增强相组成。基体起黏结作用，增强相起强化基体作用。

② 复合材料的分类

复合材料根据增强相的性质和形态可分为纤维增强复合材料、层叠复合材料和颗粒复合材料，其结构示意图如图 8-2 所示。

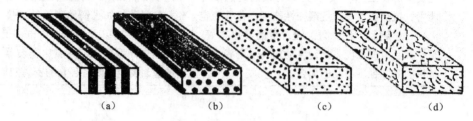

图 8-2 复合材料的结构示意图
(a) 层叠复合；(b) 连续纤维复合；(c) 细粒复合；(d) 短纤维复合

① 纤维增强复合材料。

a. 玻璃纤维增强复合材料。是以玻璃纤维为增强剂，以树脂为黏结剂而制成的，俗称玻璃钢。

以热塑性塑料如尼龙、聚苯乙烯等为基体相制成的热塑性玻璃钢，与基体材料相比，强度、抗疲劳性、冲击韧度均可提高 2 倍以上，达到或超过某些金属的强度，可用来制造轴承、齿轮、仪表盘、壳体等零件。

以热固性树脂，如环氧树脂、酚醛树脂等为基体相制成的玻璃钢，具有密度小，比强度高、耐蚀性、绝缘性、成形工艺性好的优点，可用来制造车身、船体、直升机旋翼、仪表元器件等。

b. 碳纤维增强复合材料。这类材料通常是由碳纤维与环氧树脂、酚醛树脂、聚四氯乙烯树脂等所组成，具有密度小，强度、弹性模量及疲劳极限高，冲击韧性好，耐腐蚀，耐磨损等特点，可用做飞行器的结构件，齿轮、轴承等机械零件，以及化工设备和耐蚀件。

② 层叠复合材料。层叠复合材料是由两层或两层以上不同材料复合而成的。用层叠法增强的复合材料的强度、刚度、耐磨、耐蚀、绝热、隔声、减轻自重等性能都分别得到了改善。

三层复合材料是由两层薄而强度高的面板（或称蒙皮）及中间一层轻而柔的材料构成。面板一般由强度高、弹性模量大的材料组成，如金属板等；中间夹层结构有泡沫塑料和蜂窝格子两大类。这类材料的特点是密度小、刚性和抗压稳定性高、抗弯强度好，常用于航空、船舶、化工等工业，如船舶的隔板及冷却塔等。

③ 颗粒复合材料。颗粒复合材料是由一种或多种颗粒均匀分布在基体材料内而制成的。大小适宜的颗粒高度弥散分布在基体中主要起增强作用。

常见的颗粒复合材料有两类：

a. 金属颗粒与塑料复合。金属颗粒加入塑料中，可改善导热、导电性能，降低线膨胀系数。将铅粉加入氟塑料中，可作轴承材料；含铅粉多的塑料可作为射线的罩屏及隔音材料。

b. 陶瓷颗粒与金属复合。陶瓷颗粒与金属复合即是金属陶瓷。二者复合，取长补短，使金属陶瓷具有硬度和强度高、耐磨损、耐腐蚀、耐高温和热膨胀系数小等优点，是一种优良的工具材料，其硬度可与金刚石媲美。如 WC 硬质合金刀具就是一种金属陶瓷。

8.4 项目小结

```
              ┌ 工程塑料 ┌ 热塑性塑料——成形加工简单，但刚度、耐热性较差
              │         └ 热固性塑料——耐热性高，受压不易变形，但柔韧性差
┌ 高分子材料 ┤
│             │         ┌ 天然橡胶——弹性好，但耐油、耐热性、耐老化性差
│             └ 橡胶    └ 合成橡胶——保持天然橡胶的优良特性，增强了强度、刚度，耐
│                                   磨、耐油、抗老化性
│
│             ┌ 普通陶瓷——以天然硅酸盐矿物为原料，经粉碎、压制成形，经高温烧结而成
│             │         ┌ 氧化铝陶瓷——硬度高，高温强度好
┤ 陶瓷       │         │ 氮化硅陶瓷——化学稳定性好，耐蚀性好，硬度高，高温强度好
│             └ 特种陶瓷┤ 碳化硅陶瓷——高温强度好，热传导能力很高
│                       └ 氮化硼陶瓷——硬度极高，耐热性极好
│
│             ┌ 纤维增强复合材料——密度小，比强度和比模量大，应用最广
└ 复合材料   ┤ 层叠复合材料——隔音、绝热，比强度等性能好
              └ 颗粒复合材料——高硬度，耐高温性好
```

思考题与练习题

1. 何谓工程塑料？有何特性？如何分类？它们有何区别？
2. 橡胶的特性？如何防止橡胶的老化？
3. 陶瓷结构的组成相有哪些？它们对陶瓷的性能有何影响？
4. 陶瓷材料的性能特点？
5. 按基体不同来分，复合材料分几种？它们的性能特点及应用？

拓展知识：新型材料及功能材料

1. 纳米材料

纳米材料是 20 世纪 80 年代初发展起来的一种新材料，它具有奇特的性能和广阔的应用前景，被誉为跨世纪的新材料。纳米材料又称超微细材料，其粒子粒径范围在 1～100 nm（1 nm = 10^{-9} m）之间。纳米技术是研究电子、原子和分子运动规律、特性的高新技术学科。

按化学组分，可分为纳米金属、纳米晶体、纳米陶瓷、纳米玻璃、纳米高分子和纳米复合材料。按材料特性，可分为纳米半导体、纳米磁性材料、纳米超导材料、纳米热电材料等。按应用，可分为纳米电子材料、纳米光电子材料、纳米生物医用材料、纳米敏感材料等。

（1）纳米材料的发展

自 20 世纪 80 年代纳米材料概念形成后，世界各国先后对这种新型材料给予极大的关

注。20世纪90年代初,在世界范围内出现了一门全新的科学技术,即纳米技术或称纳米科学技术。它包括纳米材料学、纳米生物学、纳米电子学、纳米机械学等,它的目的是利用越来越小的精细技术生产出所需要的产品。超微细材料具有一系列优异的电、磁、光、力学、化学等宏观特性,从而使其作为一种新型材料在电子、冶金、宇航、化工、生物和医学领域展现出广阔的应用前景。无论是美国的"星球大战计划"、"信息高速公路",欧共体的"尤里卡计划",还是日本的"高技术探索研究计划",以及我国的"863"计划等,都把超微粒材料的研究列为重点发展项目。

(2) 纳米材料的应用与前景

① 在信息科学上的应用。目前已研制出可以从阅读硬盘上读取信息的纳米级磁读卡机以及存储容量为目前芯片上千倍的纳米级存储芯片,使计算机缩小成为"掌上电脑"。国外的研究人员已经着手研制体积只有针头大小的计算机,这种纳米计算机的各个部件比我们现在用于在磁盘驱动器上装载信息的物理结构小得多。

② 在生物工程上的应用。美国伊利诺大学的科学家通过简便易行的方法,制成带状纳米级细管。这种细管可以用来向人体内释放药物。这种纳米管由附在带电油脂膜上的肌动蛋白构成。由于这种细管类似细菌的细胞壁,因此研究人员又将它称为"人造细菌"。

③ 在医药学领域的应用。数层纳米粒子包裹的智能药物进入人体后,可主动搜索并攻击癌细胞或修补损伤组织。未来的纳米机器人,可进入人体并摧毁各个癌细胞又不损害健康细胞。在人工器官移植领域,只要在人工器官外面涂上纳米粒子,就可预防人工器官移植的排异反应。使用纳米技术的新型诊断仪器只需检测少量血液,就能通过其中的蛋白质和DNA诊断出各种疾病。

④ 在化工领域的应用。将纳米 TiO_2 粉体按一定比例加入化妆品中,则可以有效地遮挡紫外线。将金属纳米粒子掺杂到化纤制品或纸张中,可以大大降低静电作用。纳米微粒还可用于制作导电涂料、印刷油墨及固体润滑剂等。

⑤ 在材料学领域的应用。纳米材料除保持传统性能外,还具有高韧性和延展性,TiO_2 陶瓷晶体材料能被弯曲,其塑性变形可达100%且弯曲变形时其表面裂纹不会扩展。

将纳米大小抗辐射物质掺入到纤维中,可制成防紫外线、电磁波辐射的"纳米服装"。纳米材料溶于纤维,不仅能吸收阻隔95%以上的紫外线和电磁波,而且无毒、无刺激,不受洗涤、着色和磨损的影响,可做成衬衣、裙装、运动服等,保护人体皮肤免受辐射伤害。

⑥ 在航天领域的应用。美国于1995年提出纳米卫星的概念。这种卫星比麻雀略大,质量不足10 kg,一枚小型火箭一次就可发射数百颗纳米卫星。若在太阳同步轨道上等间隔地布置648颗功能不同的纳米卫星,就可以保证在任何时刻对地球任何一点进行连续监视,即使少数卫星失灵,整个卫星网络的工作也不会受影响。

⑦ 在制造与加工领域的应用。纽约大学实验室最近研制出了一个纳米级机器人,机器人有两个DNA制作的手臂,能在固定的位置间旋转。这些纳米机器人,有微小的"手指"可以精巧地处理各种分子;有微小的"电脑"来指挥"手指"如何操作。"手指"由碳纳米管制造,它的强度是钢的100倍,细度只有头发丝的五万分之一。

⑧ 在军事上应用。"苍蝇飞机"是一种如同苍蝇大小的袖珍飞行器,可携带各种探测设备,具有信息处理、导航和通信能力。这些纳米飞机可以悬停、飞行,敌方雷达根本发现不了它们。据说它还能适应全天候作战,可以从数百千米外将其获得的信息传回已方导弹发射

基地，直接引导导弹攻击目标。

"蚊子导弹"是利用纳米技术制造的形如蚊子的微型导弹。这种纳米导弹可直接接受电波的遥控，可神不知鬼不觉地潜入目标内部，其威力足以炸毁敌方火炮、坦克、飞机、指挥部和弹药库。

"蚂蚁士兵"是一种通过声控制的微型机器人，这些机器人比蚂蚁还要小，但具有惊人的破坏力。它们可以通过各种途径钻进敌方武器装备中，长期潜伏下来，一旦启用，这些"纳米士兵"就会各显神通：有的专门破坏敌方电子设备，使其短路、毁坏；有的充当爆破手，用特种炸药引爆目标；有的释放各种化学制剂，使敌方金属变脆、油料凝结或使敌方人员神经麻痹、失去战斗力。

⑨ 在环境科学上的应用。环境科学领域将出现功能独特的纳米膜，能够探测到由化学和生物制剂造成的污染，并能对这些制剂进行过滤，从而消除污染。

德国科学家正在设计用纳米材料制作一个高温燃烧器，通过电化学反应过程，不经燃烧就能把天然气转化为电能。此外，还发现纳米微粒的紫外吸收特性。用拌入纳米微粒的水泥、混凝土建成的楼房，可以吸收降解汽车尾气，城市的钢筋水泥从此能像森林一样"深呼吸"。

⑩ 其他应用。除以上应用外，纳米材料还有很多其他应用，如纳米银粉、镍粉轻烧结体作为化学电池、燃烧电池和光化学电池中的电极，可以增大与液体或气体之间的接触面积，增加电池效率，有利于电池的小型化。纳米在保健领域的应用目前主要是将纳米元素硒作为保健食品添加剂。在化纤方面的应用目前主要集中在抗菌、远红外反射保暖及保健、抗紫外线、阻燃、不粘污、免洗、光敏等功能方面。应用纳米技术与纳米材料的无菌餐具、无菌扑克牌、无菌纱布等产品也已面世。

纳米材料的应用如图 8-3 所示。

图 8-3 纳米材料应用

2. 超导材料

超导性是指在特定温度、特定磁场和特定电流条件下电阻趋于零的材料特性，凡具有超导性的物质称为超导材料或超导体。超导材料是近年发展最快的功能材料之一。

超导现象是荷兰物理学家昂内斯在 1911 年首先发现的。他在检测水银低温电阻时发现，温度低于 4.2 K 时电阻突然消失，这种零电阻现象称为超导现象。1933 年，迈斯纳发现超导的第二个标志：完全抗磁。零电阻和完全抗磁是超导材料的两个最基本的宏观特性。

此后，人们不仅在超导理论研究上做了大量工作，而且在研究新的超导材料，提高超导零电阻温度上进行了不懈的努力。1973 年应用溅射法制成了 Nb_3Ge 薄膜。到 20 世纪 80 年代超导材料研究取得突破性进展。中国、美国、日本等国家都先后获得了高温超导材料。这些结果已成为技术发展史上的重要里程碑，使在液氮温度下使用的超导材料变为现实，其必将对许多科学技术领域产生难以估计的深远影响。至今，高温超导的研究仍方兴未艾。超导材料在工业中有着重大应用价值。

① 在电力系统方面。超导电力储存是目前效率最高的存储方式。利用超导输电可大大降低目前高达 7% 左右的输电损耗。超导磁体用于发电机，可大大提高电机中的磁感应强度，提高发电机的输出功率。利用超导磁体实现磁流发电，可直接将热能转换为电能，使发电效率提高 50%～60%。

② 在运输方面。超导磁悬浮列车是在车底部安装许多小型超导磁体，在轨道两旁埋设一系列闭合的铝环。列车运行时，超导磁体产生的磁场相对于铝环运动，铝环内产生的感应电流与超导磁体相互作用，产生的浮力使列车浮起。列车速度越高，浮力越大。磁悬浮列车速度可 500 km/h。

③ 在其他方面。超导材料可用于制作各种高灵敏度的器件，利用超导材料的隧道效应可制造运算速度极快的超导计算机等。

超导材料应用如图 8-4 所示。

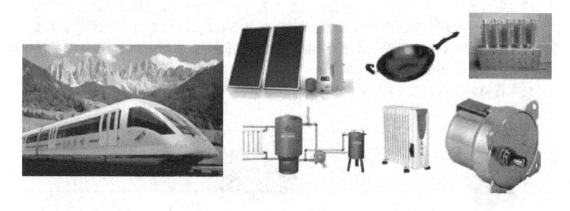

图 8-4　超导材料应用

3. 形状记忆合金

形状记忆是指某些材料在一定条件下，虽经变形但仍能够恢复到变形前原始形状的能力。具有这种能力的合金材料称为形状记忆合金。1932 年，瑞典人奥兰德在金镉合金中首次观察到"记忆"效应，1963 年美国海军军械实验室科学家布勒发现了镍钛形状记忆合金，并用于航天器，70 年代已制成许多种记忆合金。中国于 1978 年开始研制，1980 年得到应用。记忆合金的开发迄今不过 20 余年，但由于其在各领域的特效应用，正广为世人所瞩目，被誉为"神奇的功能材料"。

形状记忆效应是热弹性马氏体相变产生的低温相在加热时向高温相进行可逆转变的结果。这种效应可分为三种：

① 单程记忆效应。形状记忆合金在较低的温度下变形，加热后可恢复变形前的形状，

这种只在加热过程中存在的形状记忆现象称为单程记忆效应。

② 双程记忆效应。某些合金加热时恢复高温相形状，冷却时又能恢复低温相形状，称为双程记忆效应。

③ 全程记忆效应。加热时恢复高温相形状，冷却时变为形状相同而取向相反的低温相形状，称为全程记忆效应。

(1) 形状记忆合金的种类

目前已开发成功的形状记忆合金有 TiNi 基形状记忆合金、铜基形状记忆合金、铁基形状记忆合金等。

(2) 形状记忆合金的应用

① 航空航天业的应用。形状记忆合金已应用到航空和太空装置。如用在军用飞机的液压系统中的低温配合连接件，欧洲和美国正在研制用于直升机的智能水平旋翼中的形状记忆合金材料。目前已开发出一种叶片的轨迹控制器，只用一个小的双管形状记忆合金驱动器控制叶片边缘轨迹上的小翼片的位置，即可使其震动降到最低。

另外，还可用于制造探索宇宙奥秘的月球天线，人们利用形状记忆合金在高温环境下制作好天线，再在低温下把它压缩成一个小球，使它的体积缩小到原来的千分之一，很容易由火箭运上月球，并在太阳的强烈的照射下即可恢复原来的形状，成功地用于通讯。

此外，也可在卫星中制作一种可打开容器的形状记忆释放装置，该容器用于保护灵敏的锗探测器免受装配和发射期间的污染。

② 工业方面的应用。利用单程形状记忆效应的单向形状恢复原理，可制作管接头、天线、套环等。利用单程形状记忆效应并借助外力随温度升降做反复动作，可制作热敏元件、机器人、接线柱等。利用双程记忆效应随温度升降做反复动作，可制作热机、热敏元件等。但这类应用记忆衰减快、可靠性差，不常用。利用其超弹性的特点，可制作弹簧、接线柱、眼镜架等。

③ 医疗方面的应用。用于医学领域的 TiNi 形状记忆合金，除了利用其形状记忆效应或超弹性外，还应满足化学和生物学等方面的要求，即良好的生物相容性。而 TiNi 可与生物体形成稳定的钝化膜。目前，在医学上 TiNi 合金主要应用有牙齿矫形丝、脊柱侧弯矫形。另外，外科中用 TiNi 形状记忆合金制作各种骨连接器、血管夹、凝血滤器以及血管扩张元件等。同时还广泛应用于口腔科、骨科、心血管科、胸外科、肝胆科、泌尿科、妇科等，随着形状记忆的发展，医学应用将会更加广泛。

④ 日常生活方面的应用

a. 防烫伤阀。在家庭生活中，已开发的形状记忆阀可用来防止洗涤槽中、浴盆和浴室的热水意外烫伤；这些阀门也可用于旅馆和其他适宜的地方。如果水龙头流出的水温达到可能烫伤人的温度（大约 48 ℃）时，形状记忆合金驱动阀门关闭，直到水温降到安全温度，阀门才重新打开。

b. 眼镜框架。在眼镜框架的鼻梁和耳部装配 TiNi 合金可使人感到舒适并抗磨损，由于 TiNi 合金所具有的柔韧性已使它们广泛用于改变眼镜时尚界。用超弹性 TiNi 合金丝做眼镜框架，即使镜片热膨胀，该形状记忆合金丝也能靠超弹性的恒定力夹牢镜片。这些超弹性合金制造的眼镜框架的变形能力很大，而普通的眼镜框却不能做到。

c. 移动电话天线和火灾检查阀门。使用超弹性 TiNi 金属丝做蜂窝状电话天线是形状记忆合金的另一个应用。过去使用不锈钢天线，由于弯曲常常出现损坏问题。使用 TiNi 形状记忆合金丝移动电话天线，因具有高抗破坏性而受到人们的普遍欢迎。而在火灾中，当局部地方升温时阀门会自动关闭，可防止危险气体的进入。这种特殊结构设计的优点是，它即具有检查阀门的作用，又能复位到安全状态。这种火灾检查阀门在半导体制造业中已得到使用，也可应用于化学和石油工厂。

d. 其他方面的应用。形状记忆合金可用于各种温度控制仪器，如温室窗户的自动开闭装置，防止发动机过热的风扇离合器等。并且在工程和建筑领域用 TiNi 形状记忆合金作为隔音材料及探测地震损害控制的潜力也已显现出来。此外，形状记忆合金在玩具和工艺品制造业中也成了重要的功能材料，用它制作的模型能惟妙惟肖地模仿动物的起伏、卷曲、伸展等各种动作。用它做成花朵，可随温度的变化从含苞待放变为盛开的"鲜花"。

形状记忆合金应用如图 8-5 所示。

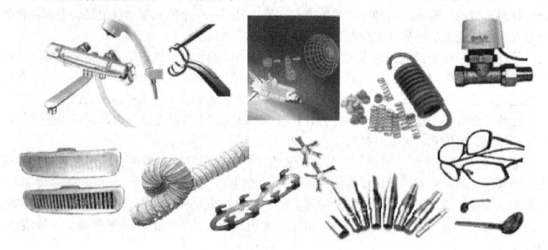

图 8-5　形状记忆合金的应用

4. 高温材料

所谓高温材料一般是指在 600 ℃以上，甚至在 1 000 ℃以上能满足工作要求的材料，这种材料在高温下能承受较高的应力并具有相应的使用寿命。常见的高温材料是高温合金，出现于 20 世纪 30 年代，其发展和使用温度的提高与航天航空技术的发展紧密相关。

① 铁基高温合金。铁基高温合金由奥氏体不锈钢发展而来。这种高温合金在成分中加入比较多的 Ni，以稳定奥氏体基体。现代铁基高温合金有的 Ni 含量甚至接近 50%。我国研制的 Fe-Ni-Cr 系铁基高温合金有 GH1140、GH2130、K214 等，用作导向叶片的工作温度最高可达 900 ℃。一般而言，这种高温合金抗氧化性和高温强度都还不足，但其成本较低，常用来制作一些使用温度要求较低的航空发动机和工业燃气轮机部件。

② 镍基高温合金。这种合金以 Ni 为基体，Ni 含量超过 50%，使用温度可达 1 000 ℃。其强度、抗氧化性和抗腐蚀性都较铁基合金好，现代喷气发动机中，涡轮叶片几乎全部采用镍基合金制造。

③ 高温陶瓷材料。高温高性能陶瓷正在得到普遍关注。以氮化硅陶瓷为例，已成为制造陶瓷发动机的重要材料。其不仅有良好的高温强度，而且热膨胀系数小，导热系数高，抗热振性能好。用高温陶瓷材料制成的发动机可在比高温合金更高的温度下工作，效率得到了

很大提高。

5. 超塑性材料

所谓超塑性是指合金在一定条件下所表现的具有极大伸长率和很小变形抗力的现象。常用的超塑性合金主要有：

① 锌基合金。它是最早的超塑性合金，具有很大的无颈缩延伸率，但其蠕变强度低，冲压加工性能差，不宜作结构材料，用于一般不需切削的简单零件。

② 铝基合金。铝基共晶合金虽具有超塑性，但其综合力学性能较差，室温脆性大，限制了它在工业的上的应用。含有微量细化晶粒元素（如 Zr）的超塑性铝合金则具有较好的综合力学性能，可加工成复杂形状部件。

③ 镍基合金。镍基高温合金由于高温强度高，难以锻造成形。利用其超塑性进行精密锻造，可节约材料和加工费，制品均匀性好。

④ 钛基合金。钛基合金变形抗力大，回弹严重，加工困难，用常规方法锻造、冲压加工时，需要大吨位的设备，难以加工高精度的零件。利用超塑性进行等温模锻或挤压，可使变形抗力大为降低，可制出形状复杂的精密零件。

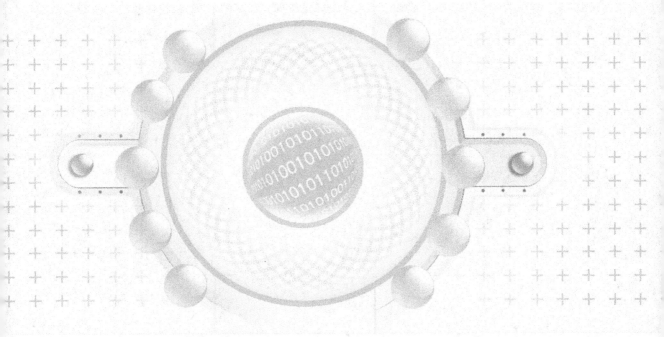

模块四　工程材料的选用

　　制作机械零件和工具的材料，种类繁多，正确合理地选择材料，成为一项重要的工作。每一个机械零件、工具不仅要符合一定的外形尺寸，更重要的是要根据零件和工具的服役条件（包括工作环境、应力状态和载荷性质等），选用合适的材料与热处理工艺，以保证零件和工具的正常工作。若材料选择不当或热处理不合理，不仅会造成零件成本高、加工困难，使机械不能正常运转，缩短设备的寿命，甚至会引起机械设备损坏和人身事故。因此，选材对产品开发、加工制造、服役功能等关系甚大，是直接影响企业经济效益的重要环节。

项目九　机械零件的选择

知识目标
(1) 熟悉零件的失效类型及原因。
(2) 熟悉机械零件材料选择的原则。

能力目标
(1) 能进行机械零件的失效分析。

引言
"某工厂用 T10 钢制造的钻头给一批铸件打 $\phi 10$ mm 深孔，打几个孔后钻头很快就磨损，据经验钻头材质、热处理工艺、金相组织、硬度均合格。"实际生产中，我们经常会遇到这类问题，到底该如何解决这些问题呢？

9.1　机械零件的失效与分析

9.1.1　零件的失效

1. 失效

失效是机械或机械零件在使用过程中，由于尺寸、形状、材料的性能或组织发生变化而引起的机械或机械零件不能完成指定功能，或机械构件丧失了原设计功能的现象。

2. 失效常见的特征

① 零件完全破坏而不能正常工作。
② 零件虽然能工作但达不到预定的功能。
③ 零件损坏不严重，但继续工作不安全。

9.1.2　零件的失效分析

1. 失效分析的目的与作用

机械零件发生失效，往往造成不同程度的经济损失，甚至可能危及设备和人身安全。失效分析的目的就是找出零件损伤的原因，并提出相应的改进措施。

一般而言，机器和设备的失效通常是由某个零件首先失效而引发的，而零件的失效又都是从最薄弱的部位开始的，并且必然会在其残骸上留下失效的痕迹，这就为失效分析提供了信息。通过失效分析，可以促进老材料的改进和新材料的开发以及正确合理地选用材料，可以促进生产工艺的改进及新工艺的应用，可以从使用、维修、保养等方面制定预防失效的措施……因此，对机械设计、制造人员来说，掌握失效分析的相关知识是十分重要的。

2. 零件失效的原因

机械零件在设计寿命内发生失效的原因多种多样，一般认为是由设计不合理、选材不当或材料缺陷、制造工艺不合理、使用操作和维修不当等方面引起的。

（1）设计不合理

由于设计上考虑步骤或认识水平的限制，设计不合理造成机械零件在使用过程中失效的现象时有发生。其中结构和形状不合理，如零件存在缺口、小圆弧转角、不同形状过渡区等高应力区引起的失效均比较常见。设计中的过载、应力集中、机构选择不当、安全系数过小以及搭配不合理等都会导致机械零件失效。所以机械零件的设计不仅要有足够的强度、刚度和稳定性，结构设计也要合理。

（2）选材不当和材料缺陷

机械零件的材料选择要遵循使用性能原则、加工工艺性能原则及经济性能原则。使用性能原则是首先要考虑的，零件在特定环境中使用，对可预见的失效形式要为其选择足够的能抵抗该种失效的材料。如对韧性材料，可能产生屈服变形或断裂失效，应该选择足够的屈服强度和抗拉强度；但对可能产生的低应力脆性断裂、疲劳及应力腐蚀开裂的情况下，高强度的材料往往适得其反。在保证零件使用性能、加工工艺性能要求的前提下，经济性也是必须考虑的。机械零件所用的原材料一般经过冶炼、轧制、锻造、铸造等过程，在制造过程中造成的缺陷往往也会导致零件的早期失效。冶炼工艺较差时会使金属材料中拥有较多的氧、氢、氮，并有较多的杂质和夹杂物，这不仅会使钢的性能变脆，甚至还会形成疲劳裂纹源，导致早期失效。轧制工艺控制不好，会使钢材表面粗糙、凹凸不平，产生划痕、折叠等，这些缺陷都会导致失效。铸造容易使铸件产生疏松、偏析、内裂纹、夹杂沿晶间析出等缺陷，因此高强度的机械零件较少用铸件。由于锻造明显改善材料的力学性能，许多受力零件尽量采用锻件。

（3）加工工艺不合理

机械零件往往要经过冷热成形、焊接、机械加工、装配等制造工艺过程。若工艺规范制定不合理，则零件在加工成形过程中往往会留下各种各样的缺陷。如冷热成形的表面粗糙不平；焊接时焊缝的表面缺陷、焊接裂纹；机械加工中出现的圆角过小、划痕；组装的错位、不同心度等，所有的这些缺陷如超过一定限度则会导致零件以及装备早期失效。

（4）使用操作不当和维修不当

使用操作不当是机械零件失效的重要原因之一，如违章操作、超载、超速等；缺乏经验、粗心大意等。装备必须进行定期维修和保养，如对装备的检查、维修和更换不及时或没有采取适当的修理、防护措施等，也会引起装备的早期失效。

3. 机械零件的失效形式

零件在工作时的受力情况一般比较复杂，往往承受多种应力的复合作用，因而造成零件的不同失效形式。零件的失效形式有断裂、过量变形和表面损伤三大类型。

(1) 断裂失效

断裂是金属构件在应力作用下材料分离为互不相连的两个或两个以上部分的现象，它是金属构件常见的失效形式之一。断裂是一种严重的失效形式，它不但使零件失效，有时还会导致严重的人身和设备事故。断裂可分为韧性断裂、低温脆性断裂和疲劳断裂以及蠕变断裂等几种形式。当零件在外载荷作用下，由于某一危险截面上的应力超过零件的强度极限或断裂强度，将发生前两种断裂；当零件在循环交变应力作用下，工作时间较长的零件，最易发生疲劳断裂，此为机械零件的主要失效形式。

① 韧性断裂失效。断裂前零件有明显的塑性变形，断口呈纤维状。

② 低温脆性断裂失效。零件在低于其材料的韧脆转变温度以下工作时，韧性和塑性大大降低并发生脆性断裂而失效。

③ 疲劳断裂失效。零件在承受交变载荷时，一定周期后仍会发生断裂，疲劳断裂一般均为脆性断裂。

④ 蠕变断裂失效。在高温下工作的零件，当蠕变变形量超过一定范围时，零件内部产生裂纹而导致快速断裂。

⑤ 环境破断失效。在负载条件下，由于环境因素（例如腐蚀介质）的影响，往往出现低应力下的延迟断裂使零件失效。

(2) 过量变形

机械零件受载工作时，必然会发生弹性变形。在允许范围内的微小弹性变形，对机器工作影响不大，但过量的弹性变形会使零件或机器不能正常工作，有时还会造成较大振动，致使零件损坏。当零件超过材料的屈服点时，塑性材料还会发生塑性变形。这会造成零件的尺寸和形状改变，破坏零件与零件间的相互位置和配合关系，使零件或机器不能正常工作。变形失效主要有弹性变形失效和塑性变形失效两种。

弹性变形是加上外载荷后就产生，卸去外载荷即消失的变形。当变形消失后，构件的形状和尺寸完全恢复到原样。具有可逆性、单质性、变形量小等特点，所以造成的危害性不大。而塑性变形是不可逆的变形，即卸去外载荷后变形不会消失，这样的过量变形将影响构件的使用功能。为避免上述情况出现可采取以下措施：

① 选择合适的材料和构件结构，如采用高弹性模量材料或者增加承载面积。

② 准确确定构件的工作条件，正确进行应力计算。

③ 严格控制工艺流程，减少残余应力等。

(3) 表面损伤

绝大多数零件都与其他零件具有静或动的接触和配合关系。载荷作用于表面，摩擦和磨损就发生在表面，环境介质包围着表面，腐蚀就在表面产生，因此，失效大都会出现在表面。表面损伤包括：磨损失效、腐蚀失效和表面接触疲劳失效。表面损伤后通常都会增大摩擦，增加能量消耗，破坏零件的工作表面，致使零件尺寸发生变化，最终造成零件报废。零件的使用寿命在很大程度上受到表面损伤的限制。

必须指出，实际零件在工作中往往不只是一种失效方式起作用。一般来说，造成一个零件失效时总是一种方式起主导作用。失效分析的核心问题就是要找出主要的失效方式。各类基本失效方式可以互相组合成更复杂的复合失效方式，如腐蚀疲劳、蠕变疲劳、腐蚀、磨损等。各类失效特点都有主导方式,另一种方式为辅助方式。因此在分析时往往把失效方式归入主导一类中,例如腐蚀疲劳,疲劳特征是主导因素,腐蚀是起辅助作用的,因此被归入疲劳一类进行分析。表9-1为常见机械零件及工具的失效形式。

表9-1 常见机械零件及工具的失效形式

零件	工作条件			常见失效形式	性能要求
	应力种类	载荷性质	受载状态		
紧固螺栓	拉、剪	静载	—	过量变形、断裂	强度、塑性
传动轴	弯、扭	循环冲击	轴颈摩擦	疲劳断裂、过量变形、轴颈磨损	综合力学性能
传动齿轮	压、弯	循环冲击	摩擦、振动	断齿、磨损、疲劳断裂、接触疲劳	表面高硬度、疲劳强度,心部强度、韧性
弹簧	扭、弯	交变载荷	振动	弹性失稳、疲劳破坏	弹性极限、屈强比、疲劳极限
滚动轴承	压、滚动摩擦	交变载荷	润滑剂的腐蚀	过量磨损、疲劳破裂	高硬度、高耐磨性、抗压强度、接触疲劳强度、一定的韧性
冷作模具	复杂应力	循环冲击	强烈摩擦	磨损、脆断	高硬度、足够强度、韧性
压铸模	复杂应力	交变、冲击载荷	热循环、摩擦	热疲劳、磨损、脆断	较高的强度和韧性、高的耐热疲劳性、高温耐磨性、热硬性和高温强度

4. 失效分析的一般方法

在失效分析中,有两项最重要的工作。一是收集失效零件的有关资料,这是判断失效原因的重要依据,必要时还要做断裂力学分析。二是根据宏观及微观的断口分析,确定失效发源地的性质及失效方式。宏观及微观的断口分析工作最重要,因为它除了能判断失效的精确地点和应该在该处测定哪些数据外,还对可能的失效原因能提供重要信息。例如,沿晶断裂应该是材料本身、加工或介质作用的问题,与设计关系不大。正确的失效分析,是找出零件失效原因,解决零件失效问题的基础环节。机械零件的失效分析是一项综合性的技术工作,大致有如下步骤。

① 尽量仔细地收集失效零件的残骸,防止碰撞和污染,并拍照记录实况,确定重点分析的对象。样品应取自失效的发源部位,或能反映失效性质和特点的地方。

② 对所选试样断口进行宏观(用肉眼或立体显微镜)及微观(用高倍的光学或电子显微镜)分析以及必要的金相组织分析,确定失效的发源点及失效的方式。

③ 详细记录并整理失效零件的有关资料,如设计图纸和说明书、实际加工工艺、使用维修记录等。根据这些资料全面地从设计、加工、使用等各方面进行具体的分析。

④ 对失效样品进行性能测试、组织分析、化学分析和无损探伤,检验材料的性能指标是否合格,组织是否正常,成分是否符合要求,有无内部或表面缺陷等,全面收集各种必要的数据。

⑤ 断裂力学分析,在某些情况下需要进行断裂力学计算,以便确定失效的原因并提出

改进措施。

⑥ 综合各方面分析资料作出判断，确定失效的具体原因，提出改进措施，写出相关报告。

9.2 工程材料选择的基本原则

机械设计工作的一般程序是：首先根据零件的工作条件（如载荷性质、工作温度、使用环境等）选择材料，然后根据所选材料的力学性能和工艺性能来确定零件的断面尺寸和结构形状，最后制定出零件的图样和技术条件。所以材料的正确选择，是保证产品内在质量的一个非常重要的因素。它将直接影响到产品的质量、寿命和生产成本。零件选材是一项复杂的工作。因为每个机械零件都有特定的功用，在其服役期内要保证各项指标均符合设计要求，且零件经久耐用。为此，零件应具有足够的失效抗力。如前所述，影响零件失效的原因是多方面的，从选材角度，应有三条原则：

① 材料应满足相应的力学性能指标。
② 材料应有良好的工艺性能。
③ 材料的经济性。

9.2.1 选材的力学性能原则

在机械设计工作中，选择零件材料的主要依据是零件的工作条件和预期寿命。从零件的工作条件和预期寿命中找出对材料力学性能的要求，这是材料选择的基本出发点。但不是任何机械零件的寿命越长越好，这样必然导致生产成本过高，从而使整台设备在价格上明显缺乏竞争力，同时也违背现代设计思想。每种零件应考虑其用途和自身寿命，同时也要考虑整个设备的设计使用寿命，使每个零件的寿命不要超过整个设备的寿命。因此确定零件合理的使用寿命十分重要。

绝大多数零件的失效都是由于力学因素造成的。因此确定力学性能指标后，就要选择相应材料来满足。而材料的力学性能指标又取决于材料的化学成分、热处理工艺等因素。在选材中要注意以下问题。

1. 材料的热处理条件

如果某种材料的力学性能指标的测试条件与零件的热处理条件一致，则可以直接从材料设计手册中选取、否则还要针对具体零件的材料和热处理工艺进行力学性能测试。

2. 力学性能指标的综合作用

一般情况下，在提高材料的强度的同时，塑、韧性就要下降，当塑、韧性下降到一定值时，在低应力的作用下材料也易产生微裂纹，从而使得承载能力下降。所以，在对零件进行选材并确定热处理方案时，一定要考虑力学性能指标的综合作用，充分考虑零件力学性能的强韧性配合。为了保证零件的安全，要求零件既具有高强度又具有较高的韧性。零件在不同工作条件下，强、韧性的合理配合至今尚无普遍运用的估算方法。对于实际工作的各种零件来说，很难准确地确定其强度与塑性、韧性的配合关系，一般只是根据下列原则定性的确定，其可靠性往往仍需按实际试验来验证。

① 对于静载荷，结构上存在非尖锐缺口（如结构小孔、键槽、凸肩等）的零件，高的

塑性可以降低局部的应力集中，防止零件产生微裂纹。所选材料应有一定的塑性和韧性。

② 对于承受小能量多次冲击的零件，以及结构上存在尖锐缺口和内部存在裂纹的零件，强度是非常重要的因素，可以不按照传统的方法选择塑性及韧性都很高的材料。

③ 对于在低温下工作的零件，常选择韧性较大的材料。应该指出，材料的常规力学性能对零件的承载能力和预期寿命各有其独立作用，但它们之间又互有影响。因此在选材时就存在取舍问题。对于大多数零件来说，在保证强度的同时，应合理地确定塑性与韧性，以充分发挥材料的潜能。

3. 硬度值的应用

材料的硬度常在一定的范围影响着强度。在实际的产品质量检测时，通常采用对成品进行硬度测试，则会以间接估算其他力学性能指标。一般情况下，金属材料的硬度提高，其强度也同时提高，而其塑性、韧性下降。但对于高碳钢，如果材料的热处理方法不当，则可能在硬度升高的同时，强度也下降。如过共析钢加热至 A_{cm} 线以上，然后再缓慢冷却，则会得到网状渗碳体组织，使钢的强度、塑性、韧性均严重下降，但硬度由于渗碳体的存在却很高。另外，采取某些热处理工艺，可以得到细化、超细化的晶粒而使得材料在强度提高的同时，硬度、塑性和韧性也都能得到提高。

9.2.2 选材的工艺性能原则

材料的工艺性是指材料适应某种加工的特性。一般材料都需要进行加工才能成为成品零件。因此，要求选择的材料应满足加工工艺性的要求。良好的工艺性能保证在一定生产条件下，高质量、高效率、低成本地加工出所设计的零件。

1. 切削加工性能

对要求有较高精度的零件，毛坯成形后还需要进行切削加工。选材时就要考虑到切削加工的特点，不要选择非常难以切削加工的材料，或者考虑以适当的热处理来改善切削加工性，否则难以达到所要求的零件表面粗糙度和尺寸精度。

2. 热处理工艺性能

重要的零件都要进行热处理，选材时就要考虑材料的热处理性能。例如，零件的整个断面都需要淬火的重要轴类，在选择材料时，就需要选择淬透性很好的材料；对于刀具类零件，就需要选择有较高回火稳定性的材料；对于需要锻造的零件，最好选择本质细晶粒度的材料；对于表面需要涂（镀）层的零件，就要考虑表面与基体的结合力等。

3. 成形工艺性能

材料都需要成形才成为零件，材料满足成形工艺性能将是非常重要的。例如，对于铸造成形的毛坯，使用的材料必须满足流动性及收缩性的要求，对于某些薄壁件还需要材料有非常高的流动性；对需要压力加工成形的零件，就需要材料具有良好的锻造性能、小的变形抗力和良好的塑性；对需要焊接成形的零件，应考虑其焊接性能，一般来说，随着钢材含碳量的增加，材料的焊接性下降，当碳当量大于 0.6% 时，其焊接性能显著恶化。

总之，良好的工艺性能是保证零件顺利加工、提高零件质量、简化零件生产工艺、降低零件生产成本的重要条件。

9.2.3 选材的经济性原则

在满足零件使用性能的前提下，选材时应考虑尽量降低零件的材料费用。零件的总成本与零件的寿命、质量、加工费用、维修费用和材料价格均有关。因此应根据各种资料，对总成本进行分析，以便选材和设计等工作做得更合理。

铸铁的价格低于碳钢，碳钢的价格低于合金钢。选材时在满足使用性能要求的条件下，应避免选择稀有贵重材料，尽可能根据我国的具体情况和富有资源，就近取材。例如，我国是贫镍、铬的国家，而硅、锰、稀土元素较多，因此选择硅锰类钢代替镍铬类钢从价格上说要便宜得多。当然作为高镍铬的不锈钢是无法用普通材料代替的。选用价格较低的钢种，有时通过适当的热处理完全可以满足零件使用性能的要求。但要通过成本的核算，确定增加的热处理工序所增加的成本，要比选择价格较高的材料成本低。零件选材时，应尽量选择可简化加工工序的材料。应合理地选择替代材料，使替代材料既可保证产品的使用性能，又能大幅度降低其加工费用，简化加工工艺。例如，用球墨铸铁代替锻钢材料做低速柴油机曲轴、铣床主轴已成为以铸代锻的成功范例，具有较好的经济效益。

9.3 项目小结

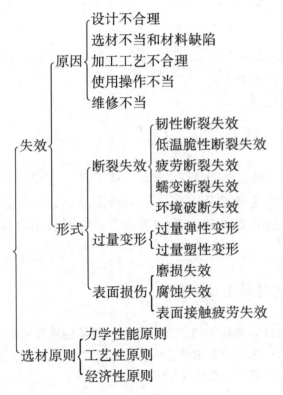

思考题与练习题

1. 机械或机械零件进行失效分析的作用是什么？
2. 一般机械零件与工具的失效方式有哪些？
3. 选择零件材料应遵循哪些原则？简述它们之间的关系。

项目十　典型零件及工具的选材分析

知识目标

（1）掌握典型零件及工具的选材方法和步骤。
（2）掌握零件及工具的工艺路线的分析方法。

能力目标

（1）能根据要求正确选用零件和工具的材料。
（2）能准确分析零件和工具的工艺路线。

引言

机械零件的选材是一项十分重要的工作。选材是否恰当，特别是一台机器中关键零件的选材是否恰当，将直接影响到产品的使用性能、使用寿命及制造成本。选材不当，严重的可能导致零件的完全失效并导致重大的经济损失，有时甚至要付出生命的代价。

10.1　典型零件及工具的选材

零件选材应该考虑以下几方面问题：选材应满足零件工作条件对材料使用性能的要求；选材应满足生产工艺对材料工艺性能的要求；选材应力求使零件生产的总成本最低；选材应考虑产品的实用性和市场需求性；选材还应考虑实现现代化生产的可行性。

10.1.1　机械零件选材的基本过程

① 分析零件的工作条件，并根据零件的工作条件判断其失效形式。
② 根据具体情况或实际要求确定零件的性能要求（包括使用性能和工艺性能）和最关键的性能指标。一般主要考虑力学性能，必要时还考虑物理、化学性能。
③ 对同类产品的用材情况进行比较。
④ 查阅相关手册，分析备选材料的工艺性、经济性。

⑤ 初选材料及热处理。
⑥ 通过比较、审核，综合选出合理的零件材料。

上述选材步骤只是一般过程，并非一成不变。应针对具体情况灵活运用选材原则。一般在经济性、工艺性相近或相同时，应选用使用性能最优的材料。但在加工工艺上无法实现而成为突出的制约因素时，所选材料的使用性能也可以不是最优的。此时需找到使用性能与制约因素之间恰当的平衡点。

10.1.2 典型零件的选材及工艺路线分析

1. 轴类零件的选材及工艺路线分析

轴是各种机械的重要零件之一，主要用来支承传动零件（如齿轮、凸轮等）、传递运动和动力。

（1）工作条件
① 传递一定的扭矩，同时还承受一定的交变弯矩和拉、压载荷。
② 轴颈承受较大的摩擦。
③ 大多数轴承受一定的过载。
④ 轴在高速运转过程中会产生振动，使轴承受冲击载荷。

（2）失效形式
① 长期承受交变载荷及弯曲应力和扭应力，常常发生疲劳断裂，主要是扭转疲劳和弯曲疲劳断裂。
② 轴颈与其他零件发生相对运动，承受较大的摩擦，表面易产生过量的磨损。
③ 承受一定的过载或冲击载荷，会产生过量弯曲变形，甚至发生折断或扭断。

（3）性能要求
① 良好的综合力学性能，以防止过载和冲击断裂。
② 高的疲劳强度，以防止疲劳断裂。
③ 高的表面硬度和良好的耐磨性，以防止轴颈磨损。
④ 良好的切削加工性，降低生产成本。

（4）轴类零件的选用

轴类零件的选择也要根据承载性质及大小、转速高低、精度和粗糙度要求，以及有无冲击等综合考虑。

① 承载不大的轴。主要考虑轴的刚度、耐磨性及精度。例如，一些工作应力较低，强度和韧性要求不高的转动轴，常采用低、中碳钢（如35、45钢）经正火后使用。若轴颈处要求有一定耐磨性，则选用45钢，经调质、轴颈处表面淬火及低温回火处理。

② 承受交变弯曲载荷或交变扭转载荷的轴（如齿轮变速箱轴、发动机曲轴、机床主轴等）。因整个截面受力不均，表面应力大，心部应力小，故不需要选用淬透性很高的钢，常选用45、40Cr、40MnB钢等，可先经调质处理后，轴颈处再进行高、中频表面淬火及低温回火。

③ 同时承受交变弯曲（或扭转）及拉、压载荷的轴（如锤杆、船用推进器轴等）。此类轴整个截面应力分布均匀，心部受力也大，应选用淬透性较高的钢，如30CrMnSi、40CrMnMo钢等。一般也是先调质，然后轴颈处表面淬火、低温回火。

④ 承受重载、较大冲击并要求较高耐磨性的轴（如汽车、拖拉机变速箱齿轮等）可选用 18Cr2Ni4WA、20CrMnTi 钢等，先渗碳，再进行淬火、低温回火处理。

⑤ 承受重载、较大冲击并要求很高精度的轴（如高精度磨床主轴、坐标镗床主轴等）常选用 38CrMoAlA 钢调质后再进行渗氮。

(5) 轴类零件选材实例

① 机床主轴。机床主轴主要承受交变弯曲应力和扭转应力，有时也承受冲击载荷作用，轴颈和锥孔表面受摩擦。因此，主轴应该具有良好的综合力学性能，花键、轴颈和锥孔表面应有较高的硬度和耐磨性。如 CA6140 车床主轴（如图 10-1 所示），工作时承受扭转和弯曲应力，载荷不大，转速中等

图 10-1 机床主轴

可选用 45 钢，具体加工工艺路线为：

下料→锻造→正火→粗加工→调质→半精车外圆 + 钻中心孔 + 铣键槽→局部淬火（锥孔及外锥体）→车各空刀槽 + 粗磨外圆 + 滚铣花键→花键高频淬火 + 低温回火→精磨（外圆，外锥体及内锥孔）

该工艺路线中热加工工序的作用是：锻造可获得轴的毛坯和获得合适的加工流线；正火处理可消除应力，改善锻造组织；调质处理（整体调质）硬度为 200~230HBW，为回火索氏体组织，目的是使主轴得到高的综合力学性能，为了更好地发挥调质的效果，故安排在粗加工之后；因内锥孔和外圆锥面常与卡盘、顶尖相对摩擦，内锥孔和外圆锥面经盐浴局部淬火和回火后硬度达到 45~52HRC；花键部位采用高频感应加热淬火和回火，以保证其耐磨性和高的精度。

② 内燃机曲轴如图 10-2 所示，内燃机曲轴工作时承受扭转和弯曲及冲击力，要求曲轴具有高的强度，一定的冲击韧性和抗弯曲、扭转的疲劳强度，在轴颈处要有高的硬度和耐磨性。中小功率内燃机曲轴最常用的材料是 45 钢和球墨铸铁，高速大功率内燃机曲轴一般采用合金钢，如 35CrMo、42CrMo 等。

用 45 钢制造曲轴的工艺路线：

下料→锻造→正火→粗加工→调质→精加工→轴颈表面淬火 + 低温回火→精磨

图 10-2 内燃机曲轴

用 QT700-2 制造曲轴的工艺路线：

熔炼→铸造→高温正火（950℃）→高温回火（560℃）→机械加工→轴颈气体渗氮（渗氮温度 570℃）→精磨

2. 齿轮类零件的选材及工艺路线分析

齿轮是机械工业中应用最广泛的重要传动零件之一，它主要用于传递动力、改变运动速度和方向。

(1) 工作条件

① 由于传递扭矩，齿根承受很大的交变弯曲应力。

② 换挡、启动或啮合不均时，齿部承受一定冲击载荷。

③ 齿面相互滚动或滑动接触，承受很大的接触压应力及摩擦力的作用。

（2）失效形式

① 由于齿面间相对滑动摩擦以及灰尘、金属微粒等进入齿面间而引起的齿面磨损。

② 多次重复的弯曲应力和应力集中或突然严重过载、受到冲击引起轮齿折断。

③ 在低速重载的工作条件下，齿轮的齿面承受很大的压力和摩擦力，使材料较软齿轮的局部齿面可能产生塑性流动，使轮齿发生塑性变形。

④ 齿轮在长期交变接触应力作用下，会在齿廓表面产生细微的疲劳裂纹，随裂纹的扩展，将导致小块金属剥落，从而产生齿面点蚀。

⑤ 在高速重载的闭式齿轮传动中，齿面润滑较为困难，啮合面在重载作用下产生局部高温使其黏结在一起，当齿轮继续运动时，会在较软的齿面上撕下部分金属材料而出现撕裂沟痕，继而产生齿面胶合。

（3）性能要求

① 高的弯曲疲劳强度和接触疲劳强度，以防止轮齿发生塑性变形或折断。

② 高的齿面硬度和耐磨性，以防止齿面磨损

③ 良好的心部强度和韧性，从而提高齿轮的承载能力

④ 高的传动精度、良好的切削加工性及热处理工艺性。

（4）齿轮类零件的选用

① 齿轮一般应选用具有良好力学性能的中碳结构钢和中碳合金结构钢，如45、40Cr钢等。

② 承受较大冲击的齿轮，可选用合金渗碳钢，如20Cr、20CrMnTi钢等。

③ 一些低速或中速承受低载、低冲击的齿轮，可选用灰铸铁、球墨铸铁，如HT200、QT600-6等。

④ 在承载不大、无润滑条件下工作的齿轮，可以选用工程塑料，如尼龙、聚甲醛等。

⑤ 在仪表或手表中齿轮，要求一定的耐蚀性，且承受的载荷较轻、速度较小，常选用黄铜、不锈钢，如H62、1Cr13等。

（5）齿轮的选材及工艺分析

① 机床齿轮如图10-3所示，机床传动齿轮工作时受力不大，转速中等，工作较平稳，无强烈冲击，强度和韧性要求均不高，一般用中碳钢（如45钢）制造，经调质后心部有足够的强韧性，能承受较大的弯曲应力和冲击载荷。表面采用高频淬火强化，硬度可达52~55HRC，耐磨性得到提高。选用45钢，其加工工艺路线如下：

下料→锻造→正火→粗加工→调质→精加工→高频淬火及回火→精磨

图10-3 机床齿轮

该工艺路线中各加工工序的作用是：锻造可成形零件毛坯并得到合理的加工流线；正火可消除锻造应力，均匀组织，调整硬度，改善切削加工性，改善齿轮表面加工质量；调质处理可使齿轮心部具有较高的综合力学性能，以承受交变弯曲应力和冲击载荷，还可以减少高频淬火变形；高频感应加热淬火可提高齿轮表面硬度和耐磨性；回火可采用低温回火或自行回火，以消除淬火应力，提高抗冲击能力，并可以防止产生

图10-4 汽车变速箱齿轮

磨削裂纹。

② 汽车、拖拉机齿轮如图10-4所示，汽车、拖拉机的工作条件较恶劣，受力较大，超载荷和受冲击频繁。因此在耐磨性、疲劳强度、抗冲击能力等方面的要求比机床齿轮高。一般选用渗碳钢20CrMnTi、20CrMnMo等制造，其工艺路线一般为：

下料→锻造→正火→机械加工→渗碳+淬火+低温回火→喷丸→磨内孔及换挡槽→装配

20CrMnTi 钢的热处理工艺性能较好，有较好的淬透性，渗碳淬火后变形小。为改善20CrMnTi 的切削加工性能，锻造后一般要正火。渗碳的作用是提高齿面含碳量（0.8% ~ 1.05%），淬火后则可获得0.8 ~ 1.3 mm 的淬硬层。喷丸处理可使零件表层产生压应力，提高抗疲劳性能。

3. 箱体类零件的选材及工艺路线分析

箱体是机器的基础零件，一般结构复杂，有不规则的外形和内腔，包括主轴箱、变速箱、轴承座、阀体、泵体、机身、底座、支架、横梁、工作台、导轨等。以下主要以主轴箱、变速箱为例进行讲述。

（1）工作条件

保证箱体内各个零部件的相对位置，使运动零件能协调运转。当机器工作时，箱体主要承受内部零件的重量以及零件运动时的相互作用力，使箱体内各零件运动产生的振动能有缓冲。

（2）失效形式

箱体类零件常见的失效形式主要有变形失效、断裂失效和磨损失效等。

（3）性能要求

① 足够的抗压强度。

② 较高的刚度，防止变形。

③ 良好的吸振性。

④ 良好的成形工艺性。

⑤ 其他特殊性能，如比重轻等。

（4）箱体类零件的选用

由于箱体类零件有较复杂的外形和内腔，可选用铸造性能良好，价格便宜，并有良好耐压、耐磨和减振性能的铸铁。铸铁件一般要进行去应力退火。

而要求自重轻或要求导热好的箱体件，可选用铸造铝合金。铝合金件应根据成分不同，进行退火或固溶处理、时效处理。

形状简单，生产数量少的箱体件，也可采用钢板焊接而成。

受力较大且冲击较大的箱体件，应采用铸钢。铸钢件应进行退火或正火处理，以消除粗晶组织和铸造应力。

受力很小，要求自重轻，工作条件好的箱体件，可选用工程塑料。

（5）箱体类零件的选材与工艺路线分析

普通机床变速箱受力不大，工作平稳，主要承受静载荷，不受冲击，因此可选用灰铸铁，如HT150、HT200、HT250等。其工艺路线如下：

铸造毛坯→时效处理→底面加工→侧面加工→端面加工→粗镗孔→半精镗孔→精镗孔→钻孔→攻丝→检验入库。

其中的时效处理主要目的是为消除毛坯的内应力。

10.1.3 典型工具的选材及工艺路线分析

1. 刃具的选材及工艺路线分析

刃具主要指制造车刀、铣刀、钻头等切削刀具。

（1）工作条件

刃具工作条件较差，由于切削发热，刃部温度可达500 ℃~600 ℃，局部区域温度可达800 ℃以上，刃具切削时还承受相当大的冲击和振动。

（2）失效形式

① 刃具与工件高速摩擦，使刃刃受到磨损。

② 摩擦产生大量的热，会在刀刃处形成积屑瘤脱落，易导致刀刃处表面剥落。

③ 刃具切削时受到的冲击和振动易使其发生崩刃及脆断。

（3）性能要求

① 高硬度、高耐磨性。这是对刃具钢的基本要求，是保证刃具锋利的主要因素，硬度不够时易导致刃具卷刃、变形，切削无法进行，耐磨性的好坏还直接影响刀具的使用寿命。刃具的硬度一般应在60 HRC以上。

② 高热硬性。热硬性（又称为红硬性或耐热性）是指钢在高温下保持高硬度的能力。通常用保持60 HRC硬度时的加热温度来表示。

③ 足够的强度和韧性。切削时刃具要承受弯曲、扭转、冲击和振动等载荷，应保证刃具在这些情况下不发生突然断裂和崩刃。

④ 良好的导热性和抗热冲击性。导热性好，有利于切削热的传导，降低切削区的温度，延长刀具的使用寿命。

⑤ 良好的工艺性和经济性。有利于降低刀具成本。

（4）刃具材料的选用

常用的刃具材料有工具钢（包括碳素工具钢、合金工具钢和高速钢）、硬质合金（包括钨钴类硬质合金、钨钛钴类硬质合金和通用硬质合金）、超硬刀具材料（如涂层刀具、陶瓷刀具、天然金刚石、立方氮化硼等）。

碳素工具钢：用于制造低速、简单的手动工具，如锉刀、手工锯条

合金工具钢：主要用于制造各种形状较为复杂的低速切削刀具（如丝锥、板牙、铰刀）和精密量具。

高速钢：用来制造结构和刃型复杂的刀具，如钻头、铣刀、齿轮加工刀具、插齿刀、剃齿刀、拉刀等。

钨钴类硬质合金：可加工短切屑的金属或非金属材料，如淬硬钢、铸铁、铜铝合金、塑料等。

钨钛钴类硬质合金：适宜加工长切屑的黑色金属材料，如普通碳钢、合金钢及铸钢等。

通用硬质合金：适宜加工各类金属，多用于加工不锈钢、耐热钢、耐磨钢等高硬金属。

涂层硬质合金：在硬质合金刀具上涂上 TiC、TiN 等薄膜，可将刀具寿命提高 2~10 倍。

陶瓷材料：主要用于精加工钢、铸铁，对于冷硬铸铁、淬硬钢的车削和铣削特别有效。

人造金刚石：主要用于磨料，磨削硬质合金，也可用于有色金属及其合金的高速精细车和镗削。

立方氮化硼（CBN）：适于精加工淬硬钢、冷硬铸铁、高温合金、热喷涂材料、硬质合金及其他难加工材料。

(5) 刃具的选材与工艺路线分析

① 丝锥和板牙的选材与工艺路线。如图 10-5 所示，丝锥用以加工内螺纹，如图 10-6 所示，板牙用以加工外螺纹。丝锥和板牙的刃部要求有高的硬度（59~64 HRC）和耐磨性，为防止使用中扭断（指丝锥）或崩齿，心部和柄部应有足够的强度、韧性及较高硬度（45~50 HRC）。丝锥和板牙的失效形式主要是磨损和扭断。

图 10-5 丝锥

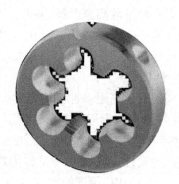

图 10-6 板牙

丝锥和板牙分为手用和机用两种。对于手用丝锥和板牙，因切削速度较低，热硬性要求不高，可选用 T10A、T12A 钢制造，并经淬火、低温回火；对于机用丝锥和板牙，因切削速度较高，故热硬性要求较高，常选用 9SiCr、9Mn2V、CrWMn 钢制造，经淬火、低温回火处理；高速切削用丝锥和板牙，要求热硬性更高，常选用 W18Cr4V、W6Mo5Cr4V2 钢制造，并经适当热处理。

M22 机用板牙的选材及工艺路线：

a. 选用材料：9SiCr

b. 工艺路线：下料→球化退火→机械加工→淬火、低温回火→精磨→防锈处理（发黑）

M22 以上规格的圆板牙通常选用毛坯锻打件，为此需通过球化退火来消除其毛坯缺陷。淬火采用盐浴分级淬火，可有效地防止圆板牙的变形，并且淬火前还应预热。低温回火可消除淬火内应力，稳定尺寸，同时还可保持淬火后的高硬度、高耐磨性。

② 钻头的选材与工艺路线。如图 10-7 所示，钻头是用来加工各种尺寸孔的定尺寸切削工具，在钻削过程中承受压应力和摩擦力的作用，及一定的扭矩和进给力，钻头周边及刃口受热后产生较高的温度，工作条件恶劣，其失效形式为磨损、折断和扭曲。

钻头的选材取决于其切削速度，常用的材料有低合金工具钢、高速钢或头部镶嵌硬质合金、钢结硬质合金等。

以下为高速钢直柄钻头的工艺路线：

下料→去应力退火→机加工→淬火+三次高温回火→粗磨→开刃→精磨→滚压标志→表面蒸汽处理→油封包装

直柄钻头选用 W18Cr4V 高速钢圆棒料冲剪而成。

淬火前进行预热，可防止淬火时产生裂纹，高速钢淬火温度为 1 285 ℃ ~ 1 290 ℃，并采用盐浴分级淬火。钻头必须垂直放入盐浴炉中，柄部不能加热。回火前，为防止腐蚀，必须进行清洗干净。

图 10 - 7　麻花钻

2. 模具的选材与工艺路线分析

根据使用状态，模具可分为冷作模具、热作模具和塑料模具。

（1）冷作模具

冷作模具是用于在室温下对金属进行变形加工的模具，包括冷冲模、冷镦模、冷挤压模、拉丝模、落料模等。冷作模具工作时承受很大的载荷，如压力、弯曲力、剪切、冲击力和摩擦。主要失效形式是磨损和胀裂，也常出现变形、崩刃和断裂等失效现象。因此，冷作模具应具有高的硬度和耐磨性，以承受很大的压力和强烈的摩擦；足够的强度、韧性和疲劳强度，以承受很大的冲击负荷，保证尺寸的精度并防止胀裂。截面尺寸较大的模具要求具有较高的淬透性，而高精度模具还要求热处理变形小。

制作尺寸较小、形状简单、工作负荷不太大的冷作模具，常用碳素工具钢和低合金工具钢，如 T10A、9Cr2、9SiCr、GCr15 等。

制作截面大、形状复杂、负荷大的冷冲模、挤压模、滚丝模、剪裁模等，用高碳高铬钢。典型牌号是 Cr12 钢、Cr12MoV 钢。

（2）热作模具

热作模具是用于制造使热态下固体金属或液体金属在压力下成形的模具，如热锻模、热镦模、热挤压模、高速锻模、压铸模等。热作模具工作时接触炽热的金属，型腔温度很高（大于 600 ℃）。被加工的金属在巨大的压力、扩张力和冲击载荷的作用下，与型腔作相对运动产生强烈的摩擦。剧烈的急冷急热循环引起不均匀的热应力，模具工作表面出现高温氧化，热疲劳导致出现"龟裂"以至破坏。因此热作模具应具备高的热硬性和高温耐磨性；足够的强度和韧性；高的热稳定性，不易氧化；高抗热疲劳性和高淬透性等性能。

中型热锻模（模具边长 300 ~ 400 mm），常用 5CrMnMo 钢；制造大、中型热锻模（模具边长大于 400 mm）选用 5CrNiMo 钢。

压铸模常用 3Cr2W8V 钢、4Cr5MoSiV 钢、4Cr5MoSiV 钢，

（3）塑料模具

用于塑料制品成形的模具称为塑料模具钢。塑料模具工作温度不高，但对模具型腔表面质量要求较高。一般来说，塑料制品的强度、硬度、熔点比钢低得多，但塑料制品的表面质

量要求很高，塑料的成分又比较复杂。因此塑料模具应具备良好的加工性，易于蚀刻各种图文符号并且表面易达到高镜面度；足够的强度、韧性和耐磨性；热处理变形很小、变形方向性很小；良好的耐腐蚀性。

常用的塑料模具钢有 3Cr2Mo 钢、5NiSCa 钢、PMS 钢、PCR 钢和无磁塑料模具钢等。

（4）模具的选材与工艺路线分析

① 硅钢片冷冲压模（如图 10-8 所示）的选材与工艺路线分析。

该冷冲模所加工的硅钢片厚度在 0.30~2 mm，在冲裁过程中凸模和凹模的刃口要承受反复巨大的剪切力、压力、冲击力和摩擦力的综合作用，因此要求具有高的硬度、强度、耐磨性，同时热处理后的变形要小。根据以上要求，可选用 Cr12MoV 钢。

图 10-8　硅钢片冷冲模

其工艺路线为：

下料→锻造→球化退火→粗加工（线切割、电火花加工）→去应力退火→精加工→淬火+两次低温回火→磨削→试模

Cr12MoV 钢是高碳高铬钢，属莱氏体钢，含有大量碳化物，有很高的耐磨性，但需要通过锻造来改善碳化物的大小与分布。

Cr12MoV 钢的锻件硬度高，为了降低硬度，改善切削加工性，锻件应进行球化退火，退火后硬度为 207~255 HBW。

为了减少变形，可在最终热处理前增加一道消除机加工的去应力退火工序。

Cr12MoV 钢的的组织、性能与淬火温度有很大关系。本例中采用较低的淬火温度（1 030 ℃~1 040 ℃），再进行两次低温回火（200 ℃~220 ℃）。这种方法和特点不仅可使淬火件硬度高，而且两次低温回火还可减少模具的变形，防止模具在使用过程中过早开裂，从而提高其使用寿命。

此外，为减少凹模淬火时变形与开裂的倾向，淬火加热前可预先预热到 400 ℃~450 ℃，以消除热应力和机加工应力，并将螺孔用耐火泥堵住。

② 汽车连杆锻模（如图 10-9 所示）的选材与工艺路线分析。

图 10-9　汽车连杆及其锻模

汽车发动机连杆锻模的尺寸为340 mm×180 mm×70 mm，该锻模在25 t的机械锻压机上工作，连杆的材料为40MnB，其加热温度在1 050 ℃~1 200 ℃。据此，锻模的型腔要承受冲击载荷和高温的作用，加上水基石墨液的冷却，型腔表面会受到冷热交替的作用，故连杆锻模应具备高的硬度、良好的导热性、抗冲击性及高温强度等。为此可选用5CrNiMo钢制造，其工艺路线为：

下料→锻造→完全退火→机加工→淬火+两次回火→精加工→磨削→电脉冲加工→精修→试模

铸造工序可将大块的碳化物和网状碳化物及成分偏析加以消除，使成分均匀。

完全退火是完成组织转变的重点工序，起到细化晶粒、降低硬度、改变切削加工性，为最终热处理作好组织准备的作用。

连杆锻模淬火温度为840 ℃~860 ℃，采用油淬空冷，并且淬火前进行预热，这样可减少锻模的变形。

为消除组织转变产生的应力，稳定组织，采用两次回火（480 ℃~500 ℃）。

10.2 工程材料的应用举例

10.2.1 汽车零件用材

1. 缸体和缸盖

缸体常用的材料有灰铸铁和铝合金两种。缸盖应采用导热性好、高温强度高、能承受反复热应力、铸造性能良好的材料来制造。目前使用的缸盖材料有两种：一种是灰铸铁或合金铸铁；另一种是铝合金。

2. 缸套

常用缸套材料为耐磨合金铸铁，主要有高磷铸铁、硼铸铁、合金铸铁等。

3. 活塞、活塞销和活塞环

活塞材料一般用20钢或20Cr、20CrMnTi等低碳合金钢。活塞销外表面应进行渗碳或碳氮共渗处理，以满足外表面硬而耐磨，材料内部韧而耐冲击的要求。

4. 连杆

连杆材料一般采用45钢、40Cr或者40MnB等调质钢。

5. 气门

气门材料应选用耐热、耐蚀、耐磨的材料。进气门一般可用40Cr、35CrMo、38CrSi、42Mn2V等合金钢制造；而排气门则要求用高铬耐热钢制造，采用4Cr10Si2Mo。

6. 半轴

中、小型汽车的半轴一般用45钢、40Cr钢制造，而重型汽车用40MnB、40CrNi或40CrMnMo等淬透性较高的合金钢制造。

7. 保险杠、刹车盘、纵梁等

这些部件通常采用08、20、25和Q345钢板制造。热轧钢板主要用来制造一些承受一定载荷的结构件。一些形状复杂、受力不大的机械外壳、驾驶室、轿车的车身等覆盖零件还用上述钢种的冷轧钢板来制造。

10.2.2 机床零件用材

1. 机身、底座用材

机床和底座常采用灰铸铁制造，其牌号是：HT150、HT200 及孕育铸铁 HT250、HT300、HT350、HT400 等。机身、箱体等大型零部件在单件或小批量生产时，也可采用普通碳素钢来制造，如 Q215、Q235、Q255，其中 Q235 用得最多。

2. 齿轮用材

齿轮常采用 HT250、HT300 和 HT400 等灰铸铁制造。由于容易制造复杂形状的零件和具有成本低的优点，灰铸铁常常成为首选材料。在无润滑情况下，钢只能制作小齿轮，常用普通碳素钢 Q235、Q255 和 Q275 制造。强度要求高的齿轮多采用 40 钢、45 钢等经正火或调质处理的中碳优质钢制造。高速、重载或受强烈冲击的齿轮，宜采用 40Cr 等调质钢或 20Cr、20CrMnTi 等渗碳钢制造。

3. 轴类零件用材

一般采用正火或调质处理的 45 钢等优质碳素钢制造轴类零件。不重要的或受力较小的轴及一般较长的传动轴，可以采用 Q235、Q255 或 Q275 等普通碳素钢制造。承受载荷较大，且要求直径小、质量小或要求提高轴颈耐磨性的轴，可以采用 40Cr 等合金调质钢 20Cr 等合金渗碳钢制造。曲轴和主轴常采用 QT600-3、KTZ650-02 等球墨铸铁和可锻铸铁制造。

4. 螺纹连接件用材

螺纹连接件可由螺栓、多头螺栓、紧固螺钉等连接零件构成。无特殊要求的一般螺纹连接件常用低碳或中碳的普通碳素钢 Q235、Q255、Q275 制造。用 35 钢、45 钢等优质碳素结构钢制造的螺栓，常用于中等载荷以及精密的机床上。合金结构钢 40Cr、40CrV 等主要用于制作受重载高速的极重要的连接螺栓。

5. 螺旋传动用材

螺旋传动如丝杠螺旋传动，不进行热处理的螺旋传动件用 45 钢、50 钢制造；进行热处理的螺旋传动件用 T10、65Mn、40Cr 等钢材制造。制造螺母的材料用铸造锡青铜 ZCuSn10Zn2、ZCuSn6Zn6Pb3 使用得最为广泛。在较小载荷及低速传动中螺母用耐磨铸铁制造。

6. 蜗轮传动用材

制造蜗轮的材料有铸造锡青铜、铸造铝青铜和铸铁。当滑动速度 $\tau \geqslant 3$ m/s 时，常采用铸造锡青铜 ZCuSn10Pb1 或 ZCuSn6Zn6Pb3 等。为节约贵重的铜合金，直径为 100~200 mm 的青铜蜗轮，应采用青铜轮缘与灰铸铁轮芯分别加工再组装成一体的结构。蜗轮材料一般为碳钢和合金钢，如用 15 钢、20 钢、15Cr 钢、20Cr 钢，表面渗碳淬硬到 56~62 HRC，或用 45 钢、40Cr 钢，调质后表面高频淬火到 45~50 HRC。

7. 滑动轴承用材

① 金属材料：包括轴承合金（巴氏合金、铜基轴承合金）和铸铁。

② 粉末冶金材料：粉末冶金材料可用于制造含油轴承。

③ 塑料轴承：常用的塑料轴承有 ABS 塑料、尼龙、聚甲醛、聚四氟乙烯等。

8. 滚动轴承用材

滚动轴承的内外圈和滚动体一般用 GCr9、GCr15、GCr15SiMn 等高碳铬或铬锰轴承钢和 GSiMnV 等无铬轴承钢制造。

9. 机床其他零件用材

① 凸轮用材：一般尺寸不大的平板凸轮可用 45 钢制造，进行调质处理，要求高性能的凸轮可用 45 钢和 40Cr 钢制造，并进行表面淬火，硬度可达 50~60 HRC。尺寸较大的凸轮（直径大于 300 mm 或厚度大于 30 mm），一般采用 HT200、HT250 或 HT300 等灰铸铁或耐磨铸铁制造。

② 刀具用材：刀具用材包括碳素工具钢、合金工具钢、高速钢和硬质合金。

10.2.3 仪器仪表用材

1. 壳体材料

① 金属材料：低碳结构钢（如 Q195、Q215、Q235），再用油漆防锈和装饰。铬不锈钢、铬镍奥氏体不锈钢（如 1Cr13、1Cr18Ni9、1Cr18Ni9Ti）。

② 非金属材料：例如 ABS 塑料，易电镀和易成形、力学性能良好，是制造管道、储槽内衬、电机外壳、仪表壳、仪表盘等的优秀材料。

2. 轴类零件用材

用 Q235 等普通碳素钢、聚甲醛塑料等工程塑料制造。硬铝 LY12、LY11 和黄铜 HMn58-2 多用于制造重要且需要耐蚀的轴销等零件。

3. 凸轮用材

仪器中多数凸轮所用材料为中碳钢或中碳合金钢，一般尺寸不大的平板凸轮可用 45 钢板制造，并进行调质处理。要求高性能的凸轮可用 45 钢或 40Cr 钢制造，并进行表面淬火。

4. 齿轮用材

用普通碳素钢 Q275 制造齿轮，一般不经热处理。QAl10-4-4 青铜可用来制造在 400 ℃以下工作的齿轮、阀座；QAl11-6-6 青铜可用来制造在 500 ℃以下工作的齿轮、套管及其他减磨和耐蚀的零件。硅青铜 QSi3-1 有高的弹性、强度和耐磨性。耐蚀性良好，可用来制造耐蚀件及齿轮、制动杆等。

5. 蜗轮、蜗杆用材

QAl11-6-6 可用来制造在 500 ℃以下工作的蜗轮、套管及其他减磨和耐蚀的零件。硅青铜 QSi3-1 青铜有高的弹性、强度和耐磨性。耐蚀性良好，可用来制造蜗轮、蜗杆及耐蚀件等。聚碳酸酯等工程塑料可制造轻载蜗轮、蜗杆等零件。

10.3 项目小结

1. 选材基本过程

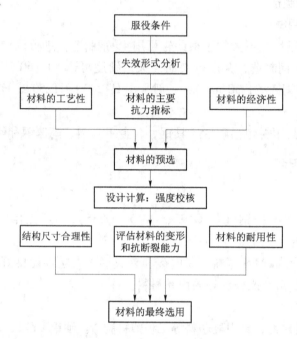

2. 一般齿轮材料和热处理方法

传动方式	工作条件		小齿轮			大齿轮		
	速度	载荷	材料	热处理	硬度	材料	热处理	硬度
开式传动	低速	轻载、无冲击不重要的传动	Q235	正火	150~180 HBW	HT200	人工时效	170~230 HBW
						HT250		170~240 HBW
		轻载、冲击小	45	正火	170~200 HBW	QT500-5	正火	170~207 HBW
						QT600-6		197~269 HBW
闭式传动	低速	中载	45	正火	170~200 HBW	35	正火	150~180 HBW
			ZG310-570	调质	200~250 HBW	ZG270-500	调质	190~230 HBW
		重载	45	整体淬火	38~48 HRC	35、ZG270-500	整体淬火	35~40 HRC
	中速	中载	45	调质	220~250 HBW	35、ZG270-500	调质	190~230 HBW
			45	整体淬火	38~48 HRC	35	整体淬火	35~40 HRC
			40Cr 40MnB 40MnVB	调质	230~280 HBW	45、50	调质	220~250 HBW
						ZG270-500	正火	180~230 HBW
						35、40	调质	190~230 HBW

续表

传动方式	工作条件		小齿轮			大齿轮		
	速度	载荷	材料	热处理	硬度	材料	热处理	硬度
闭式传动	中速	重载	45	整体淬火	38~48 HRC	35	整体淬火	35~40 HRC
				表面淬火	45~50 HRC	45	调质	220~250 HBW
			40Cr 40MnB 40MnVB	整体淬火	35~42 HRC	35、40	整体淬火	35~40 HRC
				表面淬火	56~62 HRC	45、50	表面淬火	45~50 HRC
	高速	中载、无猛烈冲击	40Cr 40MnB 40MnVB	整体淬火	35~42 HRC	35、40	整体淬火	35~40 HRC
				表面淬火	56~62 HRC	45、50	表面淬火	45~50 HRC
		中载、有冲击	20Cr 20Mn2B 20MnVB 20CrMnTi	渗碳、淬火	56~62 HRC	ZG270-500	正火	160~210 HBW
						35	调质	190~230 HBW
						20Cr 20MnVB	渗碳、淬火	56~62 HRC

3. 箱体材料及处理方法

代表性零件	材料种类及牌号	使用性能要求	处理及其他
机床床身、轴承座、齿轮箱、缸体、缸盖、变速器壳、离合器壳	灰铸铁 HT200	刚度、强度、尺寸稳定性	时效
机床座、工作台	灰铸铁 HT150	刚度、强度、尺寸稳定性	时效
齿轮箱、联轴器、阀壳	灰铸铁 HT250	刚度、强度、尺寸稳定性	去应力退火
差速器壳、减速器壳,后桥壳	球墨铸铁 QT400-15	刚度、强度、韧度、耐蚀	退火
承力支架、箱体底座	铸钢 ZG270-500	刚度、强度、耐冲击	正火
支架、挡板、盖、罩、壳	钢板 Q235、08、10、Q345	刚度、强度	不热处理
车辆驾驶室车箱	钢板 08	刚度	冲压成形

思考题与练习题

1. 有一 φ30 mm×300 mm 的轴,要求摩擦部位的硬度为 53~55 HRC,现用 30 钢制造,经调质后高频淬火(水冷)和低温回火,使用过程中发现摩擦部位严重磨损,试分析失效原因,并提出再生产时的解决办法。

2. 为什么在蜗轮蜗杆传动中,蜗杆采用低、中碳钢或合金钢(如 15 钢、45 钢、20Cr 钢、40Cr 钢)制造,而蜗杆则采用青铜制造?

3. 试为下列齿轮选材,并确定热处理:

① 不需润滑的低速、无冲击齿轮，如打稻机上的传动齿轮；
② 尺寸较大，形状复杂的低速中载齿轮；
③ 受力较小，要求有一定抗蚀性的轻载齿轮（如钟表齿轮）；
④ 受力较大，并受冲击要求高耐磨性的齿轮（如汽车变速齿轮）。

4. 确定下列工具的材料及最终热处理：
① M8 的手用丝锥；
② $\phi 10$ mm 麻花钻；
③ 切削速度为 35 mm/min 的圆柱铣刀；
④ 切削速度为 150 mm/min，用于切削灰铸铁及有色金属的外圆车刀。

5. 某齿轮要求具有良好的综合力学性能，表面硬度 50~55 HRC，用 45 钢制造，加工工艺路线为：下料→锻造→热处理→机械粗加工→热处理→机械精加工→热处理→精磨。试回答工艺路线中各个热处理工序的名称、目的。

6. 指出下列工件在选材与制定热处理技术条件中的错误，并说明其理由及改正意见。

零件及要求	材料	热处理技术条件
传动轴（直径 100 mm，心部 σ_b >500 MPa）	45 钢	调质 220~250 HBW
直径 30 mm，要求良好综合力学性能的传动轴	40Cr 钢	调质 40~45 HRC
直径 70 mm 的拉杆，要求截面上性能均匀，心部 σ_b >900 MPa	40Cr 钢	调质 200~230 HBW
弹簧（丝径 15 mm）	45 钢	淬火、回火 55~60 HRC
转速低，表面耐磨性心部强度要求不高的齿轮	45 钢	渗碳淬火 58~62 HRC
表面耐磨的凸轮	45 钢	淬火、回火 60~63 HRC
板牙 M12	9SiCr 钢	淬火、回火 50~55 HRC
直径 5 mm 的塞规，用于大批量生产，检验零件内孔	T7 或 T8 钢	淬火、回火 62~64 HRC
钳工凿子	T12A 钢	淬火、回火 60~62 HRC

拓展知识：零件毛坯成型方法简介

材料的成形过程是机械制造的重要工艺过程。机器制造中，大部分零件是先通过铸造成形、锻压成形、焊接成形或非金属材料成型方法制得毛坯，再经过切削加工制成的。下面介绍几种常见的毛坯成型方法。

1. 铸造

铸造是将熔化的金属或合金浇注到具有与零件形状相同的铸型空腔中，经过冷却凝固后获得所需要的形状和尺寸的零件或零件毛坯的方法，俗称翻砂。

铸造的特点是金属一次成形，可用于各种成分、形状和重量的构件，成本低廉，能经济地制造出内腔形状复杂的零件，如支座、壳体、箱体、机床床身等。对韧性很差的材料如铸铁，只能采用铸造法生产，对高温合金成形复杂形状，铸造也是最经济的方法。

常用的铸造方法有手工砂型铸造、机器造型、特种铸造。其中手工砂型铸造是单件、小批生产铸件的常用方法；大批大量生产常采用机器造型；特种铸造常用于生产特殊要求或有色金属铸件。

铸造生产的缺点是其过程较为复杂，铸件质量不易控制，铸件的力学性能较同种材料的锻压件差。但是，由于铸造工艺的不断改进，现代科技在铸造中的应用，以及一些新型铸造方法的出现和应用，这些缺点正在逐步被克服，铸件的力学性能、形状和尺寸精度、表面质量大大提高。这使得铸造的应用范围更加广泛。例如，原来用钢锻造的内燃机曲轴，已用球墨铸铁铸造生产。

图 10-10 为手工砂型铸造的工艺过程。

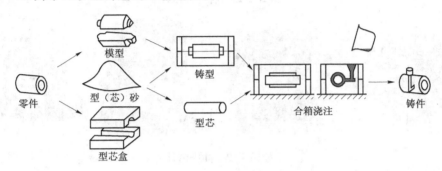

图 10-10　手工砂型铸造工艺过程

2. 锻造

铸造是通过对坯料施加外力，使其产生塑性变形，改变其尺寸、形状，用于制造机械零件或毛坯的成形方法，俗称打铁。

锻造生产的一个最重要的特点是可改善金属材料的力学性能。通过再结晶细化晶粒，纤维流线的定向控制，晶粒内偏析组织的均匀化，夹杂物及其他组织的破碎和重新分布以及材料内部缩松的焊合等方式，提高材料的强度和韧性。

锻造生产包括自由锻、胎模锻、模锻。

自由锻锻造工装简单、准备周期短，但锻件形状简单、尺寸精度低、表面粗糙，要求操作工人的技术水平较高、且劳动强度大，生产效率低，它是单件生产和大型锻件的唯一锻造方法。

胎模锻是在自由锻设备上采用胎模进行锻造的方法，可锻造较为复杂、中小批量的中小型锻件。

模锻的锻件尺寸精确，加工余量小，可较复杂，且材料利用率和生产率远高于自由锻，但只能锻造批量较大的中小型锻件。

3. 冲压

冲压是借助冲模使金属产生分离或变形的成型方法。由于冲压的材料均为板料，因此又称板料冲压。板料冲压通常是在室温下进行的，有时也称为冷冲压。

板料冲压通过冲裁、弯曲、拉深、收口、胀形等工序获得各种尺寸且形状较为复杂的零件（如图 10-11 所示各种冲压件），材料利用率和生产率高，易于实现机械化、自动化。只是所用模具制造复杂（如图 10-12 所示各种冲压模具），生产周期长，成本较高。广泛应用于汽车制造、电器、仪表等行业，是大批量制造质量轻、刚度好的零件和形状复杂的壳体的首选成型方法。

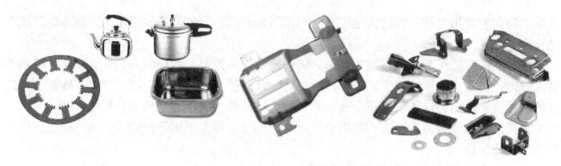

图 10 - 11　各种冲压件

图 10 - 12　冲压模具

4. 焊接

焊接是通过加热和（或）加压，用或不用填充材料，使被焊材料产生共同熔池或塑性变形，既而通过原子扩散而实现连接的一种工艺方法。

焊接连接性能好，可获得各种尺寸且形状较复杂的零件，材料利用率高，采用自动化焊接可达到很高的生产率，适用于形状复杂或大型构件的连接成形，也可用于异种材料的连接和零件的修补。广泛应用于汽车、航空、航天、船舶、压力容器、建筑、电子制造业等部门。

根据焊接过程的工艺特点，可分为熔焊、压焊、钎焊三种。

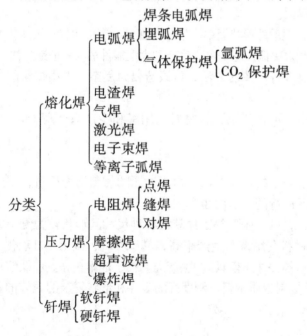

表 10-1 列举了各种焊接方法的特点和应用。

表 10-1 各种焊接方法的特点和应用

焊接方法		热源	可焊材料	钢板厚度/mm	工艺特点	应用范围
焊条电弧焊		电弧热	碳钢、低合金钢、铸铁、铜及铜合金	3~20	设备简单，操作灵活。可实现空间任意位置的焊接，成本低	应用于维修及装配中的短缝的焊接，特别是可以用于难以达到的部位的焊接
埋弧自动弧		电弧热	碳钢、低合金钢、铜及铜合金	6~60	生产率高；焊缝质量好；焊接变形小	大批量，中、厚板料的长、直及大径环焊缝
气焊		火焰热	碳钢、低合金钢、铸铁、铜铝及合金	0.5~3	设备简单、操作灵活方便，火焰易于控制，不需要电源，但工件变形严重	厚度小于3 mm以下的低碳钢薄板，铜、铝等有色金属及其合金，以及铸铁的补焊
气体保护焊	氩弧焊	电弧热	Al、Mg、Ti及其合金、不锈钢	0.1~25	明弧可见，焊接质量易控制；焊接变形小；可全方位施焊	铝、镁、钛及其合金，不锈钢、耐热钢及锆、钽等稀有金属的焊接
	CO$_2$保护焊		碳钢、低合金钢、不锈钢	0.3~25		低碳钢及低合金高强度钢薄板等要求致密、耐蚀、耐热的焊件
电渣焊		电阻热	碳钢、低合金钢、铸铁、不锈钢	40~450	焊接厚大钢板而不开坡口，生产率高；	厚度大于40 mm的工件
电阻焊	点焊	电阻热	碳钢、低合金钢、不锈钢、铝及铝合金	0.5~3	生产率高；焊接变形小；易于机械化、自动化；设备复杂	各种薄板的冲压件、无密封要求
	缝焊			<3		有密封要求的薄壁容器
钎焊	软钎焊	电阻热	碳钢、合金钢、铸铁、铜及铜合金	—	接头强度不高	仪器、仪表零部件、电子元件、电子线路
	硬钎焊				接头组织、力学性能变化小，变形小，接头光滑平整	受力大，工作温度较高的结构件，如刀具、自行车车架

5. 塑料成形

塑料成形可在较低的温度下（一般在400 ℃以下）采用注射、挤出、模压、浇注、烧结、真空成形、吹塑等方法制成制品。由于塑料的原料来源丰富，制取方便，成形加工简单，可以少无切削加工，成本低廉，性能优良，所以塑料在国民经济中得到广泛的应用。

塑料成形的选择主要决定于塑料的类型（热塑性还是热固性）、起始形态以及制品的外形和尺寸。加工热塑性塑料常用的方法有注射成形、挤出成形型、压延成形、吹塑成形和热成型等，加工热固性塑料一般采用模压成形、传递模塑成形，也用注射成型。下面介绍几种常用的塑料成形工艺。

（1）注射成形

注射成形也称注塑成形，是利用注射机将熔化的塑料快速注入模具中，并固化得到各种塑料制品的方法。几乎所有的热塑性塑料（氟塑料除外）均可采用此法，也可用于某些热固性塑料的成形。注射成形占塑料件生产的 30% 左右，它具有能一次成形形状复杂件、尺寸精确、生产率高等优点；但设备和模具费用较高，主要用于大批量塑料件的生产，如电视机外壳、食品周转箱、塑料盆、桶、汽车仪表盘等。图 10-13 为螺杆式注射成形示意图。

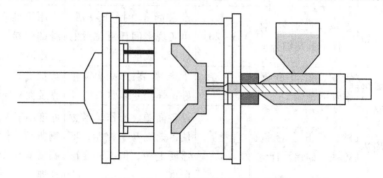

图 10-13　螺杆式注射成型示意图

（2）挤出成形

挤出成形是利用螺杆旋转加压方式，连续地将塑化好的塑料挤进模具，通过一定形状的口模时，得到与口模形状相适应的塑料型材的工艺方法。挤出成形占塑料制品的 30% 左右，主要用于截面一定、长度大的各种塑料型材，如塑料管、板、棒、片、带、材和截面复杂的异形材。它的特点是能连续成形、生产率高、模具结构简单、成本低、组织紧密等。除氟塑料外，几乎所有的热塑性塑料都能挤出成形，部分热固性塑料也可挤出成形。图 10-14 为螺旋挤出成形示意图。

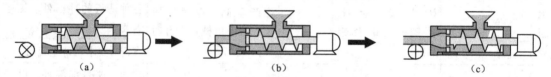

图 10-14　螺旋挤出成形示意图

(a) 材料放入料斗；(b) 用螺杆过搅拌边顶出；(c) 产品被顶出，成形完毕

（3）吹塑成形

吹塑成形（属于塑料的二次加工）是借助压缩空气使空心塑料型坯吹胀变形，并经冷却定型后获得塑料制件的加工方法。它是制造中空件和管筒状薄膜的主要方法，如瓶子、容器、玩具等。吹塑成型主要有中空吹塑成形和薄膜吹塑成形。图 10-15 为吹塑成形示意图。

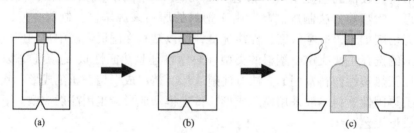

图 10-15　吹塑成形示意图

(a) 棒（管）状材料放入模具内；(b) 吹入空气；(c) 打开模具，成形完毕

参 考 文 献

[1] 许德珠. 机械工程材料 [M]. 北京：高等教育出版社，2002.
[2] 张至丰. 机械工程材料及成型工艺基础 [M]. 北京：机械工业出版社，2007.
[3] 王建安. 钢的热处理 [M]. 北京：冶金工业出版社，1980.
[4] 吴元微. 热处理 [M]. 北京：机械工业出版社，2007.
[5] 王纪安. 工程材料与材料成形工艺 [M]. 北京：高等教育出版社，2000.
[6] 机械工程手册编辑委员会. 机械工程手册 [M]. 北京：机械工业出版社，1996.
[7] 热处理手册编委会. 热处理手册 [M]. 北京：机械工业出版社，2002.
[8] 严绍华. 材料成型工艺基础 [M]. 北京：清华大学出版社，2001.
[9] 沈莲. 机械工程材料 [M]. 北京：机械工业出版社，2000.
[10] 朱兴元等. 金属学与热处理 [M]. 北京：中国林业出版社，北京大学出版社，2006.
[11] 侯书林等. 机械制造基础（上册）：工程材料及热加工工艺基础 [M]. 北京：中国林业出版社，北京大学出版社，2006.
[12] 詹武. 工程材料 [M]. 北京：机械工业出版社，2001.
[13] 崔忠圻. 金属学与热处理原理 [M]. 哈尔滨：哈尔滨工业大学出版社，2004.
[14] Braitinget Manfrod. Missile Components Made lf F：brd-Reinforcd Ceramics，WO98/08044，1998.
[15] 材料科学技术百科全书（上、下）. 北京：中国大百科全书出版社，1995.
[16] 许并社. 纳米材料及应用技术 [M]. 北京：化学工业出版社，2003.
[17] 顾家林等. 材料科学与工程概论 [M]. 北京：清华大学出版社，2005.
[18] 李俊寿. 新材料概论 [M]. 北京：国防工业出版社，2004.